长江上游梯级水库群多目标联合调度技术丛书

面向多区域防洪的长江上游水库群协同调度策略

胡向阳 等 著

中国水利水电出版社
www.waterpub.com.cn
·北京·

内 容 提 要

本书聚焦长江上游水库群防洪调度问题，深入剖析了长江川渝河段、荆江河段、城陵矶地区、武汉地区等防洪重点区域的防洪需求，全面厘清各重点防洪区域之间、长江上游水库之间，以及长江上游水库群与重点防洪区域之间的重要关系，运用水文水资源、数理统计学、系统工程、人工智能、信息科学等学科的理论与方法，从整体与局部相协调、宏观与微观相结合、上下游与干支流统筹兼顾的研究视角，深入探讨了水库群防洪库容动态预留分配、多区域协同防洪补偿调度、适应不同类型洪水实时调度、水库群防洪调度风险效益评估等关键科学问题与技术难题。

本书适合于水利、电力、交通、地理、气象、环保、国土资源等领域的广大科技工作者、工程技术人员参考使用。

图书在版编目（CIP）数据

面向多区域防洪的长江上游水库群协同调度策略 / 胡向阳等著. -- 北京：中国水利水电出版社，2020.12
（长江上游梯级水库群多目标联合调度技术丛书）
ISBN 978-7-5170-9322-0

Ⅰ. ①面… Ⅱ. ①胡… Ⅲ. ①长江流域－上游－梯级水库－水库调度－研究 Ⅳ. ①TV697.1

中国版本图书馆CIP数据核字(2020)第269907号

书　　名	长江上游梯级水库群多目标联合调度技术丛书 **面向多区域防洪的长江上游水库群协同调度策略** MIANXIANG DUOQUYU FANGHONG DE CHANG JIANG SHANGYOU SHUIKUQUN XIETONG DIAODU CELÜE	
作　　者	胡向阳 等 著	
出版发行	中国水利水电出版社 （北京市海淀区玉渊潭南路 1 号 D 座　100038） 网址：www.waterpub.com.cn E-mail：sales@waterpub.com.cn 电话：(010) 68367658（营销中心）	
经　　售	北京科水图书销售中心（零售） 电话：(010) 88383994、63202643、68545874 全国各地新华书店和相关出版物销售网点	
排　　版	中国水利水电出版社微机排版中心	
印　　刷	北京印匠彩色印刷有限公司	
规　　格	184mm×260mm　16 开本　16 印张　389 千字	
版　　次	2020 年 12 月第 1 版　2020 年 12 月第 1 次印刷	
印　　数	0001—1000 册	
定　　价	**148.00 元**	

长江是世界第三、我国第一大河，不仅是中华文明的发源地之一，更是当代中国经济社会发展的重要命脉。治理好、利用好、保护好长江，不仅是长江流域4亿多人民的福祉所系，也关系到全国经济社会可持续发展的大局，具有十分重要的战略意义。作为长江流域治理开发保护的骨干性工程，长江上游水库群在保障流域防洪安全、供水安全、生态安全等方面发挥着重要作用。当前，随着长江流域控制性水库群的数量逐年增加，可调规模不断扩大，拓扑关系日趋复杂、联合调度难度日益显现，水库群联合防洪调度事关长江流域防洪安全和长江经济带建设。

长江上游水库群是长江防洪体系的重要组成部分，对保障流域防洪安全具有重要作用。长江上游水库群数目规模大、分布范围广、防洪对象多，防洪调度具有多区域防洪、多水库协同、长距离河道演进等复杂特征，难度空前，需要从理论、方法、技术上研究和突破。围绕面向多区域防洪的长江上游水库群协同调度策略，分析了当前水库群防洪调度的重点难点问题，梳理了长江流域防洪调度的重点研究区域及主要控制指标，提出了面向大范围、多区域防洪的水库群防洪库容优化分配方案，建立了多区域、大尺度、多任务的30座水库群多区域协同防洪调度模型。在此基础上，开展了面向不同洪水类型的水库群实时防洪补偿调度研究，提出了长江上游水库群防洪调度效益评估方法，编制了长江上游水库联合防洪调度方案。取得的研究成果可为科学利用水库群防洪库容、保障长江流域防洪安全提供科学决策和技术支撑。

本书依托国家重点研发计划课题"水库群联合防洪补偿调度技术"（2016YFC0402202），针对长江上游水库群联合防洪补偿调度的关键科学问题与技术难题，在新形势下长江流域防洪需求分析的基础上，重点研究复杂运行条件下水库群适应多区域防洪的防洪库容分配、联合防洪补偿调度方式和实时防洪补偿调度技术，建立面向多区域防洪的长江上游水库群协同调度策略，提出水库群防洪调度风险效益评估技术，编制长江上游水库联合防洪调度方案。

全书编写分工如下：第1章由胡向阳、丁毅、康玲、刘攀编写；第2章由丁毅、李安强、饶光辉编写；第3章由李妍清、邹强编写；第4章由邹强、李安强、王学敏编写；第5章由胡向阳、邹强、康玲编写；第6章由邹强、饶光辉、王学敏编写；第7章由栾震宇编写；第8章由邹强编写；第9章由胡向阳、丁毅编写。全书由胡向阳负责统稿和定稿工作，丁毅和饶光辉参与策划和协调工作，邹强参与组稿和联系工作。

本书是作者研究工作成果的总结，在研究工作中得到了相关单位以及有关专家、同仁的大力支持，书稿由徐国新、刘丹雅等进行了校核，向陈进、袁晓辉等进行了咨询。同时，本书也吸收了国内外专家学者在这一研究领域的最新研究成果，作者在此一并表示衷心的感谢。

由于面向多区域防洪的长江上游水库群协同调度策略尚在摸索阶段，许多理论与方法仍在探索之中，有待进一步发展和完善，加之作者水平有限，时间仓促，书中不当之处在所难免，敬请读者批评指正。

作者

2020 年 11 月于武汉

目录

第 1 章

绪　　论

1.1　长江流域概况

长江是世界第三、中国第一大河，发源于青藏高原的唐古拉山主峰各拉丹冬雪山西南侧，干流全长 6300 余 km，自西而东流经青海、四川、西藏、云南、重庆、湖北、湖南、江西、安徽、江苏、上海等 11 个省（自治区、直辖市）后注入东海，支流展延至贵州、甘肃、陕西、河南、浙江、广西、广东、福建等 8 个省（自治区）。流域总集水面积约 180 万 km²，占我国大陆总面积的 18.8%。

长江是中华民族的母亲河，是中华民族发展的重要支撑，是我国的经济重心所在、活力所在、战略水源地所在。长江流域横跨我国西部、中部和东部，沟通内陆和沿海，幅员辽阔、资源丰富。长江水资源总量为 9958 亿 m³，人口、GDP 和水资源量分别占我国总量的 33%、36%、35%，在我国经济社会发展中占有极其重要的地位。长江流域洪灾分布范围广、类型多，以长江中下游平原区洪灾最为频繁、严重。

1.1.1　自然地理

长江流域位于北纬 24°27′～35°54′、东经 90°33′～122°19′之间，流域形状呈东西长、南北短的狭长形。长江流域西以芒康山、宁静山与澜沧江水系为界，北以秦岭山脉，东北以伏牛山、桐柏山、大别山与黄河及淮河流域为界，南以南岭山脉、黔中高原、大庾岭、武夷山、天目山等与珠江及闽浙水系为界，横跨我国西部、中部和东部，沟通内陆和沿海。

长江自江源至湖北宜昌称上游，长约 4504km，集水面积约 100 万 km²，其中直门达至宜宾称金沙江，长约 3481km，集水面积 47.32 万 km²；宜昌至江西鄱阳湖出口湖口称中游，长约 955km，集水面积约 68 万 km²；湖口至入海口为下游，长约 938km，集水面积约 12 万 km²。长江上游流域位于东经 90°～112°、北纬 24°～36°之间，占长江流域面积的 58.9%，由金沙江水系、岷沱江水系、嘉陵江水系、乌江水系和干流区间五大水系组成。长江上游干支流流域覆盖面积宽广，西至青藏高原，东至湖北宜昌，北至陕西南部，南至云南以及贵州北部的广大地区，涉及青海、西藏、四川、云南、重庆、贵州、陕西、湖北等 9 个省（自治区、直辖市）。

1.1.2　气候特征

长江流域位于东亚季风区，具有显著的季风气候。辽阔的地域、复杂的地貌又决定了长江流域具有多样的地区气候特征。

1.1.2.1 季风气候特征显著

长江流域地处欧亚大陆的东南部，东临太平洋，海洋和陆地的热力差异以及大气环流的季节变化，使得长江流域的气候具有显著的季风气候特征。流域内冬冷夏热，四季分明，雨热同季，湿润多雨；夏季盛行偏南风，来自太平洋、孟加拉湾等的暖湿气流使流域内温高、湿重、多雨；冬季盛行偏北风，来自北方大陆的干冷空气使长江流域寒冷而干燥。

长江中下游地区季风气候特征较为明显。长江上游地区为山地高原区，北方有秦岭、大巴山的阻挡，冬季风入侵的强度比中下游地区弱；南有云贵高原，东南季风不易到达，主要受西南季风的影响，季风气候不如中下游明显。

季风的进退及冬、夏季风的交替，对长江流域的气候有着十分重要的意义，特别是夏季风对降水起着决定性的作用。夏季风来临得早、迟，向北推进的速度和在某地的持续情况，都会影响降水量的大小。正常年份，随着夏季风的来临，长江流域各地先后进入雨季，江南和江北、长江下游和上游，雨季有所错开。当夏季风来临时间、强度异常，暴雨洪水遭遇时，则会出现较大洪灾。

1.1.2.2 地区气候差异较大

长江流域南端接近热带，北端进入温带。流域东西高差达数千米，有高原、盆地、河谷、平原等各种地貌，地形极为复杂，内部气候差异显著。

江源地区地势高，海拔高度 4500m 以上，年平均气温在零度以下，仅 5—9 月气温会高于零度，盛夏也可出现霜、雪，具有气温低、湿度小、降水少、日照多、风力大等特点。

金沙江地区干湿季分明：冬季受来自印度、巴基斯坦北部的干暖气流控制，湿度小、降水少，1 月平均相对湿度不足 50%，降水量大多不足 5mm；夏季受来自孟加拉湾的西南季风影响，湿度大，7 月平均相对湿度可达 70%～80%，5—10 月降水量可占全年的 90% 左右。金沙江及支流雅砻江自北向南流经我国横断山脉，跨越 8 个纬度和 6 个气候区，这一地区不仅南北海拔高度差异大，山顶与河谷的垂直高差也很大，同一地区也有"一山有四季，五里不同天"的立体气候特征。

四川盆地温和湿润。这里因有四周的地形屏障，冬无严寒，夏无酷暑，少霜少雪，作物生长期长达一年，又少大风灾害，因而以"天府之国"得名。

长江中下游地区四季分明。这里普遍为丘陵和平原，冬季常受寒潮的入侵，天气寒冷，夏季受西太平洋副高控制，天气酷热，四季分明，冬、夏两季稍长，春、秋两季较短。冬季的寒潮大风，春季的低温阴雨，初夏的梅雨，盛夏的高温，以及秋季的秋高气爽等，是中下游地区的气候特色。

1.1.2.3 降水

长江流域多年平均年降水量约为 1100mm，年降水量的地区分布很不均匀，总趋势是由东南向西北递减，山区多于平原，迎风坡多于背风坡。除江源地区因地势高、水汽少，年降水量不足 400mm 外，流域大部分地区年降水量为 800～1600mm。流域内年降水量大于 1600mm 的地区主要分布在四川盆地西部边缘和江西、湖南部分地区。流域内年降水量超过 2000mm 的多雨区都分布在山区，范围较小，主要有以下 5 处：四川盆地西部边缘，其中金山站多年平均年降水量达 2590mm，为全流域之冠；大巴山南侧；湘西、鄂西南山区；资水中游山区；安徽省黄山和江西省东部。

长江流域各大支流水系年降水量为：金沙江 736mm，岷沱江 1083mm，嘉陵江 965mm，乌江 1163mm，洞庭湖水系 1414mm，汉江 873mm，鄱阳湖水系 1598mm。

流域内降水量年内分配很不均匀：冬季降水量全年最少；3 月，湘江和赣江上游就进入雨季；4 月，除金沙江、长江上游北岸和汉江中上游外，流域各地均进入雨季；5 月，主要雨带位于湘、赣水系；6 月中旬至 7 月中旬，长江中下游为梅雨季节，雨带徘徊于长江干流两岸，呈现东西向分布；7 月下旬至 8 月，雨带移至四川和汉江流域至黄河，呈东北至西南向分布，此时，长江中下游及川东常受副高控制，出现伏旱现象；9 月，雨带又南旋回至长江中上游，多雨区从川西移到川东至汉江，雅砻江下游、渠江、乌江东部、三峡区间及汉江上游雨量比 8 月多，显示出秋雨现象，有的年份，这种强度不大而历时较长的秋雨还很明显，易形成秋季洪水；10 月，全流域雨季先后结束。连续最大 4 个月降水量占年降水量的百分比，在长江下游为 50%～60%，在中游为 60% 左右，上游为 60%～80%。

长江上游的主雨季和中下游基本上错开，一般不易形成上游洪水和中游洪水的严重遭遇。若大气环流反常，长江中游雨季延长，或上游雨季提前，就会形成中上游雨季重叠。年降水量的变差系数 C_v 值为 0.15～0.25。最大年降水量与最小年降水量的比值为 1.5～5，大多在 3.5 以下。

1.1.3　地形地貌

长江流域横跨我国大陆地势三级阶梯，西高东低。第一级阶梯为干流江源水系，通天河、金沙江及其支流雅砻江，岷江及其支流大渡河，嘉陵江上游支流白龙江等，地处青海南部、四川西部高原和横断山区，海拔高度在 3500～5000m 之间，除江源高原区河流河谷宽浅、水流平缓外，多呈高山峡谷形态，水流湍急。第二级阶梯为干流川江，支流岷江中下游、沱江、嘉陵江、乌江、清江和汉江上游等，地处秦巴山地、四川盆地、鄂黔山地，海拔高度在 500～2000m 之间，除盆地河流外，多流经中、低山峡谷，河道比降较大。第三级阶梯为长江中下游干流，支流中的汉江中下游和洞庭湖、鄱阳湖、巢湖、太湖诸水系，地处长江中下游平原，淮阳山地和江南丘陵，海拔高度多在 500m 以下，长江三角洲在 10m 以下，河流比降较小，多洲滩、汊道，两岸为坦荡平原或起伏不大的低山丘陵。一、二级阶梯间的过渡带一般高程为 2000～3500m，地形起伏大，自西向东由高山急剧降至低山丘陵，岭谷高差达 1000～2000m，是流域内强烈地震、滑坡、崩塌、泥石流分布最多的地区。二、三级阶梯间的过渡带，一般高程为 200～500m，地形起伏不大，为山地向平原的渐变过渡区。

长江流域内山地、高原和丘陵约占 84.7%，其中高山、高原主要分布于西部地区，中部地区以中山为主，低山多见于淮阳山地及江南丘陵地区，丘陵主要分布于川中、陕南及湘西、湘东、赣西、赣东、皖南等地；平原占 11.3%，主要以长江中下游平原、肥东平原和南阳盆地为主，汉中、成都平原高程在 400m 以上，为高平原；其余为河流、湖泊等水面。

1.1.4 社会经济

长江流域横跨中国东部、中部和西部三大经济区，共 12 个水资源二级区，涉及 19 个省（自治区、直辖市），是世界第三大流域。流域内人口稠密，自然资源丰富，是中国经济社会发展较活跃的地区。至 2018 年，长江流域常住人口 46222 万人，占全国（不包括香港、澳门、台湾）总人口的 33%，平均城镇化率 59.6%。流域地区生产总值 324046 亿元，占全国 GDD 的 36%，其中第一产业增加值 20423 亿元，第二产业增加值 137831 亿元，第三产业增加值 165792 亿元，三大产业结构为 6.3∶42.5∶51.2。人均地区生产总值 70106 元，比全国平均水平高出 8%。流域内有耕地 39566 万亩（按 2008 年全国土地普查结果统计估算），占全国耕地总面积的 22%。长江流域的棉花、油菜子、芝麻、蚕丝、麻类、茶叶、烟草、水果等经济作物，在全国占有非常重要的地位。

长江流域是我国城镇化水平较高的地区之一，流域内已形成长江三角洲城市圈、皖江城市带、武汉城市圈、环长株潭城市群、成渝经济区等五大城市经济圈，仅五大城市圈就聚集地级以上城市 50 多个。至 2018 年，流域内 100 万人口以上的大城市有 47 座，其中 1000 万人口以上的超大城市 2 座（上海、重庆），500 万～1000 万人口的特大城市 4 座（南京、杭州、武汉、成都）。流域内地级以上城市共 89 座，占全国地级以上城市总数的 31%。

长江流域具有发展工业的有利条件，是我国近现代工业发祥地之一，其工业生产在全国国民经济中占有举足轻重的地位。流域内矿产资源丰富，已探明的矿产约有 110 种，其保有储量占全国储量 50% 以上的就有 30 种，钛、钒、汞、磷等矿产储量占全国的 80%～90%。流域内丰富的农副产品如粮、棉、油、桑、茶、果、畜、禽、鱼等是工业生产的重要原料，为流域轻、重工业的发展提供了十分雄厚的物质条件。长江流域是我国工业发展较早的地区之一，已建立起部门比较齐全、轻重工业协调发展的工业体系，拥有众多的钢铁、有色金属、机械、石油化工、炼油、电力、轻纺等工业基地，工业基础雄厚。流域内劳动力素质和技术水平较高，技术优势明显，是工业不断发展的重要依靠力量。流域内部工业发展水平差异极大，可多方位、多层次地选择工业发展方向，为区域间专业化协作提供客观条件。流域交通运输较发达，水系通航里程约 7 万 km，与铁路、公路交织成巨大的交通网络，为满足工业生产流通不断增长的需求提供了可靠的保证。

长江流域是我国国土空间开发中最重要的东西轴线，在区域发展总体格局中具有重要战略地位。在我国经济社会发展处于重大调整时期的新形势下，国家作出了长江经济带发展战略重要决策。作为中国经济新支撑带的长江经济带，包括上海、江苏、浙江、安徽、江西、湖北、湖南、重庆、四川、云南、贵州等 11 省（直辖市），具有横贯东中西、联结南北方的独特区位优势。依托长江建设中国经济新支撑带，是推动经济转型升级的重要引擎，是拓展经济增长空间的重要举措，是带动东中西部地区协调发展的重要纽带，是培育国际经济合作竞争新优势的重要平台，是推动生态文明建设的重要实践，对于全面建成小康社会，实现中华民族伟大复兴的中国梦具有重大战略意义。

1.1.5 洪水特性

长江流域的洪水主要由暴雨形成。长江上游金沙江洪水由暴雨和冰雪融化共同形成，宜宾以下依次接纳岷江、沱江、嘉陵江、乌江等主要支流洪水，形成宜昌峰高量大、陡涨渐降型洪水。长江中下游承接长江上游、洞庭湖、汉江、鄱阳湖等洪水，洪水峰高量大、持续时间长，其中大通以下受洪水和潮汐双重影响。

长江洪水发生时间，一般年份下游早于上游，江南早于江北，各支流洪峰互相错开，中下游干流可顺序承泄干支流洪水，不致形成较大洪水；但遇气候异常，干支流洪水遭遇，易形成流域性或区域性大洪水。按暴雨时空分布和覆盖面积大小，长江洪水主要可分为两种类型：一种为全流域性大洪水，成因是暴雨笼罩面积大，持续时间长，上、中、下游雨季相互重叠，干支流洪水遭遇，形成长江中下游峰高量大、历时长、灾害严重的大洪水或特大洪水，1931年、1954年、1998年大洪水即属此类；另一种为区域性大洪水，成因是某些支流或干流某一河段发生强度特别大的集中暴雨，形成洪峰高、历时短、短时段洪量大的大洪水，造成某些支流或干流局部河段的洪水灾害，历史上的1870年及1981年、2016年、2017年洪水即为此类。

1870年洪水是长江上游各支流及区间洪水相互遭遇而形成的区域性特大洪水，嘉陵江中下游、长江干流重庆至宜昌河段，出现了数百年来最高洪水位，是1153年至今800余年来最大洪水。据调查洪水位，推算嘉陵江北碚站洪峰流量为57300m³/s，寸滩站为100000m³/s，宜昌站为105000m³/s，枝江站为（枝城）110000m³/s，汉口站实测洪水位为27.55m。汉口站30d、60d总入流洪量量级与1954年基本相当。

1931年洪水是中下游洪水延后、与上游洪水遭遇而形成的流域性大洪水，长江上游洪水以岷江最大，洪峰流量为38900m³/s，岷江洪水和金沙江洪水相遭遇，至重庆又汇嘉陵江洪水，洪峰流量寸滩站为63600m³/s，宜昌站为64600m³/s，武汉关8月19日水位达28.28m，汉口站30d总入流洪量为1922亿m³，仅次于1954年和1870年。

1954年洪水是由于长江中下游洪水滞后，江湖底水较高，上游洪水又接踵而来，洪水过程叠加，形成峰高量大、持续时间长的全流域性特大洪水。宜昌洪峰水位55.73m（洪峰流量达66800m³/s）为近60年来的最高水位，螺山洪峰流量达78800m³/s，长江汉口站洪峰水位达29.73m，超过1931年最高水位1.45m，为近百年有水位记录以来的最高纪录，汉口站30d、60d总入流洪量分别为2182亿m³和3830亿m³。

1998年汛期，由于暴雨频繁、范围广、强度大，雨带南北拉锯、上下游来回摆动，致使长江洪水发生恶劣遭遇，形成流域性大洪水。宜昌最大流量为63300m³/s，干流沙市、监利、莲花塘、螺山等水文站洪峰水位分别为45.22m、38.31m、35.80m和34.95m，均超过历史及实测最高水位。汉口站1998年最高水位29.43m，为历史实测记录的第2高水位。

1.1.6 长江洪灾

长江是以暴雨洪水为主的河流，洪灾基本上由暴雨洪水形成，除海拔3000m以上青藏高原的高寒、少雨区外，凡是有暴雨和暴雨洪水行经的地方，都可能发生洪灾，所以长江流域洪灾分布范围广泛，在山区、丘陵区、平原区、河口区都可能发生程度不同的各种洪水灾害。

长江洪灾类型有：山丘区因暴雨引起的山洪及其诱发的泥石流和滑坡灾害；因上中游干支流洪水上涨漫溢，造成冲毁、淹没两岸河谷阶地的灾害；中下游干流及其支流洪水泛滥或堤防溃决造成平原区大片土地淹没的灾害；河口滨海地区受台风暴潮侵袭而造成海塘溃决的灾害等。长江上游和支流山丘及河口地带的洪灾，一般具有洪水峰高、来势迅猛、历时短和灾区分散的特点，局部地区性大洪水有时也造成局部地区的毁灭性灾害，但其受灾范围与影响则有局限性。长江中下游受堤防保护的 11.81 万 km² 的防洪保护区，是我国经济最发达的地区之一，其地面高程一般低于汛期江河洪水位 5~6m，有的达 10m 多，一旦堤防溃决，淹没时间长，损失大，特别是荆江河段，还将造成大量人口死亡的毁灭性灾害，因此中下游平原区是长江流域洪灾最频繁最严重的地区，也是长江防洪的重点。

1870 年洪水造成长江上游、荆江两岸、汉江中下游、洞庭湖区遭受空前罕见的灾害，宜昌出现了自 1153 年以来数百年未有的特大洪水，荆江河段南岸堤防溃决，汉江宜城以下江堤尽溃，两湖平原一片汪洋，宜昌至汉口间的平原地区受灾范围约 3 万 km²，损失惨重。

1931 年洪水，长江中下游平原尽成泽国，被淹田地 5090 万亩，受灾人口 2855 万人，14.5 万人因灾死亡，汉口市区被淹百日之久。

1954 年和 1998 年大洪水虽经广大军民奋力抢险最终取得了抗洪斗争的胜利，但还是给国家和广大人民群众生命财产造成了重大损失。1954 年洪水为长江流域百年来最大洪水，长江中下游共淹农田 4755 万亩，3 万余人因灾死亡，京广铁路不能正常通车达 100 天；1998 年大洪水长江中下游受灾范围遍及 334 个县（市、区）的 5271 个乡镇，倒塌房屋 212.85 万间，1562 人因灾死亡。

1.2 长江的地位和作用

1.2.1 重要的战略地位

长江流域横跨我国西南、华中和华东三大区，流域总人口约 4 亿人，占全国的 33%，城镇化率达到 53%。流域人口密度较高，约为全国平均人口密度的 1.8 倍。流域内形成了长江三角洲城市群、长江中游城市群、成渝城市群、江淮城市群、滇中城市群和黔中城市群，聚集地级以上城市 50 多座，地区生产总值约占全国的 34%，长江三角洲地区是我国经济最发达的区域之一。

长江作为联系东中西部的"黄金水道"，是支撑长江经济带发展、西部大开发、长江三角洲一体化发展等国家战略实施的主通道，是连接丝绸之路经济带和 21 世纪海上丝绸之路的纽带，集沿海、沿江、沿边、内陆开放于一体，具有东西双向开放的独特优势，沿江地区所需 85% 的铁矿石、83% 的电煤和 85% 的外贸货物运输量（中上游地区达 90% 以上）主要依靠长江航运来实现，长江水系完成的水运货运量和货物周转量分别占长江流域货运量的 20％和货物周转量的 60％。依托长江黄金水道，长江经济带已经形成三大产业群，即重化工产业群、机电工业产业群和高新技术产业群，全国 500 强企业中的超半数聚集在长江两岸，长江黄金水道在我国经济社会发展中具有重要地位。

1.2.2 重要的资源支撑

长江流域是我国水资源配置的战略水源地。长江流域水资源相对丰富，多年平均水资源量 9958 亿 m^3，约占全国的 36％，居全国各大江河之首，单位国土面积水资源量为 59.5 万 m^3/km^2，约为全国平均值的 2 倍。每年长江供水量超过 2000 亿 m^3，支撑流域经济社会供水安全。通过南水北调、引汉济渭、引江济淮、滇中引水等工程建设，惠泽流域外广大地区，保障供水安全。2018 年长江流域净调出水量达 167.13 亿 m^3。

长江流域是实施能源战略的主要基地。长江流域是我国水能资源最为富集的地区，水力资源理论蕴藏量达 30.05 万 MW，年发电量 2.67 万亿 kW·h，约占全国的 40％；技术可开发装机容量 28.1 万 MW，年发电量 1.30 万亿 kW·h，分别占全国的 47％和 48％，是我国水电开发的主要基地。流域内风能、太阳能、生物能、地热能等十分丰富，是我国新能源发展的重点地区。

长江流域是我国重要的粮食生产基地，我国九大商品粮基地中位于长江流域的有五个：鄱阳湖平原、洞庭湖平原、太湖平原、江汉平原和江淮地区，总耕地面积为 4.62 亿亩，粮食产量约占全国粮食产量的 33％。

长江流域矿产资源丰富，储量占全国比重 50％以上的约有 30 种，其中钒、钛、汞、钾、铯、磷、芒硝、硅石等矿产储量占全国的 80％以上，铜、钨、锑、铋、锰、铊等矿产储量占全国的 50％以上，铁、铝、硫、金、银等矿产储量占全国的 30％以上。

1.2.3 重要的生态屏障

长江流域山水林田湖草浑然一体，是我国重要的生物基因宝库。地跨热带、亚热带和暖温带，地貌类型复杂，生态系统类型多样，川西河谷森林生态系统、南方亚热带常绿阔叶林森林生态系统、长江中下游湿地生态系统等是具有全球重大意义的生物多样性优先保护区域，其中长江中下游是百余种百万余只国际迁徙水鸟的中途重要越冬地，也是世界湿地和生物多样性保护的热点地区。

长江流域森林面积广，是我国重要林区之一，森林面积约 3600 万 hm^2，木材蓄积量约占全国的 1/4，历史上历来为我国杉木、毛竹、油茶、油桐、茶叶、生漆等林产品的著名生产基地。

长江流域是鱼类资源和珍稀濒危水生野生动物的天然宝库，共有鱼类达 400 余种，其中特有鱼类共 166 种。中华鲟、白鲟、达氏鲟、胭脂鱼、川陕哲罗鲑、滇池金线鲃、秦岭细鳞鲑、花鳗鲡和松江鲈鱼 9 种鱼类被列入《国家重点保护野生动物名录》，中华鲟、白鲟、达氏鲟为国家一级保护动物。

长江流域分布有众多的国家级生态环境敏感区，是我国重要的生态安全屏障区。目前已建立有国家级自然保护区 93 个，面积 2399.3 万 hm^2，分别占全国的 30.7％、26.3％；国家级水产种质资源保护区 253 个，占全国的 51.0％；国家级森林公园 255 个，占全国的 28.9%；国家级地质公园 54 个，占全国的 29.3%；拥有世界文化和自然遗产地 15 处、国家级风景名胜区 75 处。

1.3　长江流域防洪

1.3.1　长江防洪形势

长江干流中下游总体防洪标准为防御新中国成立以来发生的最大洪水（即 1954 年洪水），荆江河段防洪标准为 100 年一遇，同时对遭遇类似 1870 年洪水应有可靠的措施保证荆江两岸干堤防洪安全，防止发生毁灭性灾害；上游一般地区防洪标准为 20 年一遇～50 年一遇，宜宾、泸州主城区防洪标准为 50 年一遇，重庆市主城区防洪标准为 100 年一遇。

长江流域共建有堤防约 64000km，其中长江中下游超过 3900km 的干堤基本达到规划确定的标准；为保障重点地区防洪安全，长江中下游干流安排了 42 处可蓄纳超额洪水约 590 亿 m³ 的蓄滞洪区，其中荆江分洪区、杜家台蓄滞洪区、围堤湖垸、澧南垸和西官垸等 5 处蓄滞洪区已建分洪闸进行控制；已建成以防洪为首要任务的主要水库有三峡、丹江口、江垭、皂市等，具有较大防洪作用的水库还有溪洛渡、向家坝、瀑布沟、亭子口、构皮滩、隔河岩、水布垭等；全面开展了河道整治，中下游河势基本稳定；流域内已建成报汛站超过 7000 个，初步建立了水情信息采集系统，其他通信预警系统及各种管理法律法规等非工程措施也正逐步完善。

长江干支流主要河段现状防洪能力大致达到：川渝河段依靠堤防总体可防御 20 年一遇洪水。荆江河段依靠堤防可防御 10 年一遇洪水，通过三峡及上游控制性水库的调节，遇 100 年一遇及以下洪水可使沙市水位不超过 44.50m，不需启用荆江地区蓄滞洪区；遇 1000 年一遇或 1870 年同大洪水，可控制枝城泄流量不超过 80000m³/s，配合荆江地区蓄滞洪区的运用，可控制沙市水位不超过 45.0m，保证荆江河段行洪安全。城陵矶河段依靠堤防可防御 10 年一遇～20 年一遇洪水；通过三峡及上中游水库群的调节，一般年份基本上可不分洪（洞庭湖水系各支流尾闾除外），遇 1931 年、1935 年、1954 年大洪水，可减少分蓄洪量和土地淹没；考虑本地区蓄滞洪区的运用，可防御 1954 年洪水。武汉河段依靠堤防可防御 20 年一遇～30 年一遇洪水，考虑河段上游及本地区蓄滞洪区的运用，可防御 1954 年洪水（其最大 30d 洪量约 200 年一遇）。湖口河段依靠堤防可防御 20 年一遇洪水，考虑河段上游及本地区蓄滞洪区理想运用，可满足防御 1954 年洪水的需要。汉江中下游依靠综合措施可防御 1935 年同大洪水，约相当于 100 年一遇。赣江可防御 20 年一遇～50 年一遇洪水，其他支流大部分可防御 10 年一遇～20 年一遇洪水，长江上游各主要支流依靠堤防和水库一般可防御 10 年一遇洪水。

1.3.2　长江防洪体系

经过几十年的防洪建设，长江中下游已基本形成了以堤防为基础，以三峡水库为骨干，其他干支流水库、蓄滞洪区、河道整治工程及防洪非工程措施相配套的综合防洪体系，防洪能力显著提高。

1.3.2.1　防洪工程措施

1. 堤防工程

长江流域堤防总长约 64000km，包括长江干堤、主要支流堤防，以及洞庭湖区、鄱阳湖区堤防等。其中，长江中下游超过 3900km 干流堤防已基本达标，长江上游干流部分河段堤防未达标，主要支流和重要湖泊部分堤防防洪能力偏低。

荆江大堤、无为大堤、南线大堤、汉江遥堤以及沿江全国重点防洪城市堤防等为 1 级堤防。松滋江堤、荆南长江干堤、洪湖监利江堤、岳阳长江干堤（岳阳市城区段除外）、四邑公堤、汉南长江干堤、粑铺大堤、黄广大堤、九江大堤（九江市城区段除外）、同马大堤、广济圩江堤、枞阳江堤、和县江堤、江苏长江干堤（南京市城区段除外）等为 2 级堤防。洞庭湖区、鄱阳湖区重点圩垸堤防为 2 级，国家确定的蓄滞洪区其他堤防为 3 级。

长江中下游干流 1 级堤防堤顶超高一般为 2.0m，2 级及 3 级堤防堤顶超高一般为 1.5m，江苏南京以下感潮河段长江干堤堤顶超高为 2.0～2.5m，其他堤防超高一般为 1.0m，城陵矶附近长江干堤（北岸龙口以上监利洪湖江堤、南岸岳阳长江干堤）在上述标准的基础上增加 0.5m 的超高；洞庭湖和鄱阳湖重点圩垸堤防临湖堤超高 2.0m，临河堤超高 1.5m，洞庭湖蓄滞洪区堤防临湖堤超高 1.5m，临河堤超高 1.0m，东、南洞庭湖堤防在上述标准的基础上增加 0.5m 的超高。

2. 防洪控制性水库

长江流域已建成大型水库 300 余座，总调节库容 1800 余亿 m³，防洪库容约 800 亿 m³。据《长江流域综合规划（2012—2020 年）》和《长江流域防洪规划》，长江上游承担防洪任务的主要控制性水库共安排防洪库容约 556 亿 m³，其中金沙江干流预留防洪库容约 231 亿 m³，主要承担沿岸攀枝花、宜宾、泸州、重庆等城市防洪，并配合三峡水库对长江中下游防洪；雅砻江预留防洪库容 50 亿 m³，主要配合三峡水库对长江中下游防洪；岷江（大渡河）预留防洪库容约 25 亿 m³，主要承担大渡河成昆铁路峨边沙坪路段、岷江干流的金马河段以及乐山市，并配合三峡水库对长江中下游防洪；嘉陵江预留防洪库容约 22 亿 m³，主要承担沿岸苍溪、阆中、南充、武胜、合川等城镇防洪，并配合三峡水库对长江中下游防洪；乌江预留防洪库容约 10 亿 m³，主要承担沿岸思南、沿河、彭水和武隆等城镇防洪，并配合三峡水库对长江中下游防洪。长江上游承担防洪任务的主要水库情况见表 1.1。

3. 蓄滞洪区

长江中下游干流沿岸设有 42 处蓄滞洪区，总面积约为 1.2 万 km²，有效蓄洪容积约 590 亿 m³。其中，重点蓄滞洪区 1 处，为荆江分洪区；重要蓄滞洪区 12 处，分别为洪湖东分块、钱粮湖、共双茶、大通湖东、围堤湖、民主、城西、澧南、西官、建设、杜家台、康山蓄滞洪区；一般蓄滞洪区 13 处，分别为洪湖中分块、屈原、九垸、江南陆城、建新、西凉湖、武湖、涨渡湖、白潭湖、珠湖、黄湖、方洲斜塘、华阳河蓄滞洪区；蓄滞洪保留区 16 处，分别为澧市扩大区、人民大垸、虎西备蓄区、君山、集成安合、南汉、和康、安化、安澧、安昌、北湖、义合、南顶、六角山、洪湖西分块、东西湖蓄滞洪区。

截至 2019 年，蓄洪工程建设取得了较大进展，围堤加固工程已经完成的蓄滞洪区有 33 处，包括荆江分洪区、洞庭湖的全部 24 处蓄滞洪区，武汉的西凉湖、武湖、涨渡湖、

表 1.1 长江上游承担防洪任务的主要水库情况

水系名称	水库名称	所在河流	控制流域面积 /万 km²	规划预留最大防洪库容 /亿 m³	备 注
长江	虎跳峡河段	金沙江		58.6	规划新建
	梨园		22.0	1.73	已建
	阿海		23.5	2.15	
	金安桥		23.74	1.58	
	龙开口		23.97	1.26	
	鲁地拉		24.73	5.64	
	观音岩		25.65	5.42	
	乌东德		40.61	24.4	在建
	白鹤滩		43.03	75.0	
	溪洛渡		45.44	46.5	已建
	向家坝		45.88	9.03	
	小计			231.31	
	三峡	干流	100	221.5	已建
	小计			452.81	
雅砻江	上游梯级	干流		5.0	规划新建
	两河口		5.96	20	在建
	锦屏一级		9.67	16	已建
	二滩		11.64	9	
	小计			50	
岷江	十里铺	干流	1.35	1.0	规划新建
	紫坪铺		2.27	1.67	已建
	下尔呷	大渡河	1.55	5.0	规划新建
	双江口		3.93	5.1	在建
	瀑布沟		7.27	11	已建
	上寨	绰斯甲河	1.03	1.0	规划新建
	小计			24.77	
嘉陵江	宝珠寺	白龙江	2.84	2.8	已建
	升钟	西河	0.18	2.7	
	亭子口	干流	6.26	14.4 (10.6)	正常蓄水位以下防洪库容 为 10.6 亿 m³
	草街		15.61	1.99	已建
	小计			21.89 (18.09)	
乌江	构皮滩	干流	4.33	4	已建
	思林		4.86	1.84	
	沙沱		5.45	2.09	
	彭水		6.9	2.32	
	小计			10.25	
合计				555.92	

东西湖等 4 处蓄滞洪区，以及鄱阳湖的全部 4 处蓄滞洪区；已建分洪闸的蓄滞洪区有 5 处，分别为荆江分洪区、围堤湖垸、澧南垸、西官垸、杜家台蓄滞洪区。蓄滞洪区安全建设总体而言相对滞后，安全建设基本完成的仅有荆江分洪区、围堤湖垸、澧南垸、西官垸 4 处。

荆江河段 4 处蓄滞洪区有效蓄洪容积 72.27 亿 m^3，其中：除荆江分洪区以外的其他 3 处蓄滞洪区围堤尚未达标，分洪闸工程建设和安全建设均未完成。

城陵矶河段 27 处蓄滞洪区有效蓄洪容积 340.95 亿 m^3，其中：洪湖（东、中、西分块）蓄滞洪区分块隔堤工程未建成，围堤主隔堤未达标，内有洪湖市城区，建设垸与建新垸之间的隔堤未建成，江南陆城垸与永济垸之间的隔堤未建成，与黄盖湖还未形成分隔；除围堤湖垸、澧南垸、西官垸已建分洪闸，钱粮湖、共双茶、大通湖东垸和洪湖东分块蓄滞洪区在建分洪闸外，其他蓄滞洪区均未建分洪闸；除围堤湖垸、澧南垸、西官垸基本完成安全建设，钱粮湖、共双茶、大通湖东垸正在开展安全建设外，其他蓄滞洪区安全建设均未完成。

武汉河段 6 处蓄滞洪区有效蓄洪容积 129.94 亿 m^3，其中：杜家台、白潭湖蓄滞洪区围堤未达标；除杜家台已建好分洪闸外，其他未建分洪闸；6 处蓄滞洪区安全建设均未完成。西凉湖蓄滞洪区分洪时，会淹没部分咸宁市城区；东西湖蓄滞洪区内经济社会发展程度高，分洪运用损失极大。

湖口河段 5 处蓄滞洪区有效蓄洪容积 49.55 亿 m^3，其中：华阳河蓄滞洪区西隔堤未达标；5 处蓄滞洪区安全建设均未建分洪闸；除康山蓄滞洪区正在开展安全建设外，其他蓄滞洪区安全建设均未完成。

4. 河道整治工程

中华人民共和国成立以来，长江中下游干流开展了较大规模的河道护岸、部分分汊河段堵汊等河道整治，实施了下荆江系统裁弯，共完成护岸 1600 余 km，抛石 9100 余万 m^3，丁坝 685 座，各类沉排约 520 万 m^2。经整治，中下游干流河势基本得到控制，总体较为稳定，局部河段河势调整有所加剧，新的崩岸险情频繁发生，部分已治理守护崩岸段出现新的险情。

5. 洲滩民垸

1998 年大水后，对长江中下游干堤之间严重阻碍行洪的洲滩民垸、洞庭湖区及鄱阳湖区部分洲滩民垸进行了平垸行洪、退田还湖建设，共平退了 1461 个圩垸，迁移了 61.64 万户 241.64 万人。

经圩垸平退和联圩并圩后，目前长江中下游干流河道内仍有洲滩民垸 406 个，洲上人口约 130 万人，其中 1998 年大水后已实施平垸行洪的双退垸 120 个、单退垸 223 个，虽纳入平垸行洪规划但尚未实施的单退垸 14 个，未纳入平垸行洪规划的洲滩民垸 49 个；按河段统计，荆江河段 74 个，城陵矶河段 39 个，武汉河段 85 个，湖口河段 17 个，湖口以下河段 191 个。洞庭湖区及鄱阳湖区还有万亩以下圩垸 133 个，人口约 60 万人。遇大洪水时洲滩民垸行蓄洪运用困难，转移安置压力大。

6. 沿江排涝泵站

长江中下游干流河段两岸以及洞庭湖、鄱阳湖区的涝区共 47 个，涝区内涝片总集水面积 14.09 万 km^2。长江中下游沿江涝区直排入江入湖泵站共计 2529 座，总设计流量约 19400m^3/s，其中设计流量大于等于 50m^3/s 的排江泵站共计 63 座，总设计流量约 6622m^3/s。

1.3.2.2 防洪非工程措施

1. 监测预报

长江流域已建成集卫星、雷达、水文气象报汛站、水利工程站等空天地于一体的流域全覆盖水雨情立体监测体系，地面测站数共计 28993 站，其中包括水文、水位站 2224 站，水库站 2184 站，堰闸站 45 站，雨量站点 24384 站。水情信息采集、处理与集成、传输与接收等各个环节全面实现自动化。基于水文-水动力学耦合、自动校正和专家交互的预报调度一体化模型，以流域大型水库、重要水文站、防汛节点等为关键控制断面，已构建基本覆盖全长江流域的预报体系，包含预报节点大约 400 个（含水库节点约 60 个），基本实现预报方案从岗托到大通（包括洞庭湖四水、鄱阳湖五河）的全流域覆盖，有预报方案 700 余套，预报覆盖面积接近全流域。长江上游 1~3 天、长江中下游 1~5 天预见期的预报具有较高的精度，短中长期相结合，气象水文相结合，水情监测预报基本满足防洪需求。

2. 方案预案

长江流域初步形成了较为完整的方案预案体系，编制了《长江防御洪水方案》《长江洪水调度方案》《长江流域水旱灾害防御预案（试行）》，以及《汉江洪水与水量调度方案》《乌江洪水调度方案》《滁河洪水调度方案》《水阳江洪水调度方案》《嘉陵江洪水调度方案》等长江重要支流洪水调度方案；初步建立了流域水工程联合调度机制，纳入水工程联合调度的水工程超 100 座；每年批复长江流域水工程联合调度运用计划及长江流域主要控制性水库汛期调度运用计划。

3. 决策支持系统

国家防汛指挥系统一、二期工程先后建成并投入使用，长江防洪预报调度系统经过多年的运行检验，各项功能渐趋完善，集实时监视、综合信息查询、防洪形势分析、预报调度计算、调度方案交互分析、防汛会商等功能于一体，实现了预报调度一体化；水工程防灾联合调度系统实现了流域模拟预报、防洪形势分析、水工程智能联合调度、洪水风险评估、防洪避险转移辅助、决策对比分析为主线的多种业务功能，搭建了长江流域示范系统。长江上游水库群联合调度信息共享平台基本实现了水库预报调度信息共享。水利部、流域机构、各省（直辖市）水行政主管部门及控制性水库运行管理单位实现实时在线视频会商，水旱灾害防御信息化支撑能力大幅提高。

1.3.3 长江防洪面临的问题

虽然长江流域的防洪能力有了很大的提高，但受全球气候变化影响，长江流域强降雨、高温、干旱等极端天气灾害频繁发生，由地理气候环境决定的水资源时空分布不均及由此带来的水旱灾害这一老问题依然存在，长江防洪仍面临着以下主要问题和挑战：

（1）长江中下游河道安全泄量与长江洪水峰高量大的矛盾仍然突出，三峡工程虽有防洪库容 221.5 亿 m^3，但相对于长江中下游巨大的超额洪量，防洪库容仍然不足，遇 1954

年大洪水，中下游干流还有约 400 亿 m^3 的超额洪量需要妥善安排，而大部分蓄滞洪区安全建设滞后，一旦启用损失巨大。

（2）长江上游、中下游支流及湖泊防洪能力偏低，山洪灾害防治还处于起步阶段，防洪非工程措施建设滞后。

（3）三峡及上游其他控制性水利水电工程建成后长江中下游长河段、长时期的冲淤调整，对中下游河势、江湖关系带来较大影响，尚需加强观测，并研究采取相应的对策措施。

（4）近些年来，受全球气候变暖影响，长江流域部分地区极端水文气候事件发生频次增加、暴雨强度加大，一些地区洪灾严重。

（5）流域经济社会快速发展与城市化进程加快，人口与财富集中，一旦发生洪灾，损失越来越大。

1.4 长江防洪调度的重点难点问题

三峡工程建成后长江中下游防洪形势得到改善，但流域防洪减灾体系建设与运用还不完善。长江干支流控制性水库群是长江防洪总体规划体系中的重要组成部分，上游具有防洪功能的控制性水库除承担所在河流（河段）防洪任务外，还承担配合三峡水库为长江中下游防洪的任务。为充分发挥水库群的巨大防洪效益，有效应对各种不利洪水遭遇组合，进一步减少长江中下游的洪灾损失，深入开展长江上游水库群联合防洪调度研究十分必要[1]。

长江是以暴雨洪水为主的河流，洪灾基本上由暴雨洪水形成。除海拔 3000m 以上青藏高原的高寒、少雨区外，凡是有暴雨和暴雨洪水行经的地方，都可能发生洪灾。按暴雨地区分布和覆盖范围大小，通常将长江大洪水分为两类：一类是局部区域性大洪水，历史上 1860 年、1870 年及 1935 年、1981 年、1991 年洪水即为此类；另一类为流域性大洪水，1931 年、1954 年、1998 年和历史上的 1788 年、1849 年即属此类。无论哪一类洪水均会对中下游构成很大的威胁[2-4]。

长江上游和支流山丘及河口地带的洪灾，一般具有洪水峰高、来势迅猛、历时短和灾区分散的特点，局部地区性大洪水有时也造成局部地区的毁灭性灾害。长江中下游受堤防保护的 11.81 万 km^2 防洪保护区，是我国经济最发达地区之一，其地面高程一般低于汛期江河洪水位 5～6m，有的甚至低 10 余 m，洪水灾害最为频繁严重，一旦堤防溃决，往往造成巨大的损失。因此，中下游平原区是长江流域洪灾最频繁、最严重的地区，也是长江防洪的重点[5-7]。

长江上游干支流控制性水库群是长江防洪总体规划体系中的重要组成部分，上游具有防洪功能的控制性水库除承担所在河流（河段）防洪任务外，还承担配合三峡水库为长江中下游防洪的任务，实施联合防洪补偿调度，可进一步减少中下游超额洪量，全面发挥水库群的巨大防洪效益，是进一步完善长江中下游防洪体系的重要非工程措施[8-10]。然而，长江流域范围广，支流众多，区间洪水比重大，流域面积广大，上游干支流之间、上游与中下游之间的洪水组成十分复杂，各区域及流域整体防洪任务艰巨。水库群作为长江流域防洪工程体系的重要组成部分，承担着拦洪、削峰、调蓄洪水的重要任务，在流域治理开发与保护中起到关键作用。长江流域水库群的联合防洪调度是实现流域防洪安全的有效手段[11-13]。

1.4.1 多区域、大尺度、多任务的流域防洪调度

按照长江流域防洪规划布局，长江中下游防洪水库布局与主要防洪控制区域基本对应，长江上游干支流水库除承担所在河段或所在河流的防洪任务外，还应配合三峡水库对长江中下游地区发挥防洪作用[14-16]。长江荆江河段和城陵矶附近地区洪水遭遇组合和地区组成十分复杂，相应防洪控制站设计洪水和防洪控制条件难以描述，需要系统解决三峡水库对荆江地区与城陵矶附近地区协同防洪问题；同时，长江流域防洪对象的多地性、异步性和多目标性，使得统筹长江干支流、上下游的防洪关系难度更为巨大，如何解决面向多区域防洪目标的水库群防洪统一调度又是重要技术难点；水库防洪风险是水库群防洪统一调度中运筹难度最大的技术问题，涉及的风险因素众多，层面广泛，内在关联复杂，如何科学评估水库群防洪统一调度风险源、如何快速判断实时调度防洪风险率，始终是流域防汛决策者亟须解决的主要技术难题[17]。

具体来看，长江上游水库群承担着所在河流、川渝河段以及长江中下游等多重防洪任务，加之流域面积广大，水系众多，水情复杂，上游干支流之间、上游与中下游之间的洪水组成和遭遇十分复杂，防洪需求众多，防洪对象分散，且需兼顾发电、航运、供水、生态、库区安全等多种因素，流域防洪调度过程中问题复杂，不仅涉及上下游水库、干支流水库群联合调度，还涉及江湖关系和跨流域调水工程的联合调度问题。多区域协同防洪是指对流域内具有水文、水力、水利联系的水库进行统一防洪协调调度，在确保所在河流防洪安全的前提下兼顾兴利需求，使整个流域的洪灾损失降至最低、防洪效益达到最大。其重点和难点在于通过各个水库的联合调度达到流域内各防护对象的防洪要求和共同防洪要求，亟须以水库群防洪调度整体效益最优为目标，通过多区域协同防洪的水库群防洪库容分配组合优化，开发满足多区域、大尺度、多任务防洪要求的防洪调度模型。

1.4.2 适应变化条件的梯级水库群联合防洪调度

梯级水库群联合调度问题正朝着大规模、多尺度、多层次、多目标方向发展，其研究从单一时空尺度、单目标，转变为可变时空尺度下的流域一体化综合效益最优，面临着来自水文气象、供需矛盾、冲淤变化、生态环境等诸多方面的影响，存在一系列亟待解决的科学问题和技术难题，给流域水库群联合调度研究提出了更高要求。

近年来，气候变化打破了流域水资源系统的一致性，以径流为主的水资源要素不确定性增大，给水库群调度决策带来了新的挑战。为应对全球气候变暖、极端天气事件增多等对流域降水时空变化的影响，认清变化条件下流域防洪形势及其变化历程，对流域下一步的防洪治理和开发保护至关重要，需要适时研究和调整中下游防洪总体布局，进一步探讨提高长江中下游防洪保障能力的措施，如完善防洪工程体系、提升水利工程联合调度管理能力等[18]。同时，为缓解枯水期部分区域或河段的水资源供需矛盾，需加强汛期洪水资源化的研究，探索洪水资源化的有效实施途径[19]。

1.4.3 耦合复杂不确定性的水库群实时防洪调度

在水库调度中，利用水文预报，可临时调蓄洪水资源。但是，预报误差所带来的不确定性问题是水库群实时调度中所不能忽视的。当预报存在误差时，预报误差如何传递为水库的防洪风险率，其内在机制不清楚，急需可以评估实时调度防洪风险率的模型。长江流域水库群联合防洪实时调度主要存在以下技术问题[10]：

（1）如何运用水库群针对同一防洪目标进行联合防洪调度，此类防洪调度的重点在于确定各参与防洪水库的启动次序、时机与运用条件，以及实现防洪目标达到预定防洪标准所需防洪库容在参与防洪水库群间的库容分配。

（2）如何运用水库群针对多重防洪目标进行联合防洪调度，此类防洪调度的重点在于如何合理划分承担各防洪目标所需的防洪库容，以及此防洪库容在各参与防洪水库群间的划分，在此基础上研究不同洪水组成类型条件下各梯级水库参与防洪调度的启动条件和运用参数。

1.4.4 兼顾综合利用的梯级水库群联合防洪调度

长江流域水库群运行体系已基本形成，但目前的水库群联合调度技术水平与长江经济带国家发展战略、新常态下经济社会发展和流域管理机构依法治水管理等方面需求仍有一定差距。长江流域水库群联合调度研究尚处于起步阶段，水库群形成和运行的时间还不长，对水库调度带来的影响认识还需要加强，要达到使全流域防洪、供水、灌溉、抗旱、发电、航运和生态等多目标综合效益最大化，还有许多技术难题和管理问题需要研究和解决[6,19]。

为充分发挥以三峡工程为核心的长江上游水库群联合防洪作用，进一步减轻长江中下游尤其是城陵矶附近地区的防洪压力，需要在各支流本身洪水特性、干支流洪水遭遇分析的基础上，开展长江上游干支流控制性水库联合防洪调度研究，并兼顾和协调各水库间防洪、发电、蓄水、供水、航运、生态及其他综合利用效益之间的关系，以充分发挥长江上游水库群的巨大防洪作用[12]。

1.4.5 具有可操作性的水库群联合调度方案编制

目前，围绕长江流域水工程联合调度，编制了年度水工程联合调度运用计划，其中联合防洪调度是核心内容[20-23]。但是，水库群联合调度方案还比较宏观，各控制性水库在水库群系统中的总体调度方案和针对不同防洪对象的调度方式还不明确，操作性有待加强；各梯级水库防洪需求等情况掌握得不够细致，基础资料不够系统，技术要求不够明确。

同时，目前编制的联合调度方案尤其是防洪调度方案着重针对防御标准洪水的调度方式，但实时调度中经常遇到的是防洪标准以内的常遇洪水，如何在联合调度方案的原则指导下，结合实时洪水预报，实施常遇洪水的调度，最大限度地发挥水库综合效益，是近年来实时调度经常面临的难题。此外，如何制定长江上游特大水库群联合运用的分期方案以及确定汛期运行水位联合动态控制阈值，定量分析长江上游梯级水库群汛期运行水位动态控制方案对中小洪水消纳程度，这些方面的研究基础还十分薄弱，有待进一步攻关。

1.5 水库群防洪调度的研究进展

我国水旱灾害极为频繁，经济社会发展与防汛抗旱关系密切，加快经济发展方式转变，必须营造安全、和谐、秀美的环境，这对水旱灾害防御提出了更高要求：既要考虑水旱灾害对经济社会的影响，又要考虑经济社会发展对水旱灾害防御的要求；既要科学安排洪水出路，又要合理利用洪水资源，为人与人、人与社会、人与自然的和谐发展提供有力支撑。在防御洪水中，要综合采取拦、分、蓄、滞、排等措施，精心安排，科学防控，实现对洪水的有效管理。

《国务院关于依托黄金水道推动长江经济带发展的指导意见》（国发〔2014〕39号）中提出"妥善处理江河湖泊关系。综合考虑防洪、生态、供水、航运和发电等需求，进一步开展以三峡水库为核心的长江上游水库群联合调度研究与实践"。《水利改革发展"十三五"规划》明确提出，深化水利工程建设与管理改革，要"积极推进梯级水库群联合调度，促进流域水资源综合利用效益最大化"，针对长江流域，要"以三峡建成后长江中下游河势控制、洞庭湖鄱阳湖综合整治、蓄滞洪区建设为重点，加强防洪薄弱环节建设，优化调整长江中下游分蓄洪区；统筹防洪、供水、灌溉、生态、航运、发电等调度需求，协调水库群蓄泄时机与方式，实施长江三峡及上中游干支流控制性水库群联合调度"。另外，《中华人民共和国国民经济和社会发展第十三个五年规划纲要》第三十九章"推进长江经济带发展"中明确提出"推进长江上中游水库群联合调度"。科学调度流域水库群，并配合运用其他水利工程，以发挥最大规模综合效益，进一步增强长江水利对流域经济社会的支撑与保障能力，关系到"依托黄金水道，建设长江经济带"这一国家发展战略的顺利实施。

水库调度是伴随着水库的出现而产生的，是实现水资源优化配置的重要方法和有效举措，能有效缓解区域干旱、洪涝等自然灾害，对于实现可持续发展水资源战略具有重要支撑作用。国外最早有关水库调度的研究起步于20世纪四五十年代。常规水库防洪调度方法是一种半经验半理论方法，主要借助水库的防洪能力图、防洪调度图等经验性图表进行调度。1955年，Little[24]率先将动态规划应用于水库调度，建立了水库调度随机动态规划数学模型，开创了数学规划理论应用于水库调度领域的先河。1957年，Bellman[25]的专著《Dynamic Programming》正式出版，为动态规划理论的推广应用奠定了基础。随后，大量数学规划理论成果发表，水库优化调度也逐渐从理论走向实际应用。

我国从20世纪60年代开始研究水库优化调度问题，80年代后迅速发展，取得了大量研究成果。传统的优化技术是水库防洪调度中采用的主要技术。在过去的几十年中，国外许多学者将线性规划、非线性规划、动态规划等应用于水库防洪调度中。这些优化技术为水库防洪调度提供了一种解决办法，但是难以适应实时防洪形势的变化，并且难以模拟调度人员的经验知识。为了有效处理水库防洪调度中的模糊性和模拟调度人员的经验知识，许多学者开始将模糊集理论引入水库防洪调度理论研究。张勇传等[26-32]把模糊等价聚类、模糊映射和模糊决策的基本概念引入水库优化调度中，探讨了径流预报和运行决策问题，研究了水库群优化调度的理论与方法，论证了不同方法的收敛性与最优性。基于模糊优化原理和短期降雨模糊预报，大连理工大学王本德等[33-35]提出了一种寻求满意决策的多目标洪水模糊优化调度模型及解法，并将该模型用于大伙房水库多目标防洪优化调度研究，取得了良好结果。根据防洪调度的特点，大连理工大学陈守煜等[36-41]提出了防洪调度系统多目标决策理论、模型与方法，以及防洪调度系统半结构性决策理论与方法，建立了防洪调度系统决策的理论新框架。实践证明，模糊集理论和多目标优化理论相结合，能够很好地模拟调度人员的经验知识，是水库防洪调度理论研究的发展趋势。随着人们对洪水特性认识的不断深入、相关领域新理论与方法的不断出现以及计算机技术和信息技术的发展，前期研究所关注的模型计算速度、耗用内存容量等问题已变成次要矛盾。现阶段水库防洪调度技术的研究正在由"方法导向"向"问题导向"转移，实用性的要求越来越高，且研究者将关注的重点转移到实用技术的集成与多学科交叉研究上[42-46]。

进一步，在研究对象上，防洪调度技术的研究从单一水库防洪调度、河库联合调度，逐步发展到多库、水库群综合调度，经历了由简单到复杂的演化过程[47-48]。在单一水库优化调度求解算法方面，目前的研究焦点主要在于传统优化算法和启发式算法的改进。纪昌明等[49]提出了水库防洪优化调度模型求解的混沌粒子群优化算法，较好地克服了粒子群算法易早熟和陷入局部最优的缺点。河海大学钟平安等[50]提出了利用智能算法求解水库防洪优化调度模型的通用启发式策略，使得水库出库过程线波动变化更小，在实时防洪调度应用可操作性较高。周建中等[51]考虑洪水演进和滞后性问题，提出了一种基于动态规划与渐进最优算法相结合的两阶段水库群联合防洪优化调度模型，减少了下游水库的入库流量和分区库容。陈森林等[52-53]为更好描述水库防洪补偿问题，提出了水库防洪补偿调节线性规划模型和水库防洪等蓄量优化调度模型，提供了新的解决方案。

伴随着大江大河建设进程的逐步推进，流域防洪调度技术成为目前国内外研究的热点，水库群防洪联合调度要对流域内相互间具有水文、水力、水利联系的水库进行统一的协调调度，既要能保证水利设施自身安全，又要确保上下游洪水损失最小，使整个流域系统的洪灾损失最小。其相关特点体现在以下三个方面：一是各水库间距离较远，区间众多支流汇入，洪水遭遇过程比较复杂，需以流域设计洪水作为调洪依据；二是水库承担多个防洪对象，且防洪对象分散于不同区域，如何统筹兼顾，科学拟定水库防洪库容的运用方式是进行流域水库防洪调度技术的难点；三是流域防洪调度技术已发展到水库、河道、分蓄洪区联合调度阶段，需要进行多个目标下有约束性的优化，因此流域水库群联合防洪调度技术是一个更高层次的课题[43,45,47]。

同时，随着流域防洪对象组成越来越复杂，呈目标多重化、分布多区域等特征。为解决该类问题，大系统多目标理论逐步应用到现阶段防洪调度优化技术中：首先是把一个大型的问题分解成几个相对较小的问题，然后根据不同层次问题基本特征，构造不同的模型，以便考虑更多的实际影响因素，具有更加广泛的应用范围和更优的求解能力。

近年来，相关学者围绕流域防洪作了较多的探究。为了将防洪控制断面超标水量逐时段分配到水库群系统，引入动态调节系数以决定水库的补偿调度顺序[54]；在考虑梯级水库群防洪任务和其边界条件发生变化的情况下，综合考虑发电、防洪效益等目标，构建了梯级水库群防洪库容优化分配模型[55]；为考虑梯级水库群等比例使用防洪库容，研究了水库群联合防洪调度的等比例蓄水策略，将防洪任务合理分配到各水库，提高了梯级水库群的防洪效益[56]；均衡考虑水库群大坝安全及上下游不同防护区防洪要求等多个目标，建立了梯级水库群多目标防洪优化调度模型[57]；基于大系统分解协调原理，先通过逐次分解各防洪区域对溪洛渡、向家坝两库预留防洪库容的要求，在结合区域间洪水遭遇关联性分析的基础上，提出两库防洪库容在协调川江与长江中下游两区域的防洪分配方案[58]；以预留防洪库容最大为目标，提出了水库预留防洪库容的"三步法"求解方法，最大程度获得了水库群防洪效益[59]；根据上下游来水情势，通过有效利用防洪库容拦蓄洪水、削峰调峰，提出了水库群最大削峰率的水库群联合防洪调度模型[60]；以下游超标流量和各水库蓄水量最小为目标，研究了水库群联合防洪调度的防洪效果[61]；为开展长江干支流水库群配合三峡水库对长江中下游联合防洪调度，提出了同步拦蓄和削峰方式相结合的调度方式，有效减少了下游地区分洪量[62]。在以上基础上，为分析梯级水库群在汛期不同时段的防洪风险，周建中等[63-64]分析了水库群防洪库容分配的互用性，并提出了一种基于防洪库容风险频率曲线的梯级水库群防洪风险共担理论，在保证防洪安全的同时有效提高水库群综合效益，可为水库群调度方案优选提供依据。同时，为使水库群均衡分摊防洪区域的防洪风险，康玲等[65]提出了长江上游水库群联合防洪调度系统非线性安全度策略，构建水库群防洪库容优化分配模型，充分发挥了水库群的防洪效益，保障了水库群系统稳定安全运行。

同时，钟平安等[66]建立了以水库群系统安全度最大、行蓄洪区系统损失最小为目标函数，以河道堤防安全行洪为约束条件的复杂防洪系统多目标递阶优化调度模型，并基于大系统分解协调法建立协调层和基于粒子群算法求解底层子系统优化问题，形成了三级递阶分解协调结构和相应求解方法，研究表明该模型有利于挖掘上游水库群的防洪能力，在保障河道堤防安全行洪条件下，减少下游不必要的行蓄洪区分洪损失，以系统全局寻优方式进行复杂防洪系统联合调度。针对复杂的防洪系统，随着水库数量的增加，并计及洪水演进、干支流汇入等因素，逐步优化方法（POA）求解复杂防洪系统调度的效率降低，梅亚东等[67]在 POA 的基础上，引入莱维飞行更新策略、模式搜索法以及并行技术，提出了三层并行 POA 算法，并应用于赣江中下游复杂防洪系统的防洪优化调度中，获得的调度策略可有效降低下游防洪控制点洪峰流量，减轻下游防洪压力。

面向多区域防洪的长江上游水库群协同调度，旨在解决水库防洪库容应用不明确、大尺度流域空间多水系、多防洪对象需求下的库群多区域协同防洪调度等问题，科学调配水库群防洪库容，以挖掘长江上游水库群防洪调度潜力，有效拓展库群防洪效益，进而提升长江流域防洪调度管理水平[68]。然而，面向多区域防洪时，水库群的防洪保护对象众多且往往标准不一，需要根据工程规划任务和实际运行需求，合理安排水库防洪库容的使用。现有研究主要针对水库自身防洪安全的库容划定和分配，面对大范围多区域防洪调度建模时，还需进一步开展不同洪水地区组成、不同水库单元防洪库容分配方案及对不同区域防洪补偿调度效果研究，研究提出防洪库容相互补偿的优化准则，寻求不同洪水地区条件下满足不同区域防洪要求的水库群防洪库容分配的优化组合方案。一些研究大多针对几座串联水库对单一目标的防洪，而少有针对多区域防洪的研究实例，当水库群规模较大且兼有本流域、跨流域的防洪调度目标时，相关调度模型对问题的描述不够充分。因此，需要进一步提高水库优化调度方案的可操作性，为流域水库群调度决策提供快速有效的支撑[7,10,17,58]。

防洪调度方案着重针对防洪标准洪水的调度方式，其目标是保障流域防洪安全，充分发挥水库群的综合效益。但在实时调度中，经常遇到的是防洪标准以内的常遇洪水，如何在联合调度方案的原则指导下，结合实时洪水预报，实施常遇洪水的水库洪水调度，更大程度地发挥水库综合效益，则是近年来实时调度经常面临的困惑。由于其研究基础十分薄弱，对水库实时调度指导性不强，尤其是主要支流调度基础技术研究更显不足[69-70]。

值得注意的是，长江流域面积大，上游干支流之间、上游与中下游之间的洪水遭遇组成十分复杂。对全流域性的洪水，尤其是超标准的特大洪水，需要上下游水库群、堤防、分蓄洪区联合防洪调度，共同抵御洪水灾害。而上游各水库在设计阶段主要考虑对本河段的防洪作用和防洪调度方式，对配合三峡水库对长江中下游防洪调度，未进行统筹考虑。加之这些控制性梯级水库主要位于长江上游干支流，距主要防洪控制点长江中下游较远，如果不实行水库群联合防洪调度，难以达到对长江中下游防洪的预定效果，甚至可能造成人为洪水，恶化中下游防洪条件。此外，长江上游水库群承担着水库所在河流、川渝河段以及长江中下游等多重防洪任务，加之流域面积广大，水系众多，上游干支流之间、上游与中下游之间的洪水组成和遭遇十分复杂，防洪需求众多，防洪对象分散，且还需兼顾发电、航运、供水、生态、库区安全等多种因素，决定了水库群联合防洪调度具有面向大尺度流域空间、多水系、多区域防洪需求协同的特征。因此，如何构建一个合理、完备、精细的长江上游水库群协同防洪调度模型，科学调配长江流域水库群防洪库容，充分发挥长江上游水库群防洪调度潜力，对落实流域防洪规划指导思想、保障安澜长江具有重大意义。

对于不同调度方式的风险和效益，需有客观、定量、准确的评判标准，以更好地服务于防洪调度决策。水库群防洪调度风险效益评估中，评价指标是多方面的，可分为效益指标、成本指标等。建立一个完备的防洪调度风险效益评价指标体系，对于识别防洪调度过程中的调度效益和风险损失非常关键[11,71]。郭生练等[72-73]对汛期洪水概率预报、设计洪水不确定性的风险分析方面开展了具体研究，不仅可延长预见期，还可考虑不确定性并提高预报精度。但目前在单一水库防洪调度风险效益评估方面取得了较多进展，推动和发展了对防洪调度风险的甄别和认识，但针对长江上游水库群这一大规模、强约束、多区域的防洪调度问题，研究尚不成熟。

随着社会经济建设的快速发展，对防洪减灾也提出了更高的要求，河道渠化将大大缩短防洪响应时间，防洪形势将更为严峻，亟须建立与新形势下相适应的科学、高效的防洪决策支持体系，促进信息共享，强化应用整合，促进业务协同，全面提升流域管理的能力与公共服务水平，提升管理技术，使其向信息化、现代化方向转变[74-77]。随着遥感、地理信息系统的发展，需要将数值模拟和仿真技术相结合，在信息汇集、数据共享、模型计算、数据服务、运行环境等方面进行具体规划，建立一个以地理信息系统为平台，集模型计算、结果分析、风险分析于一体的水库群联合防洪实时调度模型；对常遇洪水、标准洪水乃至超标准洪水进行实时补偿调度，及时模拟洪水演进、进行实时洪水调度分析及损失评价，直观明确地展示各防洪调度方案的调度方式、调度结果，在三维场景下可视化展示地形、地貌、水系分布，及随着洪水发展过程，水流在河道、湖区演进形态、库区淹没范围、灾情损失等具体指标的变化情况，并可对各种方案的合理性进行有效性分析；运用现代信息技术的强大数据收集、挖掘、分析能力，模拟仿真能力，为长江流域洪水调度管理及防洪减灾决策提供更为直观的、准确的信息服务和技术支持[78-80]。

第 2 章

研究对象及主要控制指标

2.1 研究对象

2.1.1 水库对象

2.1.1.1 长江水库概况

长江支流众多，共 7000 多条。流域面积 1000km^2 以上的支流有 437 条，超过 1 万 km^2 的有 49 条，超过 8 万 km^2 的有雅砻江、岷江、嘉陵江、乌江、沅江、湘江、汉江、赣江等 8 条，其中雅砻江、岷江、嘉陵江和汉江 4 条支流的流域面积都超过 10 万 km^2。长度超过 500km 的支流有 18 条，其中超过 1000km 的有雅砻江、大渡河、嘉陵江、乌江、沅江、汉江等 6 条，以汉江最长，为 1577km。多年平均流量在 100m^3/s 以上的支流有 90 条，其中 1500m^3/s 以上的有雅砻江、岷江、嘉陵江、乌江、湘江、沅江、赣江、汉江等 8 条。这些密布在长江干流两侧的支流与干流组成了庞大的长江水系。

长江流域中对长江中下游防洪和水资源调度影响较大的控制性水库主要分布在长江干流金沙江、长江干流宜宾至宜昌河段、雅砻江、岷江及大渡河、嘉陵江、乌江和清江，在长江流域开发治理中占有极其重要的位置。

1. 金沙江

金沙江为长江上游干流，其治理开发任务为发电、供水与灌溉、防洪、航运、水资源保护、水生态环境保护和水土保持、山洪灾害防治等，其中发电、供水与灌溉和防洪为主要任务。金沙江上游河段（直门达至石鼓）采用 8 级开发方案。金沙江中、下游河段（石鼓至宜宾）分 13 级开发，分别为虎跳峡河段梯级、梨园、阿海、金安桥、龙开口、鲁地拉、观音岩、金沙、银江、乌东德、白鹤滩、溪洛渡、向家坝等梯级。

2. 长江干流宜宾至宜昌河段

长江干流宜宾至宜昌河段俗称川江，其主要开发任务是防洪、发电、供水、灌溉、航运、水资源保护、水生态环境保护、岸线利用等。三峡工程 2008 年实施 175m 水位试验性蓄水运行以来，已开始全面发挥防洪、发电、航运等巨大的综合利用效益。

3. 雅砻江

雅砻江为典型的峡谷型大河流，水量丰沛，落差集中，水力资源丰富，开发任务以发电为主，同时控制本河段洪水，以分担长江干流防洪任务；上游河段还要分担南水北调西线调水任务，适当兼顾工农业用水。按雅砻江干流水电规划，雅砻江干流按 23 级开发，其中两河口、锦屏一级、二滩等具有较大的径流调节能力，这三大水库建成后，可实现梯级水库完全年调节，并可增加金沙江下游及长江干流梯级的保证出力和发电量，发电效益十分显著，同时可预留一定防洪库容，分担长江中下游防洪任务。

4. 岷江及大渡河

岷江干流水量丰沛，水能资源丰富。上游以发电为主，尽可能满足中下段灌溉、防洪、城市及工业用水的要求；中游以灌溉为主，结合防洪、工业用水进行河道整治；下游以灌溉为主，兼有航运、发电等综合利用要求。按有关规划，岷江干流按 26 级开发，主要控制性水库有紫坪铺水库。

支流大渡河干流主要开发任务为发电、防洪、供水、灌溉等。大渡河干流采用 3 库 29 级开发方案，主要控制性水库有下尔呷、双江口、瀑布沟等。

5. 嘉陵江

嘉陵江干流的开发任务是供水、灌溉、防洪、航运、发电、水土保持和水资源保护等。嘉陵江干流规划 28 级开发，主要控制性水库有亭子口、草街等。

6. 乌江

乌江干流开发的主要任务是发电，供水、灌溉、防洪与治涝、水土保持、水资源保护、航运等。乌江干流规划 11 级开发，主要控制性工程有构皮滩、思林、沙沱、彭水等。目前已建成普定、引子渡、洪家渡、东风、乌江渡和索风营、构皮滩、彭水、思林、沙沱、银盘等水电站。

2.1.1.2 水库群对象

长江流域面积广大，水系繁多，水情复杂，洪水来势凶猛、峰高量大，组成复杂，持续时间长，洪涝灾害频发，防洪任务十分繁重。

长江流域已建有长江三峡，金沙江溪洛渡、向家坝等一批库容大、调节能力好的综合利用水利水电枢纽工程，是长江流域防汛抗旱、水资源管理、水生态保护的重要工程。目前长江流域已建成大型水库（总库容在 1 亿 m³ 以上）300 余座，总调节库容 1800 余亿 m³，防洪库容约 800 亿 m³。其中，长江上游（宜昌以上）大型水库 112 座，总调节库容 800余亿 m³，预留防洪库容 421 亿 m³；中游（宜昌至湖口）大型水库 170 座，总调节库容 949 亿 m³，预留防洪库容 333 亿 m³。

长江流域水库群是长江防洪体系的重要组成部分。原则上，重要大型水库均应纳入水库群防洪调度范围，但综合考虑水库的工程规模、防洪能力、调节库容、控制作用、运行情况等因素，选取具有代表性的 30 座水库进行研究，分布于金沙江中游、金沙江下游、雅砻江、岷江大渡河、嘉陵江、乌江和长江干流，具体包括金沙江中游的梨园、阿海、金安桥、龙开口、鲁地拉、观音岩，雅砻江的两河口、锦屏一级、二滩，金沙江下游的乌东德、白鹤滩、溪洛渡、向家坝，岷江的下尔呷、双江口、瀑布沟、紫坪铺，嘉陵江的碧口、宝珠寺、亭子口、草街，乌江的洪家渡、东风、乌江渡、构皮滩、思林、沙沱、彭水，以及长江三峡、葛洲坝。

30 座水库的拓扑示意图及其基本参数详见图 2.1 和表 2.1，30 座水库的总库容为 1633 亿 m³，总防洪库容为 498 亿 m³。

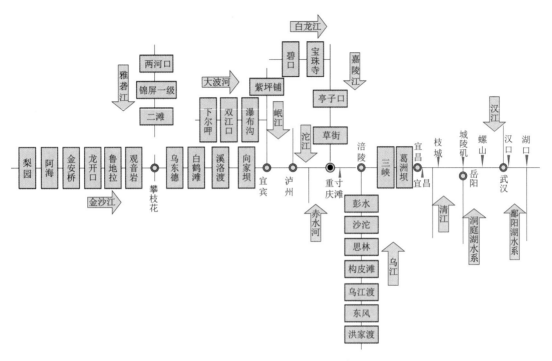

图 2.1 长江上游 30 座水库拓扑示意图

表 2.1 长江上游 30 座水库基本参数表

水系名称	水库名称	控制流域面积/万 km²	正常蓄水位/m	总库容/亿 m³	调节库容/亿 m³	防洪库容/亿 m³	装机容量/MW	建设情况
长江	三峡	100	175	450.7	165	221.5	22500	已建
	葛洲坝	100	66	7.41	0.86		2715	已建
金沙江	梨园	22	1618	8.05	1.73	1.73	2400	已建
	阿海	23.54	1504	8.85	2.38	2.15	2000	已建
	金安桥	23.74	1418	9.13	3.46	1.58	2400	已建
	龙开口	24	1298	5.58	1.13	1.26	1800	已建
	鲁地拉	24.73	1223	17.18	3.76	5.64	2160	已建
	观音岩	25.65	1134	22.5	5.55	5.42/2.53	3000	已建
	乌东德	40.61	975	74.08	30.2	24.4	10200	在建
	白鹤滩	43.03	825	206.27	104.36	75	16000	在建
	溪洛渡	45.44	600	126.7	64.62	46.5	13800	已建
	向家坝	45.88	380	51.63	9.03	9.03	6400	已建
雅砻江	两河口	6.57	2865	108	65.6	20	3000	在建
	锦屏一级	10.26	1880	79.9	49.11	16	3600	已建
	二滩	11.64	1200	58	33.7	9	3300	已建

水系名称	水库名称	控制流域面积/万 km²	正常蓄水位/m	总库容/亿 m³	调节库容/亿 m³	防洪库容/亿 m³	装机容量/MW	建设情况
岷江	紫坪铺	2.27	877	11.12	7.74	1.67	760	已建
	下尔呷	1.55	3120	28	19.24	8.7	540	拟建
	双江口	3.93	2500	28.97	19.17	6.63	2000	在建
	瀑布沟	6.85	850	53.32	38.94	11/7.3	3600	已建
嘉陵江	碧口	2.6	704	2.17	1.46	0.83/1.03	300	已建
	宝珠寺	2.84	588	25.5	13.4	2.8	700	已建
	亭子口	6.11	458	40.67	17.32	14.4	1100	已建
	草街	15.61	203	22.18	0.65	1.99	500	已建
乌江	洪家渡	0.99	1140	49.47	33.61		600	已建
	东风	1.82	970	10.25	4.91		695	已建
	乌江渡	2.78	760	23	9.28		1250	已建
	构皮滩	4.33	630	64.54	29.02	4.0	3000	已建
	思林	4.86	440	15.93	3.17	1.84	1050	已建
	沙沱	5.45	365	9.21	2.87	2.09	1120	已建
	彭水	6.9	293	14.65	5.18	2.32	1750	已建
合计				1633	746	498	114240	

2.1.2 保护对象

2.1.2.1 长江上游

长江上游保护区大多比较分散，较大洪水发生时，沿江两岸阶地即使被淹，洪水过后很快出露，这与中下游保护区集中成片、一旦受淹范围广、历时很长的情况不同。但由于上游洪水陡涨陡落，峰高历时短，洪水流速大，容易冲毁两岸农田房屋，加之经济社会的发展，对防洪也提出相应要求。

长江上游水库群联合防洪调度的主要防洪保护对象为干支流沿江重要城镇、重点河段及地区，主要包括川渝河段的宜宾市、泸州市、重庆市，大渡河成昆铁路峨边沙坪路段、岷江干流的金马河段以及乐山市，嘉陵江中下游河段的苍溪、阆中、南充、武胜、合川等沿江城镇，乌江流域的思南、沿河、彭水和武隆等县城。

2.1.2.2 长江中下游

三峡工程建成后长江中游防洪能力有较大提高，特别是荆江地区防洪形势已发生根本性的好转。但由于三峡水库的防洪库容相对于长江中下游巨大的超额洪量仍显不足，三峡工程建成后，遇大洪水，中下游部分地区防洪形势仍然严峻。

长江中下游联合防洪调度的主要防洪保护对象为荆江河段、城陵矶河段、武汉河段等。其中，城陵矶地区受长江干流和洞庭湖"四水"洪水的共同影响，是长江中下游流域洪灾最频发的地区，区域周围分布着众多蓄滞洪区，对于城陵矶地区防洪目标就是最大限度地减少该地区的分洪量。同时，武汉地区的防洪与上游荆江、城陵矶等地区的防洪密切相关，其防洪依靠长江流域的整体防洪体系来解决。

经过多年建设，长江中下游干流主要河段现有防洪能力大致达到：

（1）荆江河段依靠堤防可防御约 10 年一遇洪水，加上使用蓄滞洪区，可防御约 40 年一遇洪水，考虑三峡工程的防洪作用，可使荆江地区防御 100 年一遇洪水。

（2）城陵矶河段依靠堤防可防御 10 年一遇～15 年一遇洪水，考虑比较理想地使用蓄滞洪区，可基本满足防御 1954 年洪水的需要。

（3）武汉河段依靠堤防可防御 20 年一遇～30 年一遇洪水，考虑河段上游及本地区蓄滞洪区比较理想地使用，可基本满足防御 1954 年洪水（其最大 30d 洪量约为 200 年一遇）的防洪需要。

根据长江防洪形势与防洪体系，本次重点研究长江川渝河段、荆江河段、城陵矶地区、武汉地区等长江流域防洪重点区域的防洪需求。

本次研究针对上游 30 座水库形成的水库群，按照多区域协同防洪的研究思路，首先研究川渝河段、嘉陵江干流中下游、乌江干流中下游等主要城镇的防洪调度方案；在此基础上，针对不同干支流洪水遭遇类型，提出上游梯级水库在长江防洪体系中的总体防洪调度方案，包括对自身防洪对象、配合其他水库防洪调度方式以及配合三峡对长江中下游荆江河段、城陵矶地区、武汉地区的防洪调度方式。

2.2 重点研究区域

长江水库的防洪任务一般分为三个层次：一是水库所在河流下游或库区防洪；二是兼顾川渝河段防洪；三是配合三峡水库对长江中下游防洪。由于水库对所在河流下游及库区防洪是水库的基本任务，这里主要结合流域防洪层面，对川渝河段与长江中下游（荆江河段、城陵矶地区、武汉地区）的防洪调度目标和主要控制条件作重点分析。

2.2.1 长江川渝河段

1. 宜宾市

宜宾市按市中区 50 年一遇的标准修建了堤防，柏溪镇及菜坝镇按 20 年一遇的标准修建了堤防。按照防洪区域分布情况及现有堤防的建设情况，结合实际防洪调度要求，宜宾市地区防洪考虑两个控制点：一是位于金沙江干流段的柏溪镇，二是位于主城区金沙江与岷江汇合口处。

（1）柏溪镇。金沙江干流河段柏溪镇规划堤防防洪标准为 20 年一遇，现状堤防实际防洪能力为 10 年一遇。柏溪镇防洪需要上游水库调蓄，将 10 年一遇标准提高到 20 年一遇，相应洪峰值以屏山洪峰值代表，20 年一遇、10 年一遇洪水洪峰值分别为 $28000\text{m}^3/\text{s}$、$25000\text{m}^3/\text{s}$。

（2）宜宾主城区。位于岷江与金沙江汇合口处的主城翠屏区滨江路段，近期规划堤防防洪标准为 50 年一遇，虽堤防建设按照 20 年一遇标准建设，但由于尚未形成防洪封闭圈，在汇合口处仅为 10 年一遇，整体防洪能力可按 20 年一遇考虑。以岷江与金沙江汇合口下游长江干流防洪控制点李庄站为参考，相应 50 年一遇、20 年一遇洪水对应李庄站洪峰值分别为 57800m³/s、51000m³/s。

2. 泸州市

泸州市长江北岸高坝工业区和沱江右岸中心城区按 50 年一遇的标准修建了堤防，沱江左岸及长江南岸区按 20 年一遇的标准修建了堤防，随着上游水库的兴建，防洪标准可进一步得到提高。

泸州城区防洪有两个主要控制区域：一是位于长江干流段的纳溪片区；二是位于长江与沱江汇合口处的蓝田坝区、中心半岛、茜草区、高坝片区等区域。

（1）纳溪片区。长江干流段纳溪片区近期规划堤防防洪标准为 20 年一遇，现已达标。经分析，李庄站至纳溪防洪水尺断面区间无大的支流汇入，区间入流对长江水位影响不大，总量不超过 150m³/s。故纳溪片区防洪可选择李庄站为参考站，20 年一遇洪峰值可近似认为与李庄站等同，为 51000m³/s。

（2）长江与沱江汇合口处区域。中心半岛位于长江与沱江汇合口处的主城区段，沿江河段近期规划堤防防洪标准为 50 年一遇，但现状仅 10 年一遇；蓝田坝区段位于长江干流段接近于两江汇合口处，主要受长江水位影响，近期规划堤防防洪标准为 50 年一遇，但现状仅 20 年一遇；茜草区段位于汇合口以下，规划堤防防洪标准为 20 年一遇，现已达标；高坝片区位于茜草区下段，规划堤防标准为 50 年一遇，但现状仅 20 年一遇。整体来说，位于两江汇合口处及以下的区段整体防洪标准已达到 20 年一遇。城市防洪控制站为泸州站，由于所选取的洪水典型均以长江干流朱沱为防洪控制点参考，故根据泸州站与朱沱两控制站的水位相关关系，插值得到泸州抵御 20 年一遇洪水堤防水位值相应的朱沱洪峰流量值为 52600m³/s。

3. 重庆市

重庆市位于长江上游，主城区坐落于长江与嘉陵江交汇处，两江将主城区分割为南岸、渝中、江北三大片区。考虑到城区所处的具体地形，拟定重庆市主城区防洪标准为 100 年一遇，除主城区外的市域中心城区重要河段防洪标准为 50 年一遇，一般河段防洪标准为 20 年一遇。

经研究，重庆城区防洪有两个主要控制区域：一是位于嘉陵江流域的北碚区和沙坪坝区磁器口段，二是长江与嘉陵江汇合处附近的滨江路段。

（1）北碚区与沙坪坝区。因两区域均位于嘉陵江河段，虽相应河段水位可能受到长江干流水位顶托，但该河段的防洪任务主要靠嘉陵江河段水库承担，金沙江梯级水库暂不考虑承担其防洪任务。

（2）渝中区、南岸区的滨江路段。出于历史原因与城市景观要求，位于两江汇合口处的滨江路段在未来堤防建设实施有一定困难，但本次研究先按照规划堤防标准 50 年一遇考虑，在实时调度中，对于没有达标的路段，可结合实际预报水雨情适当兼顾。

选用长江干流寸滩站为重庆市防洪控制站。由于重庆市区位于三峡水库库尾，因泥沙淤积和受水库回水顶托影响，与天然情况相比，同频率洪水位有一定程度的抬高，将加大重庆主城区的防洪难度。三峡水库不同坝前水位对寸滩水位的顶托影响见图 2.2。

由于重庆堤防标准较高，20 年一遇洪水对应寸滩洪峰流量为 75300m³/s，从水位流

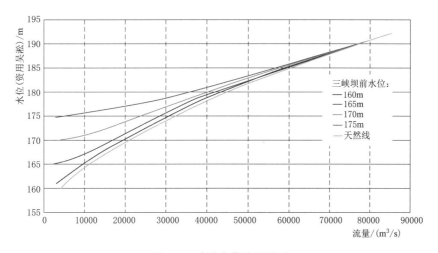

图 2.2 寸滩水位流量关系

量关系来看,当流量超过 75000m³/s 时,寸滩水位受三峡水库坝前水位影响较小,在防洪调度中,可统一用天然线计算。

重庆市主城区堤防规划防洪能力按照 50 年一遇考虑,若将重庆主城区防洪标准提高至 100 年一遇,需要将 100 年一遇洪峰流量 88700m³/s 削减到 50 年一遇洪峰流量 83100m³/s(相应水位 191.5m),削减流量差值达 5600m³/s。

2.2.2 长江中下游重点河段及地区

1. 荆江河段

荆江河段是长江防洪形势最严峻的河段,历来是长江乃至全国防洪的最重点。自明代荆江大堤基本形成以来,堤内逐步成为广袤富饶的荆北大平原。荆江南岸是洞庭湖平原,如果大堤溃决或被迫分洪,也将造成极为严重的洪灾。三峡水库通过对长江上游洪水进行调控,使荆江河段防洪标准达到 100 年一遇;遇 100 年一遇～1000 年一遇洪水,包括 1870 年同大洪水时,控制枝城站流量不大于 80000m³/s,配合蓄滞洪区的运用,保证荆江河段行洪安全,避免两岸干堤漫溃发生毁灭性灾害。

荆江河段防洪控制点为沙市站,沙市站保证水位为 45.0m。目前荆江河段两岸堤防已达到设计标准。为留有余地,三峡水库对荆江防洪补偿调度按沙市站水位不超过 44.5m 控制。

2. 城陵矶地区

城陵矶地区受长江干流和洞庭湖"四水"洪水的共同影响,是长江中下游流域洪灾最频发的地区,区域周围分布着众多蓄滞洪区,一旦启用,损失较大。因此,对于城陵矶地区防洪目标就是最大限度地减少该地区的分洪量。在联合调度方案中,三峡水库联合上游水库,根据城陵矶附近地区防洪要求,考虑长江上游来水情况和水文气象预报,适度调控洪水,减少城陵矶附近地区分蓄洪量。

城陵矶河段防洪控制点为城陵矶站,城陵矶(莲花塘)站保证水位为 34.4m。如城陵矶水位达到 34.4m,但沙市水位低于 44.5m 且汉口水位低于 29m,城陵矶运行水位可抬高到 34.9m 运用。

3. 武汉地区

武汉市位于江汉平原东部，长江与汉江出口交汇处，内联九省，外通海洋，承东启西，联系南北，是我国内地最大的水、陆、空交通枢纽，素有"九省通衢"之称。长江与汉江将武汉市分割为汉口、武昌、汉阳三片，防洪自成体系。武汉市规划沿江堤防长度 349.07km，其中主城区堤防 195.77km，为 3 级堤防，按相应汉口水位 29.73m、超高 2m 加高加固；其他堤防为 2～3 级，超高 1.5m 加高加固。

武汉河段防洪控制点为汉口站，汉口站保证水位为 29.73m。在联合调度过程中留有一定裕度，按 29.5m 进行考虑。

2.3　水文站点

2.3.1　主要水文站

长江干支流主要控制站及基本情况见表 2.2。

表 2.2　　　　　　　　　设计依据的主要水文站基本情况一览表

水系	河名	站名	集水面积 /km²	主要观测资料年份	
				水　位	流　量
长江	长江	屏山	459000	1939 年至今	1939 年 8 月—1948 年 5 月，1950 年 7 月至今
	长江	寸滩	867000	1939 年 2 月至今	1939 年 2 月至今
岷江	岷江	高场	135000	1939 年 4 月至今	1939 年 4 月至今
沱江	沱江	富顺	23200	1941 年至今	1951 年至今
嘉陵江	嘉陵江	北碚	156000	1939 年至今	1939 年至今
乌江	乌江	武隆	83000	1951 年至今	1951 年至今
长江	长江	宜昌	1005501	1877—1941 年 1946 年至今	1946 年至今
	长江	莲花塘	1295000	1936—1937 年 1946—1948 年 1950—1954 年 1970—1971 年 1974 年至今	1936—1937 年 1946—1948 年 1950—1954 年
	长江	螺山	1295000	1953 年 5 月至今	1953 年 5 月至今
	长江	汉口	1488000	1865 年 1 月至 1944 年 1946 年至今	1922—1937 年 1951 年至今
	长江	大通	1705000	1922 年 10 月至 1925 年 5 月 1929 年 10 月至 1931 年 5 月 1935 年 9 月至 1937 年 12 月 1947—1949 年 1949 年 7 月至今	1922 年 10 月至 1925 年 5 月 1929 年 10 月至 1931 年 5 月 1935 年 9 月至 1937 年 12 月 1947—1949 年 1949 年 7 月至今

续表

水系	河名	站名	集水面积/km²	主要观测资料年份	
				水　位	流　量
清江	清江	长阳（搬鱼咀）	15100（15280）	1950年10月至1954年12月 1970年至今	1950年10月至1954年12月 1954—1974年（搬鱼咀） 1975年至今
洞庭湖水系	湘江	湘潭	81600	1936—1937年 1943—1944年 1946—1949年 1950年至今	1950年至今
	沅江	桃源	85200	1948年至今	1948年至今
	资水	桃江	26700	1941年6月至1944年1月 1947年9月至1949年 1951年至今	1941年6月至1944年1月 1947年9月至1949年 1951年至今
	澧水	石门（三江口）	15300（15242）	1950—1979年（三江口） 1980年1月至今	1950—1979年（三江口） 1980年1月至今
	洞庭湖口	城陵矶（七里山）		1930年7月至1938年7月 1946年1月至1949年2月 1950年1月至今	1930年7月至1938年7月 1946年1月至1949年2月 1950年1月至今
汉江	汉江	皇庄（碾盘山）	142000（140340）	1932年6月至1938年7月 1947年2月至1947年12月 1950年1月至今	1933年5月至1938年7月 1947年2月至1947年12月 1950年1月至今
鄱阳湖水系	赣江	外洲	80900	1949年10月至今	1949年10月至今
	抚河	李家渡	15800	1952年8月至今	1953年至今
	信江	梅港	15500	1952年4月至今	1952年4月至今
	乐安河	虎山	6370	1952年4月至今	1952年4月至今
	昌江	渡峰坑	5010	1941年4月至今	1952年至今
	修水	柘林	9500	1982年1月至今	1982年6月至今
	潦河	万家埠	3550	1952年1月至今	1953年1月至今
		湖口	162200	1922年1月至今	1922年1月至今

2.3.2　各站基本情况

1. 宜昌水文站

宜昌水文站位于三峡水利枢纽三斗坪坝址下游43km，集水面积约100万km²，为长江出三峡后的控制站。因三峡坝址至宜昌区间面积甚小，故坝址的水文分析计算，直接采用宜昌站的实测水文资料。

宜昌站流量系列较长，按不同年代的测验资料及所采用的水位流量关系分析其精度，大致分为三个阶段：一是中华人民共和国成立后，1951年至今，观测资料可靠，且整编时，每年都用本年的水位流量关系推求流量，其精度高；二是中华人民共和国成立前，1946—1950 年，这一阶段水位资料可靠，但流量测验精度不高，在推求逐年流量时，应用水位流量关系曲线簇，因而精度不如前者；三是 1877—1945 年，此阶段中 1877—1939 年是以海关每日定时观测的一次水位推算流量，1940—1945 年系用云阳水位和雨量资料推算逐日流量，所以流量精度又比前两者低。在三峡工程设计时已对资料进行了较全面的整理和复核，认为宜昌历年流量系列精度可满足工程设计的需要。

2. 屏山水文站

屏山水文站位于岷江入汇口上游 59.5km 的四川省屏山县锦屏乡高石梯，是金沙江下游干流控制站。该站 1939 年 8 月原设立于县城小西门外的燕耳崖，1948 年 6 月以后流量基本上停测。1950 年 7 月恢复测流，1953 年 5 月基本水尺及测流断面下迁 5km 至高石梯。1986 年 1 月至 1987 年 1 月基本水尺断面上迁 5km 回到燕耳崖，改名为屏山（二）站，1987 年 1 月后又下迁 5km 回到高石梯，仍名为屏山站，观测至今。

3. 寸滩水文站

寸滩水文站位于嘉陵江与长江汇合口下游 7.5km 处，1939 年 2 月设立，1947 年 7 月改名为重庆水文站，1949 年 12 月恢复为寸滩水文站，1956 年 1 月下迁 550m，观测至今。

4. 高场水文站

高场水文站为岷江控制站，位于距河口 26.5km 的四川省宜宾县高场镇。该站 1935 年 4 月 1 日设立于高场下码头，1949 年 4 月 1 日迁至下游约 1700m 的沙函湾，称高场（二）站。1952 年 7 月上迁约 1230m 的三叉沟下游 90m 处（现断面下游 80m），称高场（三）站。1957 年又下迁 83m，称高场（四）站。1972 年 1 月上迁至三叉沟上游 80m处的现在位置，称高场（五）站，观测至今。

5. 富顺（李家湾）水文站

富顺水文站为沱江控制站，位于距河口 104km 的四川省富顺县黄葛乡。1940 年 11 月设立李家湾水文站，2001 年更名为富顺水文站，观测水位、流量、泥沙、降水量。

6. 北碚水文站

北碚水文站是嘉陵江控制站，位于重庆市北碚区，1939 年设立为水文站，观测水位流量至今，除 1942 年 1—6 月缺测外，历年水位流量连续。1979 年水尺上迁 106m，称北碚（二）站。

7. 武隆水文站

武隆水文站为乌江干流控制站，距河口 71km。1951 年 6 月设站，位于中咀乡中兴场，1954 年 4 月下迁 12km 设置断面，1956 年 5 月又将基本水尺上迁 80m 至测流断面至今。武隆水文站上游 522km 建有乌江渡电厂。武隆水文站从 1951 年开始观测流量。

8. 枝城水文站

枝城水文站设立于 1925 年 6 月，中华人民共和国成立前观测时断时续，仅有 1925—1926 年、1936—1938 年水位、流量资料，1950 年 7 月恢复观测水位，1951 年 7 月恢复测流，1960 年 7 月又改为水位站，1991 年再次恢复测流至今。枝城水文站上距宜昌站约

59km，其间有清江入汇。枝城站断面冲淤变化较小，水位流量关系曲线基本稳定。

9. 汉口水文站

汉口水文站位于汉江汇入口下游约 1.3km，上游承接荆江、洞庭湖和汉江来水，下游有倒水、举水、巴水、浠水、圻水、富水和鄱阳湖水系入汇，是长江中游干流重要控制站，集水面积为 148.8 万 km²。汉口水文站最早设于 1865 年，1922 年开始测流。1944 年 10 月至 1945 年 12 月曾一度中断。基本水尺历年固定于长江左岸的武汉关航道局工程处专用码头。新中国成立前测流断面位于武汉关下游 400m 处，中华人民共和国成立后移至基本水尺下游 3.7km 的下太古，1990 年 9 月因兴建武汉长江二桥，测流断面下迁 1.7km，距基本水尺断面约 5.4km。该站水位观测从 1865 年至 1944 年以及 1946 年至今，流量测验从 1922 年至 1937 年以及 1951 年至今，泥沙测验从 1953 年至今。

10. 大通水文站

大通水文站位于安徽省贵池县，上距鄱阳湖湖口 219km，下距支流九华河汇口 1km 左右。上游 135km 处有华阳河入汇，30km 处有秋蒲河汇入，下距淮河入长江口 339km，距长江入东海口 642km，集水面积为 170.5 万 km²。低水时潮汐对本站水位有一定的影响。

大通水文站设立于 1922 年 10 月，基本水尺及流量断面设于大通和悦州下游的横港附近。新中国成立前观测资料时有间断，1925 年 6 月至 1929 年 9 月、1931 年 6 月至 1935 年 8 月、1937 年 12 月至 1946 年、1949 年 4—6 月曾四度中断。1935 年 9 月基本水尺上迁至梁山咀红庙上游，1937 年测流断面迁至大通镇上游的梅埂，1947 年基本水尺又下迁至和悦洲顶外滩上，流量段下迁至荻港，1948 年水尺再次迁至大通和悦洲大邑港口。1950 年 8 月流量段迁至梅埂，1951 年基本水尺迁至梅埂镇上游约 1.5km 凤栖山脚下，1972 年 1 月水尺下迁 1190m，为大通（二）站。

2.4 主要控制站参数

针对上游水库群对重要研究区域的联合调度需求，以李庄站、泸州站、寸滩站、沙市站、螺山站、汉口站为防洪控制断面，采用近期的实测水文资料，分析断面冲淤变化，对冲淤趋势进行预测，与长江防洪规划的有关成果比较分析，拟定防洪控制断面的水位流量关系。

2.4.1 李庄水位站

李庄站基本水尺断面位置设站后，在尖咀龙（仙人场）断面和豆芽码头断面之间曾多次变动，现为豆芽码头断面。本次研究采用豆芽码头断面的水位流量关系线。

豆芽码头断面在 1955 年以前高水以浮标法进行测验，1955 年为中高水年，采用流速仪精测法，测验质量相对较高。高水采用 1905 年等历史调查水位、流量资料进行控制。本次增加了近年份（1996 年、1998 年、2012 年）由上游站向家坝（屏山）、高场、横江等三站相应时间流量合成的李庄站流量，其中 2012 年洪水点据呈绳套状。断面 Z-Q 关系经过点群中心拟定。由于李庄站是水位站，无实测流量资料，李庄站流量是通过三站流量合成的，拟定的水位流量关系与实际有所差异。李庄站水位流量关系曲线见图 2.3。

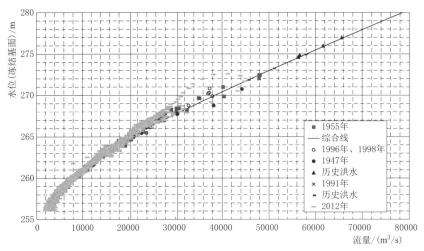

图 2.3 李庄站水位流量关系曲线

2.4.2 泸州水位站

泸州站位于沱江与长江汇合口下游约 1km 处的二道溪，具有 1952 年以来的多年水位资料，1951—1959 年为水文站，有实测流量资料。

泸州站水位流量关系较好，基本呈单一线，以 1955—1959 年实测流量资料为依据进行拟定；以大洪水年份（如 1966 年、1981 年、2010 年、2012 年）实测水位与朱沱站、赤水河站相应流量点据作参考综合定线。泸州站水位流量关系曲线见图 2.4。

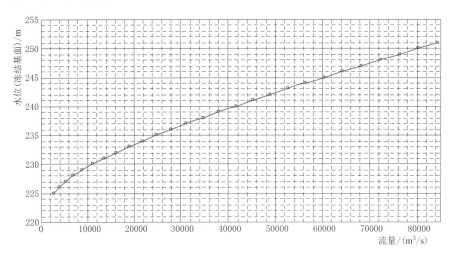

图 2.4 泸州站水位流量关系曲线

2.4.3 寸滩水文站

寸滩站具有丰富的实测水文资料。在三峡水利枢纽设计各阶段曾对该站水位流量关系有过较深入的研究。本次分析中，主要采用1981年大洪水资料、1990—2003年实测水位流量资料进行拟定，并与以往成果进行比较，天然综合线基本未有变化（见图2.5中天然线）。

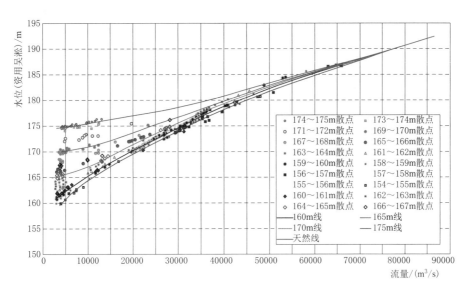

图2.5　寸滩站受三峡水库顶托的水位流量关系曲线

三峡水库建成蓄水后，寸滩水文站水位流量关系受三峡顶托影响，将寸滩站2008—2012年实测流量，按时间对应三峡库区坝上不同水位级160m、165m、170m、175m分类，分别拟定水位流量关系曲线，可得到不同三峡坝前水位下的寸滩站一簇水位流量关系。然而，受三峡水库顶托影响，坝前水位为170～175m的实测点据较少，定线时根据经验进行拟定，有待于进一步收集资料检验。

2.4.4　沙市水文站

沙市站位于上荆江河段，是荆江河段的水文控制站，其水位决定了荆江地区的防洪形势，流量反映了荆江泄洪能力，也决定了荆江河段遇大洪水时的分洪量。

2.4.4.1　水位流量关系影响因素

影响沙市站水位流量关系的因素主要有河道冲淤变化、下游变动回水顶托、洪水涨落率，以及荆江与洞庭湖洪水的组成、连续洪水、洪水起涨水位的高低、洪峰体型的胖瘦等。

1.断面变化

根据沙市站2003—2016年实测大断面成果，其历年断面面积冲淤变化交替进行，如高水35～43m，2003—2004年冲，2005年淤，2006—2008年冲，2009—2010年淤，2011年冲，2012年淤，2013—2015年冲，2016年淤。三峡水库蓄水后，2015年断面面积最大，2003年断面面积最小；2008年后，2010年断面面积最小。由此可见，三峡水库蓄水后对断面的变化有一定的影响。总体来说，沙市站断面无趋势性变化。

2. 洪水特性的影响

根据 1991—2016 年的水文资料分析，同流量时起涨水位较高的洪水（如 2002 年、2010 年）水位较高；峰型较胖的洪水（如 2012 年洪水）水位比瘦单峰型洪水（如 2004 年洪水）水位高；多峰连续洪水，洪水过程持续时间长，此时水位流量关系多呈连续绳套状，同流量时后峰洪水水位高于前峰洪水水位（如 1998 年洪水）。

3. 顶托影响

当莲花塘水位较低时，沙市站主要受洪水涨落和断面冲淤影响，水位流量关系点群相对集中；当洞庭湖出流较大，莲花塘水位较高时，沙市站主要受回水顶托影响，水位抬高较多，点群分散。

当宜昌站流量为 45000m³/s 时，2003 年、2005 年、2007 年、2012 年沙市站相应流量级均在 38000m³/s 左右，但是 2012 年螺山站流量较其他年份明显偏大，相应监利、螺山水位也较其他年份要高，受此影响，2012 年沙市站同流量下水位较 2003 年、2005 年、2007 年要高。

当宜昌站流量为 40000m³/s 时，2010 年、2012 年沙市站相应流量级均在 34000m³/s 左右，由于洞庭湖来水组成不同以及螺山以下河段支流顶托影响，2010 年监利、莲花塘、螺山相应水位分别较 2012 年高 1.3m、1.7m、1.8m，受此影响，2010 年沙市站同流量下水位又较 2012 年要高。

2.4.4.2 水位流量关系拟定

（1）沙市站各年水位流量关系线。根据沙市站历年（1998—2016 年）经改正后的水位流量关系点据，经过点群中心，点绘历年水位流量关系综合线，见图 2.6。

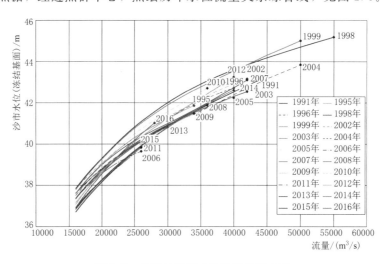

图 2.6 沙市站历年水位流量关系曲线

（2）以莲花塘水位为参数的沙市水位流量关系。采用三峡水库蓄水后的 2003—2016 年资料拟定以莲花塘水位为参数的沙市站水位流量关系，并与蓄水前 1991—1998 年的沙市水位流量关系进行对比分析。1998 年大水后，长江防洪规划报告采用 1991—1998 年资料，拟定了以莲花塘水位为参数的沙市水位流量关系簇，成果见表 2.3 和图 2.7。

表 2.3　　　　　　　　沙市站水位流量关系成果（系列：1991—1998 年）

$Q_{沙}/(\text{m}^3/\text{s})$	$H_{沙}/\text{m}$						
	$H_{莲}=22\text{m}$	$H_{莲}=24\text{m}$	$H_{莲}=26\text{m}$	$H_{莲}=28\text{m}$	$H_{莲}=30\text{m}$	$H_{莲}=32\text{m}$	$H_{莲}=34\text{m}$
4000	31.06	31.14					
5000	31.79	31.87					
10000		34.97	35.05	35.16			
16000			37.46	37.74	38.05		
20000			38.41	38.74	39.11	39.64	
25000			39.34	39.66	40.07	40.61	41.34
30000				40.37	40.81	41.37	42.12
40000				41.48	41.99	42.59	43.36
50000					42.92	43.59	44.41

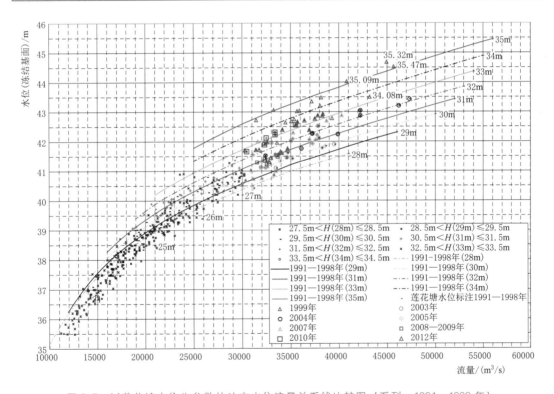

图 2.7　以莲花塘水位为参数的沙市水位流量关系线比较图（系列：1991—1998 年）

　　根据莲花塘各分级水位，将实测沙市水位、涨落率改正后的流量点据点绘在图上，由点群中心分别定出沙市水位流量关系线，对沙市水位流量关系线进行综合分析和合理性检验后，拟定出 2003—2016 年以莲花塘水位为参数的沙市水位流量关系簇（表 2.4 和图 2.8）。

表 2.4 沙市站水位流量关系成果（系列：2003—2016 年）

$Q_{沙}/(\text{m}^3/\text{s})$	$H_{沙}/\text{m}$			$Q_{沙}/(\text{m}^3/\text{s})$	$H_{沙}/\text{m}$		
	$H_{莲}=28\text{m}$	$H_{莲}=30\text{m}$	$H_{莲}=32\text{m}$		$H_{莲}=28\text{m}$	$H_{莲}=30\text{m}$	$H_{莲}=32\text{m}$
20000	38.73	39.11	39.59	40000		42.11	42.67
25000	39.78	40.16	40.65	50000		43.05	43.64
30000	40.57	40.95	41.46				

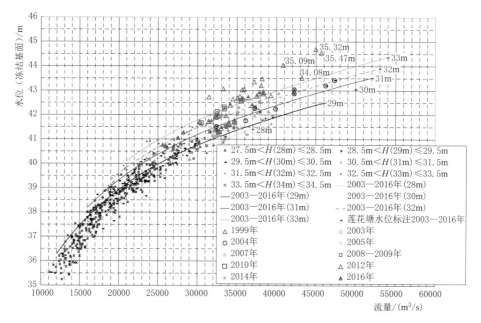

图 2.8 以莲花塘水位为参数的沙市水位流量关系线比较图（系列：2003—2016 年）

2.4.5 螺山水文站

城陵矶河段防洪控制点为城陵矶站，城陵矶站（莲花塘，以下同）位于荆江与洞庭湖汇合处。由于该站为水位站，相应某一水位的泄量是采用城陵矶与螺山水位相关，再用螺山水位流量关系查得，相当于借用了下游的螺山流量。因此，螺山水位流量关系实际上反映了城陵矶河段的泄流能力。

螺山站位于长江中游城陵矶至汉口河段内，上距下荆江与洞庭湖汇合口约 30km，控制流域面积约 129.5 万 km^2，是长江中游荆江和洞庭湖来水的重要控制站。螺山水位流量关系及泄洪能力直接关系到长江、洞庭湖的防洪形势。

2.4.5.1 水位流量关系影响因素

影响螺山站水位流量关系的因素较为复杂，主要有河段冲淤变化、下游变动回水顶托、洪水涨落影响等，干支流洪水地区组成及江湖关系的演变等对水位流量关系变化也有一定的影响。

1. 螺山站断面变化

据螺山站 2003—2016 年历年实测断面资料，分析了三峡水库建库前和建库后断面变化情况。建库前，螺山站在1973年下荆江裁弯以前，断面冲淤变化不大，裁弯后发生系统淤积，至1986年淤积量达最大，此后又逐年冲刷，至1996年又基本达到平衡，回复到裁弯前的水平。三峡水库建库后，左边主槽略有冲刷，右边主槽略有淤积，断面基本稳定。总体来说，螺山站断面在三峡运行前后变化不大，基本保持稳定。

2. 螺山河段落差变化

螺山站水面比降变化直接影响到断面流速的变化，因长江中下游河道比降平缓，直接进行比降观测误差较大，因此，以落差为例来说明河段水面比降的变化。

从本河段落差的历年变化情况看，三峡水库建库后，莲花塘—螺山—石矶头月平均水位相应落差总体上较建库前有所增大。但年际间又有所变化，一般来说，当洪水主要来源于洞庭湖水系时，则莲花塘—螺山—石矶头的落差减小，受洞庭湖来水组成以及下游支流顶托影响，三峡工程蓄水运行以来，2016年落差较其他年份要小。

3. 洪水特性的影响

螺山水位流量关系曲线年际变化幅度较大，除前文述及的各种因素外，还与各年洪水特性及洪水组成密切相关。螺山同流量条件下，起涨水位越高则螺山水位越高，城陵矶来水量越大则螺山水位越高。此外，当出现多峰连续型洪水时，洪水过程持续时间长，高水位持续时间长，水位流量关系呈连续绳套状，由于后峰是在前峰退水不多的情况下继续上涨，此时河道槽蓄量大，起涨水位高，下游河道壅水而使得水面比降减小、流速降低，从而抬高了水位。

2.4.5.2 水位流量关系拟定

螺山水位流量关系主要受洪水涨落率、下游变动回水顶托、河段冲淤变化及特殊水情因素的影响，年内、年际间变化幅度较大。对经顶托改正和涨落率改正后的水位、流量资料进行综合，拟定历年水位流量关系综合线，见图2.9。

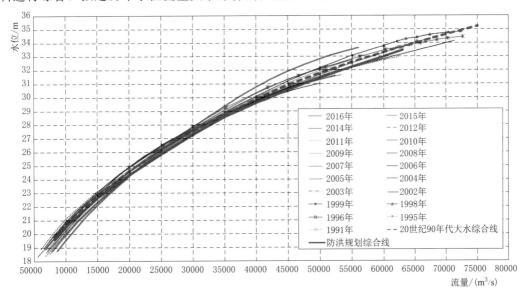

图 2.9　螺山站2003—2016年中高水水位流量关系曲线

　　螺山站各年综合线随洪水特性及其地区组成不同而上下摆动，变幅较大。螺山站水位流量关系变化情况如下：①中水部分（流量25000～35000m³/s），历年水位流量关系线变化较小，基本稳定；②高水部分（流量大于35000m³/s），年际间水位流量关系线波动较大，但无明显的变化趋势。

　　将1991年、1995年、1996年、1998年大水年正常水位流量点据拟定一条综合线（以下简称20世纪90年代大水综合线），将2003—2016年正常水位流量点据拟定一条综合线（以下称2003—2016年综合线）。用上述综合线与《长江流域防洪规划》采用线相比（图2.10）发现：20世纪90年代大水综合线和2003—2016年综合线基本一致；跟《长江流域防洪规划》综合线相比，在中高水时，同流量下水位略高于防洪规划综合线，这主要是因为防洪规划综合线还考虑了20世纪80年代大洪水，而20世纪80年代大洪水点据偏右的缘故。

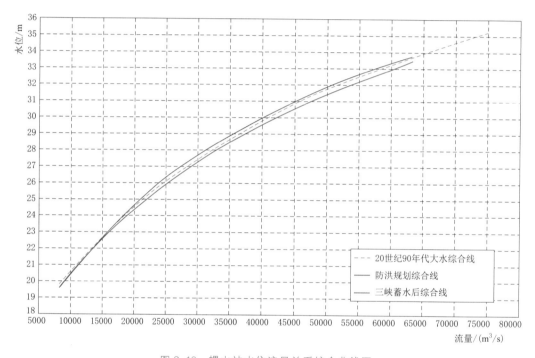

图 2.10　螺山站水位流量关系综合曲线图

　　综上所述，水位流量关系年际年内变幅较大，相互关系十分复杂，但经分析，主要是不同水情条件作用，年际间随洪水特性不同而上下摆动，均无趋势性变化。螺山站高水位流量关系变化趋势有待进一步观测与分析。

2.4.6　汉口水文站

　　汉口站是武汉地区防洪代表站，相应水位的流量直接关系武汉的防洪形势。汉口站上游约1.4km处有汉江从左岸入汇，再上游有东荆河、金水和陆水入汇；其下游约9.2km左岸有府环河入汇，再下游左岸有倒水、举水、巴水、浠水、圻水等及武湖及涨渡湖入汇，右岸有梁子湖、富水等汇入，下游约284km有鄱阳湖水系于湖口入汇，下游支流来水对本站水位流量关系有一定的顶托影响。

2.4.6.1 水位流量关系影响因素

影响汉口站水位流量关系的主要因素有：下游支流变动回水顶托、洪水涨落、断面冲淤变化，以及干支流洪水遭遇、连续多峰洪水、分洪溃口等特殊水情。

（1）断面冲淤变化。根据汉口站 2003—2016 年实测大断面成果，分别计算汉口站各级水位的历年断面面积，断面变化主要表现为冲槽淤滩和冲滩淤槽两种形式相互交错出现，一般发生在主槽及左岸的滩地。

（2）下游支流来水的顶托影响改正。长江中下游河道比降较小，汉口站下游鄂东诸水系和鄱阳湖出流等对汉口水位有一定的顶托作用，各支流来水顶托使干流局部河段水位抬高，同时中下游河道的槽蓄作用较大，河槽对洪水调蓄产生壅水作用，使汉口站水位增高。

（3）洪水涨落影响改正。受洪水波附加比降作用，汉口站实测水位流量关系受洪水涨落率影响，实测水位流量连时序为一逆时针绳套状曲线，因各年水情不同，水位流量关系绳套状曲线有大有小。

（4）其他影响因素。一般每年汛初起涨水位较低，水位流量关系稍偏右；汛期起涨水位高，则水位流量关系偏左。当发生连续多峰洪水时，长江底水较高时，河槽蓄量加大，洪水宣泄不畅，水位流量关系曲线呈复式绳套状，且每次绳套的轴线逐渐左移，相同流量时水位抬高。此外，长江和汉江不同洪水组成对汉口站水位流量关系变化也有一定的影响。

2.4.6.2 水位流量关系拟定

汉口站水位流量关系受多种因素影响，实测流量资料变幅较大，水位流量关系较为散乱。因此，先用下游支流顶托对实测流量进行改正，再用校正因素法对洪水涨落影响进行修正，求得相对较为稳定的流量 Q_c。将每年实测流量进行改正后，综合拟定各年稳定水位流量关系线。

用稳定流量除以相应断面面积，可求得改正后的稳定流速。点绘水位与稳定流速的关系，发现原较为散乱的水位流速关系点据聚集在一定范围的带状内，说明顶托和涨落率改正效果较为明显。而且，水位流量关系点据较水位流速关系点据更为密集，点据分布在综合线的两侧，表明断面冲淤与流速有一定的补偿作用。

经上述改正后的汉口站历年稳定水位流量关系（图 2.11）为一窄带状分布，各年间有一定幅度的摆动。低水较为密集，中高水时，1991 年、1997 年、2000 年、2001 年、2002 年、2004 年、2005 年、2006 年、2007 年、2008 年、2012 年、2013 年、2014 年线偏右，1998 年、2010 年、2015 年、2016 年线稍偏左，1993 年、1995 年、1996 年、1999 年、2003 年、2009 年线居中。各年的点据分布与线的分布一致，尽管历年摆动较大，但并无趋势性变化。

通过历年点群中心拟定的汉口站综合水位流量关系曲线，与《长江流域综合利用规划简要报告（1990 年修订）》（简称《简要报告》）采用成果基本一致：相应汉口水位 29.50m 时，泄流量约 73000m³/s，比《简要报告》采用值 71600m³/s 略大，考虑到武汉在长江防洪中的重要地位及水位流量关系的变幅，本次研究从偏安全角度考虑，仍采用

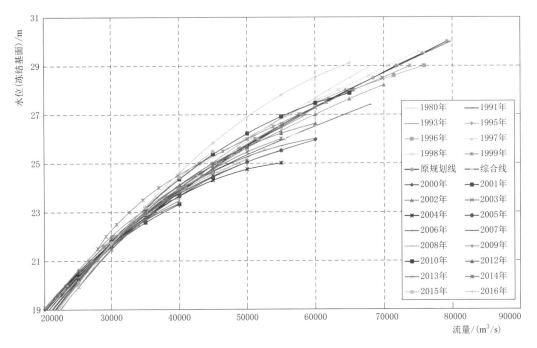

图 2.11　汉口站历年水位稳定流量关系曲线

71600m³/s。

2.5 本章小结

（1）川渝河段、长江中下游等重点防洪对象的控制条件详见表 2.5 和表 2.6。

表 2.5　　　　　　　　　　　川渝河段防洪对象及控制条件

防洪对象	宜宾	泸州	重庆
防洪标准	50 年一遇	50 年一遇	100 年一遇
控制条件	李庄 51000m³/s	朱沱 52600m³/s	寸滩 83100m³/s

表 2.6　　　　　　　　　　长江中下游各防洪对象控制条件情况

防洪对象	防洪现状	防洪目标	控制条件
荆江河段	两岸堤防已达标	100 年一遇	沙市 44.5m；枝城 56700m³/s
城陵矶地区	洪灾最频发，蓄滞洪区众多	减少分洪量	城陵矶 34.4m；流量 60000m³/s
武汉地区	堤防 20 年一遇～30 年一遇	1954 年洪水	汉口 29.73m

（2）以李庄站、泸州站、寸滩站、沙市站、螺山站、汉口站为防洪控制断面，拟定和明确了防洪控制断面的水位流量关系。

第 3 章

长江洪水特性及地区组成

3.1 长江洪水特性

3.1.1 洪水成因

长江洪水由暴雨形成，5—10 月是长江流域的雨季，暴雨出现时间一般中下游早于上游，江南早于江北。降雨分布的一般规律是：5 月雨带主要分布在湘、赣水系；6 月中旬至 7 月中旬长江中下游地区进入梅雨季节，雨带徘徊于中下游干流两岸，雨带呈东西向分布，江南雨量大于江北；7 月中旬至 8 月上旬，雨带移至四川和汉江流域，上游除乌江流域内降水减少外，其他地区都有所增加，主要雨区在四川西部呈东北-西南向带状分布；8 月中下旬，雨带北移至黄河、淮河流域，长江流域有时出现伏旱现象；9 月雨带南旋，回至长江中上游，上游主要雨区中心从四川西部移到东部。

汛期内长江流域日雨量大于 50mm 的暴雨笼罩面积很大，尤其在长江中下游平原地区，一般都在 10 万 km² 以上；但在长江上游地区，一般日暴雨笼罩面积只有 3 万～4 万 km²。最大一日暴雨一般在 200mm 左右，最大三日暴雨在 300mm 左右。川西盆地边缘最大一日暴雨可达 565mm，最大三日暴雨可达 862mm。长江上游 100 万 km² 的集水面积内，西部为高原，多在海拔 3000m 以上，受环流形势和水汽条件的限制，有 40 万 km² 的地区无暴雨产生。

宜昌以上雨洪来源主要在青藏高原以东的 60 万 km² 山区盆地的暴雨区。宜昌以上产生较大洪水的暴雨主要有三种类型：一是移动性暴雨，即暴雨开始在川西或川东，接着向东移动；二是稳定性暴雨，暴雨出现在川西或川东持续 2d 以上；三是在屏山以下干流区间及长江南岸呈东西向分布的暴雨。

3.1.2 洪水发生时间

长江是雨洪河流，洪水主要由暴雨形成，暴雨洪水是长江流域的主要洪水类型。因此，洪水发生时间与暴雨出现时间相应，一般先下游后上游，江南早于江北，洞庭湖、鄱阳湖水系最早，为 4—7 月，湘西北的澧水为 4—8 月；长江上游南岸的乌江为 5—9 月；江北各支流包括金沙江及中游的汉江为 6—10 月；长江上游干流汛期为 6—10 月；中下游干流因受洞庭湖、鄱阳湖水系影响，汛期为 5—10 月，而汛期的洪水量又大多集中于 6—8 月的主汛期；湘江、资水与鄱阳湖的主汛期为 4—6 月；沅江、澧水与清江、乌江为 5—

7月，江北各支流及汉口以上干流为 7—9 月；大通站的主汛期出现在 6—8 月。长江干支流主要控制站年最大洪峰流量一般出现在主汛期内。长江干支流控制站年最大洪峰流量各月出现次数见表 3.1。

表 3.1　　　　　　　长江干支流控制站年最大洪峰各月出现次数统计　　　　　　单位：次

水系	河名	站名	3月	4月	5月	6月	7月	8月	9月	10月	11月
金沙江		屏山				2	14	24	18	2	
岷江		高场				3	28	23	6		
沱江		李家湾				4	21	24	11		
嘉陵江		北碚			2	5	26	9	17	1	
长江干流		寸滩				1	30	16	12	1	
乌江		武隆		1	6	22	21	4	2	3	1
长江干流		宜昌				1	30	19	9	1	
清江		长阳		1	4	15	30	5	4		1
洞庭湖	湘江	湘潭	2	6	17	19	9	5	1	1	
	资水	桃江	2	5	10	19	15	5	2	1	1
	沅江	桃源		3	12	17	22	3	1	1	1
	澧水	石门	1		7	22	19	5	4		
	城陵矶（七里山）			1	5	12	33		2		1
长江干流		螺山			1	6	36	9	5		
汉江	皇庄（碾盘山）			1	3	4	18	14	11	8	1
长江干流		汉口				2	26	16	15		
鄱阳湖	修水	万家埠			3	9	25	6	3	1	
	赣江	外洲	3	8	9	18	7	3			
	抚河	李家渡			7	11	17	9	3	1	
	信江	梅港	1	6	4	24	9	2			
	饶河	虎山			6	4	23	13			
长江干流		大通				2	10	31	9	7	

3.1.3　洪水过程

长江上游两岸多崇山峻岭，江面狭窄，河道坡降大，洪水汇集快，河槽调蓄能力较小。长江流域暴雨的走向多为自西北向东南或自西向东，与河流流向一致，常形成上游岷江、沱江、嘉陵江陡涨降落、过程尖瘦的山峰形洪水。长江上游干支流洪水先后叠加，汇集到宜昌后，易形成峰高量大的洪水，过程历时较长，一次洪水过程短则 7～10d，长则可达 1 个月以上。长江出三峡后，江面展宽，水流变缓，河槽、湖泊调蓄量增大，洪水过程坦化明显，涨水较为缓慢，退水过程长，若遇某一支流涨水，又会出现局部的涨水现象，形成多次洪峰的连续洪水，一次洪水过程往往要持续 30～60d，甚至更长。长江干流主要控制站宜昌、螺山、汉口、大通多年平均年最大洪峰流量均在 50000m³/s 以上。宜昌站实测最大洪峰流量为 1896 年的 71100m^3/s，历史调查洪峰流量为 1870 年的 105000m^3/s；螺山站实测最大流量为 1954 年的 78800m^3/s；汉口站实测最大流量为 1954 年的 76100m^3/s；大通站实测最大流量为 1954 年的 92600m^3/s。长江支流中洪水较大的岷江、嘉陵江、湘江、汉江及赣江多年平均年最大洪峰为 12300～23400m^3/s，以 1870 年嘉陵江北碚调查的洪峰流量 57300m^3/s 为最大，1935 年汉江襄阳站 52400m^3/s 次之。

长江洪水年际变化不大，年最大洪峰 C$_v$ 值在 0.21 左右，宜昌、螺山、汉口、大通四站洪峰极值比分别为 2.38、2.52、2.60、2.62。

长江洪水不仅峰高而且量大。宜昌站多年平均 30d、60d 洪量分别为 892 亿 m^3、1562 亿 m^3（1877—2010 年）；螺山站多年平均 30d、60d 总入流洪量为 1187 亿 m^3、2082 亿 m^3（1951—2010 年）；汉口站多年平均 30d、60d 总入流洪量为 1284 亿 m^3、2248 亿 m^3（1951—2010 年）；大通站多年平均 30d、60d 总入流洪量为 1513 亿 m^3、2715 亿 m^3（1954—2010 年）。

长江中下游的鄱阳湖及洞庭湖水系，从 4 月开始就先后出现洪峰，至 7 月、8 月，宜昌以上及汉江又相继发生洪水，9 月以后，南岸支流洪水消退，水位回落，而上游北岸支流及中游汉江水系受华西秋雨的影响，出现秋季洪水。10 月江湖水位逐渐下降，长达半年之久的汛期结束。

3.1.4 主要支流洪水特性

3.1.4.1 雅砻江洪水特性

雅砻江流域洪水主要由暴雨形成。雅砻江流域 5—10 月为汛期；年内最大洪水多发生在 6—9 月。雅砻江洪水过程多为双峰或多峰型，一般单峰过程 6～10d，双峰过程 12～17d。雅砻江上游洪峰不突出，涨落缓慢，持续时间长；下游地区洪峰尖高，涨落较剧，持续时间短。

雅砻江洪水组成分三种情况：一是全流域性大洪水，主雨区先在上游发生，后向下游移动，雅砻江以上来水可占下游小得石洪水的 40% 以上；二是上游来水为主，雨区主要是在雅砻江以上高原区，特点为雨区大，历时长，强度小，如 1904 年洪水；三是雅砻江—小得石区间来水为主，雨区主要在中下游一带，雅砻江以上来水量小，只占小得石的 20%，如 1965 年洪水。

形成雅砻江全流域特大洪水，需上游地区、理塘河以及泸宁—小得石等三个地区同时涨水，如三者缺一，只能形成局部地区大洪水或较大洪水。

3.1.4.2 金沙江洪水特性

金沙江洪水主要由暴雨形成，上游地区有部分冰雪融水补给。金沙江洪水一般发生在 6—11 月，尤以 7—9 月最为集中。据石鼓站和屏山站实测洪水资料统计，金沙江上段年最大洪峰流量发生时间主要集中在 7 月、8 月，两个月出现年最大洪峰流量的概率占 85%。金沙江下段年最大洪峰流量发生时间主要集中在 8 月、9 月，两个月出现年最大洪峰流量的概率占 80%。

金沙江的洪水主要来自雅砻江的下游及石鼓、小得石—屏山区间。在屏山站的洪水组成中，金沙江石鼓以上一般占 25%～33%，支流雅砻江小得石以上一般占 27%～35%，石鼓、小得石—屏山区间一般占 26%～37%，而流域面积比分别为 46.7%、25.8%、27.5%。

金沙江汛期洪水总量一般约占宜昌以上洪水总量的 1/3。长江流域 1954 年特大洪水，金沙江 8 月的 30d 洪量占宜昌站洪量的 50%，7 月、8 月的 60d 洪量占宜昌站洪量的 46%。

3.1.4.3 岷江（大渡河）洪水特性

岷江流域洪水主要由暴雨形成，洪水出现的时间与暴雨相应，洪水发生的地区、量级亦与暴雨密切相关。岷江干流下游河段年最大洪峰流量最早发生于 6 月，最晚发生于 9 月，年最大洪水发生时间以 7 月、8 月最多。岷江流域内一次洪水的历时较长，洪水过程线多为复峰。据高场水文站 1961 年、1975 年、1981 年等年份大洪水资料分析，一次洪水历时一般为 7～21d，洪峰历时 5～6h。

岷江上游（河源—都江堰市）洪水，汶川以上地区的雨强、雨量均较小，且发生时间多与汶川以下地区暴雨出现时间不相应，洪水不容易发生遭遇，对汶川以下影响有限。汶川以下地区基本属鹿头山暴雨区，该区发生大暴雨或特大暴雨时，汶川以上相应时间也出现较大降雨，易形成岷江干流上游的特大洪水。

岷江中游（都江堰市—乐山市）洪水主要包括岷江干流、大渡河干流、青衣江等三部分洪水。大多情况是平原地区发生大暴雨时，周边小支流和上游下段部分地区同时出现暴雨或大雨，干、支流组合洪水往往形成乐山以上干流大洪水或特大洪水，如 1955 年洪水、1961 年洪水。

岷江下游汛期洪水量级的大小受鹿头山暴雨和青衣江暴雨的影响。如青衣江暴雨区内的南河、青衣江及大渡河干流与岷江干流洪水同时遭遇，则岷江下游将会产生特大洪水，致使下游沿江城镇遭受严重洪灾。岷江干流下游洪峰持续历时为半天左右。在岷江流域，常有一次暴雨笼罩邻近流域的情况，如 1917 年岷江干流中下游特大洪水，青衣江上中游亦为大洪水，下游则为特大洪水。1934 年、1964 年、1981 年等均为岷江、沱江同时发生大洪水。

大渡河流域主汛期为 6—9 月，洪水主要由降水形成。年最大流量多出现在 6 月、7 月，以 7 月出现的概率最多，约为 50%，8 月出现年最大流量的概率较小，约为 10%，9 月又相对较多，约为 20%。大渡河干流较大洪水主要来源于中、下游，也有来自上游或由上游和中下游组合而成的。因受高程、地形及地理位置的影响，大渡河上游大多数地区基本未出现过暴雨。中、下游处于青衣江、马边河及安宁河暴雨区的波及范围，暴雨出现概率较多，是洪水的主要来源地区。

青衣江一次暴雨可笼罩全流域。暴雨中心常出现在中、下游的雅安至夹江之间，尤以峨眉山西北麓的周公河、花溪河出现最多。青衣江流域面积较大，小支流众多，洪水汇集快，易形成大洪水。

3.1.4.4 嘉陵江洪水特性

嘉陵江洪水主要由暴雨形成，主要发生在汛期 5—10 月。年最大洪峰多发生在 7—9 月，最早可出现在 5 月，最迟可出现在 10 月，尤以 7 月出现概率最多。8 月，流域受太平洋副高控制，常有伏旱，年最大洪峰发生概率相对较少，9 月以后，由于极峰南旋，有时呈准静止锋，流域出现秋季洪水，年最大洪峰流量出现概率仅次于 7 月。10 月虽然发生年最大洪峰的概率较小，但也会出现如 1975 年 10 月 3 日的特大后期洪水。

嘉陵江流域支流众多，特别是合川段，渠江和涪江分别从左右岸汇入嘉陵江后，形成巨大的扇形水系，汇流速度快，加之嘉陵江干流及渠江和涪江均位于四川省有名的暴雨区，因此极易形成大洪水。嘉陵江下游洪水过程多为双峰或多峰，洪水历时单峰 3～5d，复峰可达 7～12d，峰顶持续时间大约 4h。

3.1.4.5 乌江洪水特性

乌江流域为降水补给河流，洪水主要由暴雨形成，暴雨集中在 5—10 月。年最大洪峰流量出现在汛期 5—10 月，集中于 6 月、7 月，尤以 6 月中下旬发生的概率最多。乌江为山区性河流，由于暴雨急骤，坡降大，故汇流迅速，洪水涨落快，峰型尖瘦，洪量集中。乌江下游一次洪水过程约 20d，其中大部分水量集中在 7d 内，7d 洪量占 15d 洪量的 65%以上，3d 洪量占 7d 洪量的 60%，而 1d 洪量占 3d 洪量的 40%，大水年则更为集中。8 月间，副高脊线位置偏北，乌江流域出现年最大洪峰的次数骤减。9 月、10 月，副高脊线南撤至北纬 20°附近时，乌江流域常出现次大洪峰，个别年份还发生年最大值，如 1994 年 10 月 10 日武隆站出现年最大洪峰流量 9670m³/s；而年最大洪水出现在 10 月下旬的多属中、小洪水年。

乌江流域多年平均汛期洪量和 7d 洪量的地区组成较为均匀。江界河以上各区间洪量占武隆站洪量的比例小于其集水控制面积比，以下各区间洪量占武隆站洪量的比例大于其集水控制面积比。乌江流域大水年因暴雨分布不均，洪水地区组成较多年平均情况有所差异，如 1999 年鸭池河—江界河区间洪量占武隆站洪量的比例略大于其集水控制面积比。

3.1.4.6 清江洪水特性

清江流域属中亚热带季风气候区，暖湿多雨，雨量丰沛，多年平均雨深 1460mm，雨量年内分配不均匀，夏季雨量较集中，以 7 月为最大，为 200～300mm，冬季雨量很少。清江降雨受大气环流的影响，雨季一般始于 4 月，东南暖湿气流影响本流域；5—9 月西风环流减弱、东南季风增强，气温高，湿度大，降雨频繁，强度大，是清江流域的主要降雨期，雨量占年雨量的 70%；9 月以后，热带副高压南撤，西风环流增强，降雨减少。

由于地理位置及地形关系，清江流域常常发生暴雨，强度较大，为著名的鄂西暴雨区的一部分。流域境内有两个暴雨中心，一个在恩施附近，另一个在五峰附近。

清江洪水由暴雨形成。暴雨雨带大多为东西向，其移向与洪水流向一致。清江属山溪性河流，境内山势陡峻，河道坡降大、汇流快，河槽调蓄能力小，致使洪水陡涨陡落，洪水过程大多呈峰高尖瘦型，历时 4～9d，复峰和连续峰洪水历时一般为 6～12d。

3.1.4.7 洞庭湖洪水特性

洞庭湖水系总流域面积约为 26.2 万 km²，主要包括湘江、资水、沅江、澧水四大水系。洞庭湖各来水流域洪水均由暴雨形成，洪水发生时间与暴雨基本相应。

(1) 湘江。洪水主要由气旋雨形成，洪水时空变化特性与暴雨特性一致。4—9 月为汛期，年最大洪水多发生于每年 4—8 月，其中 5 月、6 月出现次数最多。以流域控制站——湘潭水文站为例：5 月、6 月出现年最大洪水的概率达 66.6%。湘江流域面积大，雨量丰沛，河网密布，水量丰富，洪水过程多为肥胖单峰型，次洪历时 10d 左右，主峰 6d 左右。

(2) 资水。洪水主要由暴雨形成，洪水发生时间与暴雨发生时间相应，一般一场暴雨历时多在 3d 左右，最长达 6d。一次洪水历时，上游一般在 3d 左右，中、下游段最长者达 7～8d。洪水在季节上的变化表现为以 7 月 15 日为界，7 月 15 日之前的洪水多为峰高量大的复峰，一次洪水过程多在 5d 左右；7 月 15 日之后的洪水则多为峰高量小的尖瘦形式，单峰居多，一次洪水过程多在 4d 左右。

（3）沅江。洪水由暴雨形成，洪水出现时间与暴雨相应。4—8 月为主汛期，年最大洪水多发在 4 月中旬至 8 月，以 5—7 月发生次数最多，占 75%～88%（桃源站为 84.6%），大洪水大多发生在 6—7 月。由于季风进慢退快的特点，8 月前后洪水过程明显不同：5—7 月的洪水一般是峰高量大历时长的多峰形状，8 月以后的洪水多为峰高量小历时短的单峰型。

（4）澧水。洪水由暴雨形成，年最大洪峰出现 4—10 月，但大多出现在 6 月、7 月。澧水洪水涨落快，再加上流域形状和水系分布对造峰较为有利，洪峰持续时间短，峰型尖瘦，一次洪水历时，上游为 2～3d，中下游为 3～5d。澧水中下游大洪水多是上游洪水和支流溇水洪水遭遇，传播至三江口后再与支流渫水洪水遭遇，形成三江口以下澧水大洪水。

3.1.4.8　汉江洪水特性

汉江流域气候较温和湿润，是南北气候分界的过渡地带，既受西风带天气系统的影响，又受副热带天气系统的影响，属于亚热带季风性湿润半湿润气候。6 月底到 7 月，副高外围的西南暖湿气流与北方冷空气在汉江流域相遇，可能造成汉江流域大雨或暴雨天气；8 月上中旬，副高北抬后，天气炎热少雨；8 月底或 9 月，副高南退时，西南暖湿气流与北方冷空气再次交汇，再加上地形的影响，汉江上游便可能产生稳定而持久的阴雨天气，出现大暴雨，但中下游主要以丘陵或平原为主，秋雨不如上游明显。

汉江洪水是由暴雨产生的，洪水的时空分布与暴雨一致。夏、秋季洪水分期明显是汉江流域洪水的最显著特征。从洪水的地区组成上看，夏汛洪水的主要暴雨区在白河以下的堵河、南河、唐白河所辖区间，历时较短，洪峰高大，且与长江洪水发生遭遇，如"35.7"洪水；而秋汛洪水则以白河以上为主要产流区，白河以上又以安康以上的右岸任河来水量最大，并且秋季洪水常常是连续数个洪峰，其洪量也较大，历时较长，如"64.10"洪水、"83.10"洪水。

夏汛和秋汛的成因也存在明显的差异：夏季环流系统变化快，影响本区暴雨的天气系统除中纬度系统外，还有台风等热带系统。另外，夏季暴雨是在副热带高压北进，暖湿气流非常强盛的情况下产生的，此时，不仅气温高、水汽含量大，而且地表受热极不均匀，大气层结构非常不稳定，中小尺度天气系统活动频繁，易产生强烈的对流性降水。秋季则不然，一般说来，环流系统变化缓慢，特别是副高稳定期间，当变性极地气团南侵入楔于西南暖湿气流之下时，便形成高空切变线和地面准静止锋，产生稳定而持久的降水，即"华西秋雨"。

3.2　长江洪水类型划分

3.2.1　流域性和区域性洪水

长江中下游干流洪水的形成是上游、区间以及支流暴雨洪水遭遇的结果。在分析长江干流洪水特征时，需重点分析洪水类型及洪水组成。本次在分析长江干流洪水特征时，按洪水影响范围定性地将洪水划分为流域性洪水、区域性洪水和局部典型洪水。

3.2.1.1 流域性洪水

定义：由连续多场大面积暴雨形成，长江上游和中下游地区均发生洪水，上游和中下游洪水、干流和支流洪水相互遭遇，同时江湖前期水位维持高位，形成长江中下游干流洪量大、洪峰高、洪水过程历时长的洪水，为流域性洪水。

特点：流域内上下游多数支流普遍发生暴雨洪水；干支流、上下游洪水发生遭遇；中下游干流洪水水位高、历时长。

典型：1954年、1998年为典型的流域性洪水。

3.2.1.2 区域性洪水

定义：由长江主要支流流域大范围暴雨形成，在长江干流部分河段或某些支流发生的洪水，为区域性洪水。

特点：洪峰高、短时段洪量大、洪水过程历时较短。区域性洪水在长江上、中、下游均有可能发生，造成某些支流或干流局部河段的洪水灾害。

区域性洪水量级大小，视其暴雨笼罩范围、强度、历时等因素不同而有所差异。由于长江流域面积广大，相对全流域而言，区域洪水的来源也有很大的变化范围，当暴雨范围足够大时，所形成的区域性洪水必定在干流上有所反映，可根据干流控制站水量的多少来判断区域性洪水的大小。但是，当相对范围不广而暴雨强度较大时，可形成较大的支流洪水，却不一定能造成干流较大洪水。因此，对长江流域的区域性洪水的划分及量级的判别，需要有不同的区分标准。

典型："81.7"长江上游特大洪水、1996年长江中游较大洪水。

3.2.2 流域性洪水特征

流域性洪水的主要特征表现为干支流洪水的普遍性和遭遇性。其量化体系由反映支流洪水的普遍性、上游来水丰沛程度、上下游和干支流洪水的遭遇程度等指标组成。流域性洪水应同时满足以下三方面的指标要求。

3.2.2.1 支流洪峰量化指标

长江洪水主要来源的17条河流：雅砻江（小得石站）、金沙江（屏山站）、岷江（高场站）、沱江（富顺站）、嘉陵江（北碚站）、乌江（武隆站）、清江（长阳站）、汉江（沙洋站）、洞庭四水（湘潭站、桃江站、桃源站、石门站）、鄱阳五河（外洲站、李家渡站、梅港站、渡峰坑站、虎山站、万家埠站），其中宜昌以上的上游地区共有6条、中游有11条，采用各河流控制站年最大流量为统计对象。

量化指标：上游、中游各控制站最大洪峰流量大于多年均值，占对应区域总数一半以上，即上游大于等于3条，中游大于等于6条。

3.2.2.2 上游洪量量化指标

上游洪水的丰沛程度，以宜昌站30d洪量为代表。量化指标为：宜昌站最大30d洪量标准超过5年一遇。

3.2.2.3　干支流洪水的遭遇指标

干支流、上下游洪水遭遇，是流域性洪水最显著的特点。洪水的遭遇特性为长江中下游干流主要站持续高水位。量化指标为：螺山、汉口、大通站高水位持续时间超过 45d，三站高水位分别为 31.50m、26.30m、14.50m。

根据 1954—2017 年同步资料统计，上述三项指标全部满足"流域性洪水"标准的只有 1954 年、1998 年，其发生过程描述如下：

1954 年洪水，整个长江中下游梅雨期超过 60d。6 月 22—28 日一次降雨过程 100mm 以上笼罩面积达 69 万 km²。长江中下游主雨季的延长，致使长江上、中、下游先后发生洪水，长江上、中游，干支流洪水相互遭遇，形成长江近百年少有的特大洪水。

1998 年洪水是长江流域继 1954 年后又一次流域性洪水。1998 年气候异常，汛期出现了大范围、长历时的降雨（"二度梅"）。由于雨带的南北拉锯及上下游摆动，使长江干支流自 6 月中旬至 8 月底先后发生了大洪水，长江上游干流出现 8 次洪峰，并与中下游洪水遭遇，形成流域性大洪水。

3.2.3　区域性洪水特征

区域性洪水有 5 种，即长江上游洪水、长江中游洪水、长江下游洪水、长江上中游洪水、长江中下游洪水。各分区的代表站分别为：区域性洪水以干流代表站所指定的水文要素重现期是否超过 5 年为指标。若达到 5 年一遇以上，则为区域性洪水。根据 1951—2017 年水文系列资料统计，对长江干支流主要控制站洪水的重现期大于 20 年进行量级甄别，区域性洪水划分成果见表 3.2。

表 3.2　　　　　　　　　　　长江区域性洪水划分成果

年份	超过 5 年一遇干流站站名	洪峰经验重现期超过 5 年的支流	量级指标（重现期）	分类
1958	寸滩	嘉陵江、抚河	寸滩洪峰 5～20 年	上游较大洪水
1961	寸滩	岷江、沱江、湘江、赣江	寸滩洪峰 5～20 年	上游较大洪水
1962	寸滩	金沙江、沱江、抚河、湘江、清江	寸滩洪峰 5～20 年	上游较大洪水
1964	寸滩	澧水、赣江	寸滩洪峰 5～20 年	上游较大洪水
1966	寸滩	岷江、澧水、赣江	寸滩洪峰 5～20 年	上游较大洪水
1968	寸滩、螺山、汉口、大通	金沙江、嘉陵江、乌江、清江、湘江	全部 5～20 年	上中游较大洪水
1973	大通	嘉陵江、赣江、信江、饶河、修水	大通 30d 总入流 5～20 年	下游较大洪水
1980	汉口	澧水、清江、乌江	汉口最高水位 5～20 年	中游较大洪水
1981	寸滩	嘉陵江、沱江、上干区间	寸滩洪峰 >50 年	上游特大洪水
1983	螺山、汉口、大通	沱江、嘉陵江、乌江、澧江、汉江、修水	汉口最高水位 20～50 年	中游大洪水
1987	寸滩	嘉陵江	寸滩洪峰 5～20 年	上游较大洪水
1988	螺山	资水	螺山 30d 总入流 5～20 年	中游较大洪水

年份	超过5年一遇干流站站名	洪峰经验重现期超过5年的支流	量级指标（重现期）	分类
1995	汉口、大通	沅江、资水	大通30d总入流5～20年	中游较大洪水
1996	螺山、汉口、大通	沅江、资水	螺山、汉口、大通30d总入流5～20年	中游较大洪水
1999	宜昌、螺山、汉口、大通	乌江、沅江、澧水	宜昌、螺山、汉口、大通总入流5～20年	上中游较大洪水
2002	螺山、汉口	资水、湘水	螺山、汉口最高水位5～20年	中游较大洪水
2016	汉口、大通	清江、资水、巢湖、梁子湖等	大通30d总入流5～20年	中下游大洪水
2017	汉口、大通	湘江、资水、沅江等	汉口、大通最高水位5～20年	中游大洪水

（1）1981年洪水。嘉陵江（北碚站）洪峰流量为50年一遇，沱江（李家湾站）洪峰流量为60年一遇，上游干流区间洪量在历史记录中居首位，干流代表站寸滩站洪峰流量为70年一遇，而长江中下游洪水不大，故本年为一级区域性洪水，可称为"上游特大洪水"。

（2）1983年洪水。由于上游干流代表站（寸滩站、宜昌站）未能达到重现期5年，但中游干流代表站螺山、汉口和大通均超过5年一遇标准，且汉口站最高水位为20年一遇～50年一遇，故将其划分为"中游大洪水"。

（3）1995年洪水。沅江（桃源站）、资水（桃江站）来水最大流量居历史记录第2位，鄂东北水系也有较大洪水；干流中游江段螺山、汉口、湖口最高水位达到历史记录第1～第6位，湖口以下河段主要站水位也达到历史前3位，但由中游洪水下泄形成，故本年洪水为一级区域性洪水，可称为"中游较大洪水"。

（4）1996年洪水。沅江（桃源站）、资水（桃江站）来水最大流量超过1995年，居历史第2位，澧水（石门站）来水最大流量属历史记录第15位。干流中游段监利—湖口最高水位再超1995年，居历史第1～第4位，湖口以下各站最高水位也达到历史第4位，是由中游来水形成，故本年洪水为一级区域性洪水，可称为"中游较大洪水"。

（5）1999年洪水。乌江（武隆站）最大流量属历史记录第1位，沅江（桃源站）最大流量居历史记录第3位，澧水（石门站）最大流量居历史第2位。干流沙市至大通各站最高水位居历史记录第2～3位。本年为一级区域性洪水，上、中游各控制站洪量重现期不到20年，属"上中游较大洪水"。

（6）2002年洪水。本年洪水较特殊，干流各代表站洪峰、洪量均未达到5年重现期，即流量不大，但螺山和汉口却出现历史第4、第8位的高洪水位，故将其划入一级区域性洪水，可称为中游较大洪水。

3.2.4 其他局部典型洪水

按照流域性和区域性洪水划分标准，未达到上述标准，但是在中下游地区一定范围或者局部地区影响较大的洪水，本次也进行研究。

（1）1991年洪水。1991年6月，滁河出现居历史记录首位的洪水，也属局部洪水，可称为"滁河特大洪水"。另外，洞庭湖石门洪峰流量超 20 年一遇，同期桃源洪峰流量超均值。

（2）1997 年洪水。鄱阳湖区虎山洪峰流量超 10 年一遇，外洲、李家渡、梅港同期超均值。

（3）2000 年洪水。中华人民共和国成立以来，2000 年属于一般洪水年份，既没有发生流域性洪水，也未发生过一、二级区域性洪水。

（4）2003 年洪水。流域内各支流汛期来水总体偏少，尤其是两湖地区偏少程度更加明显，直至 9 月上游金沙江、岷江、嘉陵江同时来水后，宜昌站形成年内最大洪峰，与此同时，汉江发生了 20 年来最大洪水，并与上游来水遭遇，由于两湖来水较常年偏少明显，故长江中下游干流各站均未超过设防水位。

3.2.5　不同洪水类型的典型年份

基于流域性洪水和区域性洪水的定义，从洪量、洪峰、洪水过程历时、干支流、上下游洪水发生遭遇进行划分，量化甄别了流域性洪水、区域性洪水以及相关典型年，确定的流域性特大洪水典型年（1954 年和 1998 年），上游型洪水、中下游区域性洪水等不同洪水类型典型年份，均作为本次研究的数据基础。

根据洪水类型划分和中下游控制站水位统计，可将 1954—2017 年的来水资料进行分类：

（1）上游型洪水年份有 1958 年、1961 年、1962 年、1964 年、1966 年、1981 年、1982 年、1987 年等 8 年，特别是 1981 年、1982 年为上游特大洪水，而下游来水不大。

（2）上中游洪水年份有 1968 年、1999 年，此时上中游来水均较大，其中 1968 年两站水位都超过警戒水位，而 1999 年两站水位均超过保证水位。

（3）中下游洪水年份有 1973 年、1980 年、1983 年、1988 年、1995 年、1996 年、2002 年、2016 年、2017 年等 9 年，此时上游防洪需求不大，而长江中下游防洪需求大。

（4）流域性大洪水年份有 1954 年、1998 年，此时上下游来水均较大，沙市、城陵矶水位都超过保证水位。

（5）除了以上洪水类型之外，有些年份虽然没有明显的洪水类型划分，但仍出现了沙市、城陵矶超警戒水位的情况，如 1955 年、1956 年、1957 年、1959 年、1965 年、1969 年、1970 年、1974 年、1976 年、1984 年、1989 年、1990 年、1991 年、1993 年、1997 年、2000 年、2003 年、2004 年、2007 年、2010 年、2012 年、2014 年等共 22 个年份，本次研究按其他类型洪水类型来处理分析。

3.3　干支流洪水遭遇分析

长江流域主要干支流洪水遭遇分析的代表站有屏山、高场、李庄、朱沱、北碚、富顺、寸滩、武隆、宜昌、城陵矶、螺山、汉口等站，各站水文资料均具有较长年限，资料具有较好的代表性。由于各站集水面积大、日内流量变化较小，采用日平均流量资料分析洪水遭遇。

在考虑洪水传播时间的基础上，分析两站之间洪水是否发生遭遇。若两江洪水过程的洪峰 Q_m（最大日平均流量）同日出现，即为洪峰遭遇；若最大 3d 洪量过程（W_{3d}）或最大 7d 洪量过程（W_{7d}）超过 1/2 时间重叠，即为洪水过程遭遇。

3.3.1　金沙江与雅砻江洪水遭遇分析

分别统计小得石站、攀枝花站、屏山站年最大洪水发生的时间，以及屏山站年最大洪水发生时相应小得石站和攀枝花站出现年最大洪水的次数，分析得到小得石站和攀枝花站年最大洪水发生遭遇的次数（表 3.3）。

表 3.3　　　　　　　　　　金沙江与雅砻江洪量遭遇统计情况

站　　名	1d 洪量		3d 洪量		7d 洪量		15d 洪量	
	次数	概率	次数	概率	次数	概率	次数	概率
屏山站洪水时小得石站相应出现	18	35%	32	62%	39	75%	43	83%
屏山站洪水时攀枝花站相应出现	14	27%	25	48%	36	69%	43	83%
小得石站与攀枝花站遭遇	11	21%	20	38%	28	54%	34	65%

由表 3.3 可见，在小得石站、攀枝花站实测系列中，年最大 1d 洪量发生了 11 次遭遇，遭遇概率 21%；年最大 3d 洪量发生了 20 次遭遇，遭遇概率 38%；年最大 7d 洪量发生了 28 次遭遇，遭遇概率 54%；年最大 15d 洪量发生了 34 次遭遇，遭遇概率 65%；屏山站发生大洪水时，随着洪水历时增加，小得石站、攀枝花站相应出现的概率也随之增加，且小得石站与攀枝花站遭遇概率随之增加。由此可见，雅砻江洪水与金沙江中游洪水遭遇概率较高；当屏山站发生大洪水时，相应小得石站出现大洪水的概率也较高。

雅砻江小得石站与金沙江攀枝花站洪水发生遭遇的典型年量级情况见表 3.4～表 3.6。

表 3.4　　　　　　　屏山站与小得石站最大 1d 洪水遭遇典型年量级

年份	屏山站			小得石站			攀枝花站		
	洪量 /亿 m³	发生时间	重现期 /a	洪量 /亿 m³	发生时间	重现期 /a	洪量 /亿 m³	发生时间	重现期 /a
1965	19.9	8 月 12 日	<10	8.99	8 月 10 日	10	6.59	8 月 10 日	<5
1974	22.0	9 月 3 日	<10	7.28	9 月 1 日	<5	8.14	9 月 1 日	<10
1993	18.9	9 月 1 日	5	7.93	8 月 30 日	5～10	9.76	8 月 30 日	10～20
2001	18.2	9 月 6 日	<5	9.32	9 月 4 日	10～20	6.89	9 月 4 日	<5

表 3.5　　　　　　　屏山站与小得石站最大 3d 洪水遭遇典型年量级

年份	屏山站			小得石站			攀枝花站		
	洪量 /亿 m³	发生时间	重现期 /a	洪量 /亿 m³	发生时间	重现期 /a	洪量 /亿 m³	发生时间	重现期 /a
1974	64.5	9 月 2 日	10～20	21.2	8 月 30 日	<5	23.8	8 月 31 日	<10
1991	55.0	8 月 17 日	<10	21.7	8 月 15 日	5	25.1	8 月 15 日	<10
1993	54.7	8 月 31 日	<10	22.5	8 月 29 日	<10	27.9	8 月 30 日	10～20
2001	54.4	9 月 4 日	<10	25.7	9 月 2 日	10	19.5	9 月 3 日	<5

表3.6 屏山站与小得石站最大7d洪水遭遇典型年量级

年份	屏山站			小得石站			攀枝花站		
	洪量/亿m³	发生时间	重现期/a	洪量/亿m³	发生时间	重现期/a	洪量/亿m³	发生时间	重现期/a
1966	163	8月29日	30	46.3	8月28日	5~10	69.9	8月27日	30~50
1974	139	8月31日	10~20	44.2	8月29日	<5	52.6	8月28日	<10
1991	117	8月13日	<5	44.3	8月11日	<5	51.5	8月13日	<10
1993	119	8月28日	<10	49.5	8月26日	5~10	59.7	8月27日	10~20
2000	111	8月31日	<5	45.6	8月27日	5~10	50.8	8月30日	<10
2001	121	9月1日	<10	56.9	8月30日	10~20	43.5	8月31日	<5
2002	121	8月15日	<10	40.3	8月13日	<5	48.2	8月13日	<10

由表3.6可知，当小得石站、攀枝花站年最大1d洪量发生遭遇时，叠加区间洪水后屏山站年最大1d洪量均小于10年一遇，其中1993年小得石站发生5年一遇~10年一遇洪水，攀枝花站发生10年一遇~20年一遇洪水，但区间来水较少，屏山站年最大1d洪量约5年一遇；1974年小得石站年最大3d洪量小于5年一遇，攀枝花站年最大3d洪量小于10年一遇，叠加区间洪水后，屏山站年最大3d洪量达到10年一遇~20年一遇；1991年、1993年、2001年小得石站、攀枝花站年最大3d洪量遭遇时，小得石站、攀枝花站年最大3d洪量为5年一遇~20年一遇，屏山站洪水小于10年一遇。

3.3.2 金沙江与岷江洪水遭遇分析

分别统计屏山站、高场站、李庄站年最大洪水发生的时间，李庄站年最大洪水时相应屏山站和高场站出现年最大洪水的次数，以及屏山站与高场站年最大洪水发生遭遇的次数，见表3.7。

表3.7 金沙江与岷江洪量遭遇统计表

站 名	1d洪量		3d洪量		7d洪量	
	次数	概率	次数	概率	次数	概率
李庄站洪水时屏山站相应出现	7	10.6%	23	34.8%	41	62.1%
李庄站洪水时高场站相应出现	25	37.9%	23	34.8%	17	25.8%
屏山站与高场站遭遇	2	3.0%	4	6.1%	9	13.6%

由表3.7可以看出，在屏山站、高场站实测系列中，年最大1d洪量有2年发生了遭遇。年最大3d洪量有4年发生了遭遇，占6.1%；年最大7d洪量有9年发生了遭遇，占13.6%。

金沙江屏山站与岷江高场站洪水发生遭遇的典型年量级情况见表3.8。可见，除1966年洪水以外，其余遭遇年份洪水量级均较小，组合的洪水量级也不大。1966年9月洪水，金沙江和岷江3d洪量分别相当于33年一遇和5年一遇~10年一遇洪水，组合的洪水达50年一遇，是两江遭遇的典型。2012年7月洪水，金沙江与岷江年最大洪水遭遇，尽管洪水量级都不大，但组合后使李庄站洪水洪峰达到48400m³/s，为实测第三大洪水。

表 3.8　　　　　　　　　　　　屏山站、高场站洪水遭遇情况

项目	年份	屏 山 站			高 场 站		
		洪量/亿 m³	发生时间	重现期/a	洪量/亿 m³	发生时间	重现期/a
1d 洪量	1966	24.7	9 月 1 日	33	20.8	9 月 1 日	5~10
	2012	14.3	7 月 22 日	<5	15.1	7 月 23 日	<5
3d 洪量	1966	73.7	8 月 31 日	33	53.0	8 月 31 日	5~10
	1971	33.6	8 月 17 日	<5	27.9	8 月 16 日	<5
	1992	26.3	7 月 13 日	<5	27.1	7 月 14 日	<5
	2012	42.5	7 月 22 日	<5	36.5	7 月 22 日	<5
7d 洪量	1960	81.1	8 月 3 日	<5	96.0	7 月 31 日	5~10
	1966	163.1	8 月 29 日	近 50	96.6	8 月 30 日	5~10
	1967	55.5	8 月 8 日	<5	52.3	8 月 8 日	<5
	1971	72.1	8 月 15 日	<5	51.8	8 月 12 日	<5
	1976	77.7	7 月 6 日	<5	50.4	7 月 5 日	<5
	1991	117.1	8 月 13 日	5	82.4	8 月 9 日	<5
	1994	60.0	6 月 21 日	<5	38.6	6 月 20 日	<5
	2005	115	8 月 11 日	<5	61.3	8 月 8 日	<5
	2006	58.4	7 月 8 日	<5	32.5	7 月 5 日	<5

3.3.3　金沙江与嘉陵江洪水遭遇分析

金沙江与嘉陵江洪水遭遇次数和概率见表 3.9，年最大 1d 洪量仅有 1 年发生了遭遇；年最大 3d 洪量仅有 1992 年发生了遭遇；年最大 7d 洪量有 6 年发生了遭遇，占 10.2％。可见 1d、3d 洪量两江遭遇概率较低。

表 3.9　　　　　　　　　　　　金沙江与嘉陵江洪水遭遇次数和概率

站名	1d 洪量		3d 洪量		7d 洪量		统计年限
	次数	概率	次数	概率	次数	概率	
屏山与北碚	1	1.69％	1	1.69％	6	10.2％	1954—2013 年

由金沙江与嘉陵江洪水遭遇年份、发生时间、洪水量级和重现期可知，除 1966 年以外，两江遭遇洪水的量级较小。1966 年，屏山站年最大 7d 洪水为近 50 年一遇的洪水，该年屏山站与岷江年最大洪水也发生遭遇，故金沙江、岷江和嘉陵江三江年最大洪水发生遭遇，但嘉陵江洪水仅为小于 5 年一遇常遇洪水，形成寸滩站年最大洪水为 20 年一遇，未进一步造成恶劣遭遇。金沙江与嘉陵江洪水遭遇年份分析见表 3.10。

3.3.4　金沙江与乌江洪水遭遇分析

金沙江屏山站与乌江武隆站洪水传播时间相差 43h，洪水遭遇分析时按 2d 考虑。根据实测长系列屏山站、北碚站年最大洪水发生的时间，然后考虑洪水传播时间，分析多年

表 3.10 金沙江与嘉陵江洪水遭遇年份分析

项目	年份	北 碚 站			屏 山 站		
		流量、洪量	发生时间	重现期/a	流量、洪量	发生时间	重现期/a
日均流量 /(m³/s)	1997	7600	7 月 21 日	<5	18000	7 月 20 日	<5
3d 洪量 /亿 m³	1992	59.3	7 月 16 日	<5	26.3	7 月 13 日	<5
7d 洪量 /亿 m³	1959	48.4	8 月 12 日	<5	79.0	8 月 12 日	<5
	1966	73.6	8 月 31 日	<5	163	8 月 29 日	近 50
	1982	81.0	7 月 27 日	<5	83.9	7 月 23 日	<5
	1983	107	7 月 31 日	5~10	61.4	8 月 1 日	<5
	1992	98.6	7 月 14 日	<5	59.7	7 月 13 日	<5
	2004	94.3	9 月 4 日	<5	91.0	9 月 6 日	<5

最大洪水遭遇次数和遭遇洪水量级，金沙江与乌江洪水遭遇次数与遭遇概率见表 3.11。由表可知，年最大 1d 洪量和 3d 洪量仅有 1 年发生了遭遇；年最大 7d 洪量有 3 年发生了遭遇，概率为 4.84%；年最大 15d 洪量有 9 年发生了遭遇，概率为 14.5%。

表 3.11 金沙江与乌江洪水遭遇次数与遭遇概率

站名	1d 洪量		3d 洪量		7d 洪量		15d 洪量	
	次数	概率	次数	概率	次数	概率	次数	概率
屏山与武隆	1	1.61%	1	1.61%	3	4.84%	9	14.5%

金沙江与乌江洪水遭遇年份、发生时间、洪水量级和重现期见表 3.12。一般两江遭遇洪水的量级均较小，或是一江发生较大洪水，而另一江为一般洪水，如 1957 年和 1993 年，分别是屏山站与武隆站 15d、7d 洪量发生遭遇，遭遇时屏山站两年的洪水均为 5 年一遇～10 年一遇，但乌江为一般性洪水。仅有 1954 年，两江遭遇且量级均较大，屏山站年最大洪水为 5 年一遇～10 年一遇的洪水（15d 洪量），乌江也相应发生了本年最大洪水，为 10 年一遇。

表 3.12 金沙江与乌江洪水遭遇年份分析

项目	年份	武 隆 站			屏 山 站		
		流量、洪量	发生时间	重现期/a	流量、洪量	发生时间	重现期/a
日均流量 /(m³/s)	1988	7660	9 月 5 日	<5	14600	9 月 3 日	<5
3d 洪量 /亿 m³	1988	18.44	9 月 3 日	<5	36.4	9 月 3 日	<5
7d 洪量 /亿 m³	1951	48.89	7 月 18 日	<5	100	7 月 19 日	<5
	1993	39.63	8 月 28 日	<5	119	8 月 28 日	5~10
	1997	63.34	7 月 15 日	<5	95.2	7 月 16 日	<5

项目	年份	武 隆 站			屏 山 站		
		流量、洪量	发生时间	重现期/a	流量、洪量	发生时间	重现期/a
15d 洪量 /亿 m³	1951	81.67	7 月 13 日	<5	188	7 月 13 日	<5
	1954	148.37	7 月 26 日	10	240	7 月 25 日	5～10
	1957	89.94	7 月 30 日	<5	220	8 月 2 日	5～10
	1970	71.19	7 月 13 日	<5	200	7 月 16 日	<5
	1976	92.23	7 月 13 日	<5	149	7 月 5 日	<5
	1985	78.11	6 月 27 日	<5	198	7 月 1 日	<5
	1988	74.29	8 月 31 日	<5	168	9 月 2 日	<5
	1997	96.15	7 月 14 日	<5	190	7 月 9 日	<5
	2002	91.53	8 月 12 日	<5	207	8 月 9 日	<5

3.3.5 金沙江与长江中游洪水遭遇分析

金沙江洪水较平稳，是宜昌洪水的主要基础，而中游洪水（汉口站）以宜昌以上来水占主导地位，且洞庭湖、汉江洪水是其重要组成部分。

3.3.5.1 金沙江与洞庭湖洪水遭遇分析

选择金沙江屏山站与洞庭湖出口城陵矶站为代表站，分析金沙江与洞庭湖流域洪水遭遇分析。两站洪水传播时间按相差 6d 计算。统计 1951 年以来城陵矶站年最大洪水发生的时间，并统计屏山站年最大洪水与城陵矶站年最大洪水发生遭遇的次数和量级。

从遭遇洪水的概率分析，15d 及以上时段年最大洪水，屏山站与城陵矶站遭遇的概率较高，见表 3.13。

表 3.13　　　　　　　　　　屏山站与城陵矶站洪水遭遇次数与遭遇概率

站名	3d 洪量		7d 洪量		15d 洪量		30d 洪量	
	次数	概率	次数	概率	次数	概率	次数	概率
屏山与城陵矶	2	3.40%	5	8.60%	11	19.00%	14	24.10%

从遭遇洪水的量级分析，一般而言，金沙江与洞庭湖同时发生较大洪水遭遇的年份较少，或者说一江发生较大，而另一江为一般性洪水。7d 以下时段洪量发生遭遇的年份中，仅有 2002 年金沙江与洞庭湖洪水量级均较大，屏山站 3d、7d 洪量分别为 56.5 亿 m³、121 亿 m³，均达 5 年一遇～10 年一遇，城陵矶 3d、7d 洪量分别 89.4 亿 m³、194 亿 m³，也达到 5 年一遇～10 年一遇。15d 以上时段洪量发生遭遇的年份中，屏山站量级较大的为 1954 年、1955 年、1957 年、1970 年、2002 年，城陵矶站量级较大的为 1952 年、1954 年（实测第 1 位）、1970 年、1996 年（实测第 2 位）；因此，两站遭遇且 15d 以上洪量量级较大的仅为 1954 年。

典型年分析：1970 年，屏山站与城陵矶站 30d 洪量均为 5 年一遇的较大洪水。1954 年，屏山站与城陵矶站 15d 洪量发生遭遇，屏山站 15d 洪量（240 亿 m³）相当于 5 年一遇～10 年一遇，城陵矶站 15d 洪量（535 亿 m³）为实测系列第 1 位。1996 年，城陵矶站与屏山站年最大洪水遭遇，城陵矶 30d 洪量（776 亿 m³）为实测第 2 位，但金沙江洪水为小于 5 年一遇的洪水，屏山站与城陵矶站洪水遭遇情况见表 3.14。

表 3.14　　　　　　　　　　　屏山站与城陵矶站洪水遭遇情况

项目	年份	屏山站年最大			城陵矶站年最大		
		洪量/亿 m³	发生时间	重现期（理论值）/a	洪量/亿 m³	发生时间	重现期（实测值排序）/a
3d 洪量	1957	55.4	8 月 7 日	5～10	74.1	8 月 12 日	
	2002	56.5	8 月 16 日	5～10	89.4	8 月 22 日	5～10
7d 洪量	1957	118	8 月 6 日	5	170	8 月 10 日	
	1960	81.1	8 月 3 日		127	8 月 12 日	
	1981	97	7 月 17 日		131	7 月 26 日	
	1988	82.5	9 月 2 日		183	9 月 10 日	
	2002	121	8 月 15 日	5～10	194	8 月 22 日	5～10
15d 洪量	1951	188	7 月 13 日		304	7 月 20 日	
	1954	240	7 月 25 日	5～10	535	7 月 27 日	实测第 1 位
	1957	220	8 月 2 日	5	337	8 月 4 日	
	1960	159	7 月 29 日		250	8 月 11 日	
	1970	200	7 月 16 日		391	7 月 15 日	
	1976	149	7 月 5 日		301	7 月 15 日	
	1981	173	7 月 15 日		254	7 月 22 日	
	1988	168	9 月 2 日		374	9 月 5 日	
	1997	190	7 月 9 日		283	7 月 21 日	
	2002	207	8 月 9 日		371	8 月 20 日	
	2006	115	7 月 6 日		200	7 月 15 日	
30d 洪量	1951	332	7 月 12 日		556	7 月 17 日	
	1952	314	8 月 17 日		752	8 月 26 日	10～20
	1955	402	7 月 22 日	5～10	647	8 月 12 日	
	1957	395	7 月 19 日	5～10	631	7 月 30 日	
	1961	267	8 月 9 日		467	8 月 25 日	
	1970	382	7 月 16 日	5	667	7 月 13 日	5
	1976	259	6 月 28 日		551	7 月 5 日	
	1980	336	8 月 15 日		651	8 月 7 日	
	1988	307	8 月 22 日		679	8 月 30 日	5～10
	1992	207	7 月 1 日		530	6 月 27 日	
	1996	322	7 月 19 日		776	7 月 16 日	实测第 2 位
	1997	311	7 月 5 日		476	7 月 12 日	
	2002	382	7 月 25 日	5	588	8 月 10 日	
	2008	338	8 月 9 日		390	8 月 20 日	

注　重现期为空的均小于 5 年一遇。

3.3.5.2 金沙江与汉江洪水遭遇分析

选择金沙江屏山站与汉江皇庄为代表站，分析金沙江与汉江流域洪水遭遇分析。两站洪水传播时间按相差 136h（约 5.5d）计算。

统计汉江皇庄站年最大洪水发生的时间，并统计屏山站年最大洪水与皇庄站年最大洪水发生遭遇的次数、发生概率及遭遇年份分别见表 3.15 和表 3.16。

表 3.15　　　　　金沙江屏山站与汉江皇庄站洪水遭遇次数与遭遇概率

站名	3d 洪量		7d 洪量		15d 洪量		30d 洪量	
	次数	概率	次数	概率	次数	概率	次数	概率
屏山与皇庄	4	6.9%	7	12.1%	15	25.9%	14	24.1%

表 3.16　　　　　金沙江屏山站与汉江皇庄站洪水遭遇情况

项目	年份	屏山站年最大			皇庄站年最大		
		洪量 /亿 m³	发生时间	重现期 （理论值）/a	洪量 /亿 m³	发生时间	重现期 （按实测值排序）/a
3d 洪量	1962	53.7	8 月 11 日	5	20.8	8 月 18 日	
	1982	37.2	7 月 24 日		26	7 月 31 日	
	1992	26.3	7 月 13 日		5.91	7 月 31 日	
	1998	59.8	8 月 12 日	5～10	20.6	8 月 16 日	
7d 洪量	1952	83	9 月 2 日		81.6	9 月 9 日	5～10
	1953	81.1	7 月 25 日		72.4	8 月 2 日	5～10
	1962	117	8 月 10 日	近 5 年	32.5	8 月 17 日	
	1978	75.3	8 月 4 日		11.6	8 月 12 日	
	1982	83.9	7 月 23 日		59.2	7 月 31 日	
	1992	59.7	7 月 13 日		13.3	7 月 15 日	
	1997	95.2	7 月 16 日		13.7	7 月 19 日	
15d 洪量	1952	167	8 月 30 日		124	9 月 9 日	5～10
	1953	147	7 月 24 日		99.4	8 月 1 日	
	1954	240	7 月 25 日	5～10	143	8 月 5 日	实测第 4 位（10～20）
	1962	247	8 月 10 日	5～10	52.4	8 月 17 日	
	1964	176	9 月 11 日		183	9 月 24 日	实测第 1 位
	1978	157	8 月 1 日		22.8	8 月 12 日	
	1979	164	9 月 2 日		77.1	9 月 14 日	
	1982	166	7 月 20 日		92.4	7 月 25 日	
	1988	168	9 月 2 日		45.1	9 月 9 日	
	1992	121	7 月 8 日		27.1	7 月 14 日	
	1993	232	8 月 23 日	5～10	26.4	9 月 1 日	
	1996	176	7 月 22 日		61.3	8 月 4 日	
	1997	190	7 月 9 日		22.9	7 月 18 日	
	1998	270	8 月 9 日	10～20	78.4	8 月 16 日	
	2005	206	8 月 9 日		121	8 月 21 日	5～10

续表

项目	年份	屏山站年最大			皇庄站年最大		
		洪量/亿 m³	发生时间	重现期（理论值）/a	洪量/亿 m³	发生时间	重现期（按实测值排序）/a
30d 洪量	1952	314	8 月 17 日		186	8 月 18 日	5～10
	1953	270	7 月 3 日		155	7 月 13 日	
	1962	432	8 月 3 日	5～10	77	7 月 31 日	
	1964	323	9 月 12 日		316	9 月 11 日	实测第 1 位
	1978	279	7 月 20 日		44.4	7 月 17 日	
	1979	289	8 月 22 日		106	9 月 6 日	
	1988	307	8 月 22 日		68.5	8 月 23 日	
	1992	207	7 月 1 日		50.5	7 月 14 日	
	1993	404	8 月 10 日	5～10	50.1	8 月 16 日	
	1997	311	7 月 5 日		42	6 月 30 日	
	1998	522	8 月 11 日	20～30	141	8 月 7 日	
	2003	357	9 月 2 日		195	8 月 31 日	5～10
	2005	403	8 月 11 日	5～10	172	8 月 9 日	5～10
	2006	202	6 月 21 日		44.2	6 月 18 日	

注 表中重现期为空的均小于 5 年一遇。

从遭遇洪水量级分析，两江遭遇时洪水量级一般均较小，或是一江发生较大洪水，而另一江为一般洪水，如 1998 年，屏山站与皇庄站 3d、15d、30d 洪量发生遭遇，遭遇时屏山站各时段洪量重现期分别为 5～10 年、10～20 年、20～30 年，但汉江为一般性洪水。1964 年屏山站与皇庄站 15d、30d 洪量发生遭遇，皇庄站洪水为实测第 1 位，但是屏山站洪水为一般性洪水。

两江洪水发生遭遇且量级均较大的典型年份主要有 1954 年、2005 年。1954 年，屏山站与皇庄站 15d 洪量发生遭遇，屏山站洪量重现期相当于 5～10 年，皇庄站也发生了 10 年一遇～20 年一遇洪水（实测系列）；2005 年，屏山站与皇庄站 30d 洪量遭遇，均为 5 年一遇～10 年一遇的洪水。

另外，金沙江与汉江洪水遭遇的概率略高于金沙江与洞庭湖遭遇的概率。

3.3.6　长江与清江洪水遭遇规律分析

分析统计长江干流宜昌站年最大洪水与清江下游控制站长阳站年最大洪水发生遭遇的次数、发生概率见表 3.17，遭遇年份、发生时间、洪水量级见表 3.18。

表 3.17　宜昌与长阳洪水遭遇次数与概率

洪量	最大 1d	最大 3d	最大 7d
次数（概率）	0 (0.0%)	3 (5.2%)	10 (17.2%)

从表 3.17 可见，在宜昌站与长阳站 1951—2016 年实测系列中，最大 1d 洪峰未发生遭遇，最大 3d 洪量有 3 年发生了遭遇，概率为 5.2%；年最大 7d 洪量有 10 年发生了遭遇，概率为 17.2%。从表 3.18 可以看出，两江遭遇典型年洪水量级一般均较小，为小于或等于 5 年一遇的常遇洪水。

表 3.18　　　　　　　　　　宜昌站与长阳站发生遭遇洪水情况

时段洪量	年份	宜 昌 站			长 阳 站		
		洪量/亿 m³	发生时间	重现期/a	洪量/亿 m³	发生时间	重现期/a
3d 洪量	1952	135	9 月 15 日		11.3	9 月 18 日	
	1956	134	6 月 29 日		12.6	6 月 29 日	
	1967	103	6 月 27 日		11.4	6 月 27 日	
7d 洪量	1951	277	7 月 13 日		10.4	7 月 12 日	
	1952	293	9 月 14 日		14.6	9 月 18 日	
	1953	253	8 月 4 日		8.1	8 月 5 日	
	1956	286	6 月 28 日		16.7	6 月 29 日	
	1967	229	6 月 28 日		17.7	6 月 27 日	
	1976	264	7 月 19 日		15.3	7 月 18 日	
	1977	216	7 月 10 日		16.8	7 月 13 日	
	1979	244	9 月 13 日		22.9	9 月 13 日	5
	1989	314	7 月 11 日	5	13.7	7 月 10 日	
	1999	288	7 月 17 日		12.2	7 月 15 日	

注　表中重现期为空的均小于 5 年一遇。

3.3.7　长江与洞庭湖洪水遭遇规律分析

3.3.7.1　最大洪峰遭遇

枝城—螺山区间包含松滋、太平、藕池三口分流，以及沮漳河和洞庭湖水系来水，其中洞庭湖水系来水为区间最主要来水。

表 3.19 为 1951—2017 年四水及洞庭湖出口洪峰出现月份统计情况：湘江年最大洪峰出现最早为 3 月，最晚为 10 月，出现较多为 5 月、6 月；资水年最大洪峰出现最早为 3 月，最晚为 11 月，出现最多为 6 月，5 月出现次数较湘江少，7 月较湘江多；沅江年最大洪峰出现最早为 4 月，最晚为 11 月，出现最多为 7 月；澧水年最大洪峰出现最早为 3 月，最晚为 9 月，出现较多为 6 月、7 月。从四水洪水发生时间来看，资水比湘江晚、沅江比资水晚，澧水又比沅江稍晚。三口分流洪水特性同长江上游来水一致，洪峰主要出现在 5—10 月，最多为 7 月，其次为 8 月。从洞庭湖出口城陵矶看，洪峰出现时间为 4—11 月，最多为 7 月，其次为 6 月，其洪水特性反映了四水和长江的综合特性。

表 3.19　　　　　　　　　　洞庭湖洪峰出现时间统计

控制站	3 月	4 月	5 月	6 月	7 月	8 月	9 月	10 月	11 月	总年数
（湘江）湘潭	2	6	19	22	10	5	1	1	1	67
（沅江）桃江	2	5	12	20	18	5	3	1	1	67
（资水）桃源	0	4	11	20	25	3	2	1	1	67
（澧水）石门	1	0	7	27	21	5	5	1	0	67
城陵矶	0	1	6	15	36	6	2	0	1	67

宜昌站、城陵矶两站历年 5—10 月期间最大洪峰出现日期及量级见图 3.1，6 月中旬前宜昌与洞庭湖区洪峰基本不重叠，6 月下旬开始洪峰重叠逐渐增多，后汛期 8 月 25 日以后，宜昌年最大洪水与洞庭湖洪水无发生遭遇出现。67 年的系列中，5—10 月期间最大洪峰少有发生过遭遇。

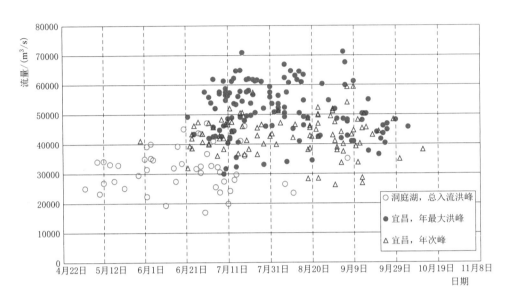

图 3.1　宜昌、洞庭湖区（入流）洪峰流量散点

根据 1951—2017 年共 67 年数据，宜昌站与城陵矶站历年 5—10 月期间最大洪峰流量（Q_m）出现在各月的次数见表 3.20。可以看出，宜昌站 Q_m 主要出现在 7 月、8 月、9 月，而城陵矶站 Q_m 主要出现在 6 月、7 月、8 月。

表 3.20　　　　宜昌站与城陵矶站历年 5—10 月期间最大洪峰分布　　　　单位：次

站点	最大洪量出现次数								
	4 月	5 月	6 月	7 月	8 月	9 月	10 月	11 月	总计
宜昌	0	0	2	34	19	10	2	0	67
城陵矶	1	6	15	36	6	2	0	1	67

3.3.7.2　最大洪水过程遭遇

图 3.2 为年最大 5d 洪量散点图，重叠发生在 6 月下旬。可以看出，洞庭湖 5—10 月期间最大洪水出现时间早于长江上游干流，且长江上游干流与洞庭湖最大洪峰出现时间无明显相应性，最大洪峰不同步。在 6 月中旬前，一般年份宜昌与洞庭湖区洪峰不发生遭遇，8 月 25 日以后，宜昌洪水与洞庭湖无洪水遭遇发生。

宜昌、城陵矶两站 5—10 月期间最大洪水遭遇月份及遭遇时洪峰统计见表 3.21。由表可见，当长江上游干流与洞庭湖 5—10 月期间最大洪水遭遇时，洪峰流量均不大，其中宜昌站洪峰大于 50000m³/s 仅有 2 次，分别为 1989 年（60200m³/s）、1999 年

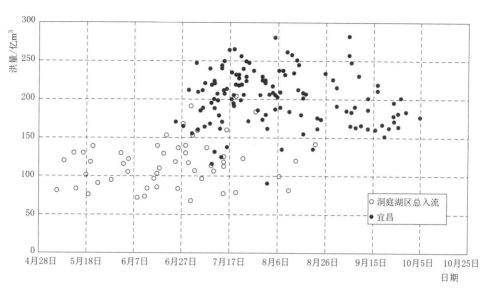

图 3.2　宜昌、洞庭湖区（入流）最大 5d 洪量散点

（56700m³/s）；城陵矶站洪峰大于 30000m³/s 仅有 3 次，分别为 2002 年（35400m³/s）、1999 年（34100m³/s）、1988 年（31100m³/s），除 2002 年发生在 8 月下旬，1988 年发生在 9 月上旬外，其余都发生在 7 月。1988 年洪水城陵矶来水达 30000m³/s 以上，但宜昌来水未到 50000m³/s。

表 3.21　　　　　　　宜昌站、城陵矶站最大洪水遭遇时 Q_m 统计

序　号	年　份	月　份	$Q_m/(m^3/s)$	
			宜昌	城陵矶
1	1963	7	43700	23400
2	1967	7	41200	27700
3	1976	7	49300	25000
4	1986	7	43800	23500
5	1988	9	47400	31100
6	1989	7	60200	21800
7	1990	7	41800	23600
8	1999	7	56700	34100
9	2002	8	48600	35400

　　综上，洞庭湖发生洪水的时间明显早于宜昌洪水，进入 7 月中下旬后洞庭湖洪水已基本结束，最大洪峰并未曾遭遇，从最大 5d 洪量、洪峰流量、平均流量散点分布看，两站洪水遭遇也已中小洪水遭遇为主，8 月下旬以后因区间来水快速消退，洞庭湖已基本无洪水发生，与长江干流洪水遭遇概率很少，且量级不大，因而三峡水库需要兼顾对城陵矶补偿调度的概率相应减少，其为兼顾城陵矶防洪调度的库容可以有条件地逐步释放。

3.3.8 长江与汉江洪水遭遇分析

选择长江中下游螺山站与汉江皇庄站为代表站，统计两站最大 1d、最大 3d、最大 7d 洪量系列，分析长江中下游干流与汉江流域洪水遭遇分析，见表 3.22。统计两站最大 1d、

表 3.22 长江中下游干流与汉江洪水
发生遭遇情况统计表

最大洪量时段	总年数	遭遇年数	遭遇概率
1d	58	5	8.6%
3d	58	6	10.3%
7d	58	9	15.5%

最大 3d、最大 7d 洪量系列：对最大 1d 洪量（W_{1d}），当两站发生时间同天出现或相隔 1d 时，即视为遭遇，否则为不遭遇；对最大 3d 和 7d 洪量（W_{3d}、W_{7d}），当两站发生时段有 1d 重合，即视为遭遇，否则为不遭遇。

统计结果表明，1960—2017 年 58 年系列中，螺山站和皇庄站最大 1d、最大 3d、最大 7d 洪量遭遇年数分别为 5 年、6 年、9 年，遭遇概率分别为 8.6%、10.3%、15.5%。整体来看，长江中下游干流与汉江洪水发生遭遇的概率不大。

3.4 整体设计洪水

3.4.1 川渝河段设计洪水

川渝河段的防洪对象主要为宜宾市、泸州市和重庆市，为分析上游溪洛渡、向家坝等水库的防洪作用，拟定了以李庄、寸滩为控制站的整体设计洪水。

3.4.1.1 以李庄为控制站的整体设计洪水

在屏山—李庄河段，根据金沙江与岷江洪水遭遇的特点，该河段发生的大洪水情况和宜宾市城市防洪的需要，选取了 1961 年、1966 年、1981 年、1982 年、1991 年、1998 年、2010 年的 7 个实测典型洪水过程。

根据李庄站各典型年洪水过程，计算洪峰、最大 1d、3d、7d 洪量，并以此计算各典型年洪峰及时段洪量的放大倍比系数，见表 3.23。

表 3.23 李庄站洪峰洪量典型年放大倍比系数

年份	计算项目	放大倍比系数					
		$P=1\%$	$P=2\%$	$P=3.30\%$	$P=5\%$	$P=10\%$	$P=20\%$
1961	W_{1d}	1.69	1.56	1.47	1.37	1.23	1.08
1966	W_{3d}	1.09	0.992	0.926	0.852	0.749	0.639
1981	W_{1d}	1.72	1.59	1.49	1.39	1.24	1.09
1982	W_{1d}	2.26	2.08	1.94	1.83	1.64	1.44
1991	W_{7d}	1.26	1.16	1.07	1.02	0.91	0.79
1998	W_{3d}	1.81	1.64	1.53	1.41	1.24	1.05
2010	W_{3d}	1.99	1.83	1.71	1.62	1.45	1.27

金江街、攀枝花、小得石、屏山、高场各站以及屏山、高场—李庄区间各典型年洪水按选定时段的倍比系数进行放大。

1961年6月，岷江控制站高场站发生了自1939年以来实测最大洪水，洪峰、1d、3d洪量均占李庄站80%以上，是以支流岷江来水为主的典型洪水。

1966年洪水，是屏山站1939年以来实测最大洪水，岷江相应时间内也出现了该年最大洪水，形成了李庄站1939年以来实测最大洪水，是川江上段干支流过程遭遇的典型洪水。

1981年洪水，长江干流与嘉陵江洪水发生了恶劣的遭遇：朱沱站7月15日17时出现最大洪峰流量43400m³/s，北碚站7月16日8时出现最大洪峰44800m³/s，遭遇后寸滩7月16日出现最大洪峰85700m³/s，约为75年一遇，是川江中段干支流洪峰遭遇的典型洪水。

1991年8月，金沙江由小到大出现3个连续洪峰，岷江从大到小出现2个连续洪峰。两江第一、第二峰发生了遭遇，形成的洪峰流量为李庄站50年最大洪峰系列中的第2位。

1998年夏秋，长江发生了全流域性大洪水，长江上游各主要支流5—8月的洪水总量都大大高于均值，洪量与1954年相当。

上述典型洪水基本概括了干支流洪水遭遇的组合情况，包括干流为主、支流为主、干支流洪峰时程错开的各种典型，具有较好的代表性。

3.4.1.2　以寸滩为控制站的整体设计洪水

根据金沙江与岷江、沱江、嘉陵江洪水遭遇特点，实测资料系列中发生大洪水情况，重庆市、泸州市城市防洪的需要，选取了1961年、1966年、1981年、1982年、1991年、1998年、2010年7个实测典型洪水过程。

根据寸滩站各典型年洪水过程，计算最大1d、3d、7d洪量，并以此计算各典型年三个时段洪量的放大倍比系数，见表3.24。

表3.24　　　　　　　　寸滩站洪量典型年放大倍比系数

年份	计算项目	放大倍比系数					
		$P=1\%$	$P=2\%$	$P=3.33\%$	$P=5\%$	$P=10\%$	$P=20\%$
1961	W_{1d}	1.45	1.36	1.3	1.24	1.13	1.02
1966	W_{3d}	1.4	1.32	1.25	1.2	1.1	0.993
1982	W_{1d}	1.96	1.84	1.75	1.67	1.53	1.38
1981	W_{1d}	1.07	1	0.953	0.91	0.832	0.749
1989	W_{1d}	1.63	1.53	1.45	1.39	1.27	1.14
1991	W_{7d}	1.46	1.38	1.32	1.27	1.18	1.07
1998	W_{3d}	1.51	1.42	1.35	1.29	1.18	1.07
2010	W_{1d}	1.43	1.34	1.28	1.22	1.11	1.00

北碚、朱沱及北碚、朱沱—寸滩区间，富顺、李庄及富顺、李庄—朱沱区间，金江街、攀枝花、小得石、屏山、高场及屏山、高场—李庄区间对各典型年洪水，按选定时段的倍比系数进行放大。

3.4.2 岷江（大渡河）整体设计洪水

3.4.2.1 以福禄站为控制站的整体设计洪水

瀑布沟坝址设计洪水过程采用由 1965 年 7 月和 1981 年 9 月为典型推求的福禄站设计洪水过程线。其中 1965 年 7 月的洪水是由上游来水和区间洪水遭遇形成；1981 年 9 月的洪水则以上游来水为主。这两种洪水都能代表一般大洪水特性，是对工程安全较为不利的典型，表 3.25 给出了瀑布沟设计洪水成果。

表 3.25　　　　　　　　　　　　福禄站设计洪水成果表

计算项目	统计参数			设 计 值					
	E_x	C_v	C_s/C_v	$P=0.01\%$	$P=0.2\%$	$P=1\%$	$P=2\%$	$P=5\%$	$P=20\%$
$Q_m/(m^3/s)$	4900	0.22	5	11600	9460	8230	7690	6960	5680
$W_{3d}/亿\ m^3$	11.3	0.19	5	23.9	19.9	17.7	16.7	15.3	12.9
$W_{7d}/亿\ m^3$	23.7	0.17	5	46.5	39.6	35.6	33.7	31.1	26.8

3.4.2.2 以五通桥为控制站的整体设计洪水

乐山市地处大渡河、青衣江、岷江三江汇合之处，是大渡河汇入岷江后的重要防洪城市。通过分析乐山市成灾洪水遭遇分析，乐山河段的洪水遭遇情况，大致可分为以下三类：

（1）岷江、青衣江涨大水，大渡河仅为一般洪水，三者遭遇，形成乐山市特大洪水，此种情况最属多见。

（2）青衣江、大渡河涨大水，岷江仅为一般洪水，三者遭遇，也能形成乐山市大洪水，此种情况较少。

（3）青衣江或岷江单独涨大水，其余两江基本未涨水，在乐山市只能形成较大洪水，此种情况出现概率居中。

由此可见，威胁乐山市的大洪水以青衣江洪水为主，大渡河洪水次之。为分析大渡河水库群对乐山市防洪的作用，需分析乐山市整体设计洪水。以岷江干流五通桥站为控制站，选取 1966 年、1981 年、1991 年三个实测典型洪水过程，根据 3d、7d 的设计洪量同倍比放大岷江彭山站、青衣江夹江站、大渡河福禄站相应典型洪水过程，作为乐山发生整体防洪设计洪水时的相应设计洪水，不同典型年的放大倍比见表 3.26。

表 3.26　　　　　　　　　　　　五通桥站设计洪水放大倍比系数

年份	计算项目	放大倍比系数							
		$P=0.1\%$	$P=0.2\%$	$P=0.33\%$	$P=0.5\%$	$P=1\%$	$P=2\%$	$P=3.33\%$	$P=5\%$
1966	W_{1d}	2.43	2.22	2.07	1.94	1.73	1.52	1.37	1.25
1981	W_{3d}	2.19	2.01	1.89	1.78	1.61	1.43	1.31	1.20
1991	W_{3d}	2.97	2.73	2.56	2.42	2.18	1.95	1.77	1.63

3.4.3 嘉陵江中下游河段整体设计洪水

为分析亭子口水库对嘉陵江中下游的防洪效果，拟定以南充站、北碚站为防洪控制站的整体设计洪水。

3.4.3.1 南充站以上整体设计洪水

从实测大洪水系列中，按"不利组合"原则，选取峰高量大的1956年6月洪水，峰高但量不大的1981年7月洪水，以及亭子口以上来水一般、亭子口—南充区间来水较大的1973年9月洪水为典型。

根据南充站1956年、1973年、1981年典型洪水过程，计算洪峰及最大1d、3d、7d洪量，按南充站各频率设计洪峰、洪量计算各典型年洪峰及时段洪量放大倍比系数。以南充站为控制的1956年典型采用7d洪量控制放大，1973典型采用1d洪量控制放大，1981年典型采用3d洪量控制放大亭子口坝址和区间洪水过程，即得南充以上整体防洪设计洪水过程线。南充以上整体设计洪水各典型放大倍比系数见表3.27。

表 3.27　　　　　　　　南充以上整体设计洪水各典型放大倍比系数

年　份	放　大　倍　比　系　数				备　注
	$P=1\%$	$P=2\%$	$P=3.33\%$	$P=5\%$	
1956	1.272	1.130	1.024	0.938	按7d洪量控制
1973	1.543	1.363	1.228	1.121	按1d洪量控制
1981	1.089	0.962	0.867	0.791	按3d洪量控制

3.4.3.2 北碚站以上整体设计洪水

嘉陵江北碚以上的大洪水，是受嘉陵江、涪江、渠江三江的洪水影响，根据北碚1952—2013年实测资料统计，北碚洪峰流量前十大洪水中，以嘉陵江洪水为主的有3次（武胜洪峰流量约相当于北碚洪峰流量的60%～70%），以渠江洪水为主的有7次（罗渡溪洪峰流量约相当于北碚洪峰流量的60%～80%）。

嘉陵江北碚以上整体设计洪水计算采用了亭子口站、小河坝站、罗渡溪站、清泉乡站、建设乡站基本资料及区间支流水文测站实测水文资料作为计算依据。

根据嘉陵江洪水遭遇的特点，该河段发生的大洪水情况，选取了1956年、1973年、1981年3个实测典型洪水过程，计算最大1d、3d洪量。根据北碚站各频率设计洪量值计算各典型年3个时段量的放大倍比系数，见表3.28。

表 3.28　　　　　　　　北碚站洪峰洪量典型年放大倍比系数

年份	计算项目	放　大　倍　比　系　数				备注
		$P=1\%$	$P=2\%$	$P=5\%$	$P=20\%$	
1956	Q_m	1.52	1.39	1.23	0.94	
	W_{1d}	1.46	1.34	1.18	0.90	采用
	W_{3d}	1.43	1.31	1.15	0.88	
1973	Q_m	1.43	1.32	1.16	0.88	
	W_{1d}	1.46	1.34	1.18	0.90	采用
	W_{3d}	1.53	1.41	1.24	0.95	

年份	计算项目	放 大 倍 比 系 数				备注
		$P=1\%$	$P=2\%$	$P=5\%$	$P=20\%$	
	Q_m	1.13	1.04	0.92	0.70	
1981	W_{1d}	1.09	1.00	0.88	0.67	采用
	W_{3d}	1.08	0.99	0.87	0.67	

3.4.4　乌江中下游河段设计洪水

3.4.4.1　洪水典型

乌江中下游防洪控制点为思南站、沙沱坝址、彭水站及武隆站，采用典型年法分析乌江中下游洪水的地区组成。

选择乌江中下游来水较大年份1963年、1964年、1991年洪水作为典型。1963年暴雨区位于乌江渡以下，洪水为峰型尖瘦的单峰，陡涨陡落，洪水历时不长。1964年暴雨笼罩面积大，降水均匀持久，为乌江流域性大水，峰高量大，历时较长。1991年，江界河站以上流域持续大到暴雨、局部地区降大暴雨到特大暴雨，形成以乌江南岸来水为主的全流域大水，该次洪水特点为双峰型洪水，前峰略大于后峰，洪水过程陡涨陡落，洪峰尖瘦，历时长，洪量集中。

3.4.4.2　各典型年洪水放大倍比

由乌江各典型年洪水过程分别统计出洪峰、年最大1d、3d洪量，与各防洪控制站相应时段设计洪峰、洪量相比，推求出乌江各典型年洪峰、年最大1d、3d放大倍比系数。选用控制时段时考虑防洪控制点本身情况，还考虑各典型年洪水特性及城市防洪的需要，选取相应的放大倍比系数。乌江各典型年放大倍比见表3.29。

表 3.29　　乌江中下游河段设计洪水地区各典型年放大倍比系数

各控制点	年份	计算项目	放 大 倍 比 系 数			
			$P=5\%$	$P=10\%$	$P=20\%$	$P=50\%$
思南站	1963	Q_m	1.09	0.93	0.78	0.54
	1964	W_{3d}	1.11	0.95	0.78	0.54
	1991	W_{3d}	1.00	0.86	0.71	0.49
沙沱坝址	1963	Q_m	1.08	0.93	0.77	0.54
	1964	W_{3d}	1.04	0.89	0.74	0.51
	1991	W_{3d}	1.01	0.86	0.71	0.49
彭水站	1963	W_{3d}	1.11	0.95	0.79	0.55
	1964	W_{3d}	0.98	0.84	0.70	0.49
	1991	W_{3d}	1.22	1.05	0.87	0.60
武隆	1963	W_{1d}	1.41	1.22	1.02	0.72
	1964	Q_m	1.13	0.98	0.83	0.60
	1991	Q_m	1.17	1.02	0.86	0.62

以乌江各控制站为主，构皮滩、构皮滩—思林区间、思林—思南区间，思南—沿河区间、沿河—彭水区间、彭水—武隆区间（不包括郁江）及郁江选取相应的时段洪水过程，

按各典型年同倍比系数进行放大，拟定乌江中下游河段设计洪水地区组成。

3.4.5 长江中下游整体设计洪水

3.4.5.1 典型洪水

典型洪水选择主要考虑洪水量级、受灾严重程度、发生时间及洪水组成等方面具有代表性的洪水，选取近百年发生的量级大造成巨大灾情的 1954 年、1998 年、1935 年、1931 年洪水；在 1865 年至今汉口站的实测记录中，超过警戒水位的洪水有 36 次，其中发生在 7—8 月的有 30 次，9 月发生 4 次，6 月、10 月各 1 次，从长江中下游发生大洪水的机遇而言，主要是 7—8 月，所选典型以 7—8 月为主；在洪水地区组成上，既包括全江性的大洪水，也有中下游为主或上游来水较丰的典型；在峰型方面多为复峰型和双峰型，一次洪水过程历时长，这也是长江中下游洪水的特性，但也有历时稍短的单峰型洪水。

采用典型年法，从实测资料中选择几次有代表性、对防洪不利的大洪水作为典型：

（1）长江中游来水较大年份。1931 年、1954 年、1998 年在螺山站设计洪水计算时作为特大洪水处理。另外，1999 年、1988 年为长江中游洪水量级较大年份。

（2）上游干支流洪水较大年份。1966 年、1931 年、1981 年、1964 年分别为金沙江、岷江、嘉陵江、汉江来水较大典型年。

（3）遭遇典型年。1954 年、1998 年、1964 年、1966 年、1981 年、1996 年、2002 年均为长江上中游遭遇典型年。

综合分析，选取汉口水位超过 27.3m 的大洪水年份，即 1931 年、1935 年、1954 年、1968 年、1969 年、1980 年、1983 年、1988 年、1996 年、1998 年等作为长江中下游洪水典型年。其中，汉口站 1954 年水位创历史纪录，达 29.73m，为近百年来罕见的全流域性特大洪水；1998 年洪水，沙市—螺山河段水位全面超历史纪录，螺山站达 34.95m，为 20 世纪仅次于 1954 年的全流域性大洪水。

3.4.5.2 各典型年洪水放大倍比

对各典型年螺山、汉口总入流洪水过程，分别统计出年最大 30d、60d 洪量，与螺山、汉口总入流相应时段设计洪量相比，推求出各典型年螺山、汉口总入流 30d 洪量、60d 洪量的放大倍比系数，见表 3.30 和表 3.31。

表 3.30 螺山、汉口总入流典型年 30d 洪量放大倍比系数

年份	螺　山				汉　口			
	30d 洪量 /亿 m³	放大倍比系数			30d 洪量 /亿 m³	放大倍比系数		
		$P=1\%$	$P=2\%$	$P=3.33\%$		$P=1\%$	$P=2\%$	$P=3.33\%$
1931	1720	1.116	1.051	1.001	1922	1.082	1.019	0.971
1935	1670	1.149	1.083	1.031	1884	1.104	1.040	0.991
1954	1975	0.972	0.915	0.872	2182	0.953	0.898	0.856
1968	1508	1.273	1.199	1.142	1582	1.315	1.238	1.180
1969	1239	1.549	1.459	1.390	1290	1.612	1.519	1.447
1980	1352	1.419	1.337	1.274	1482	1.404	1.322	1.260

续表

年份	螺　山				汉　口			
	30d 洪量 /亿 m³	放大倍比系数			30d 洪量 /亿 m³	放大倍比系数		
		$P=1\%$	$P=2\%$	$P=3.33\%$		$P=1\%$	$P=2\%$	$P=3.33\%$
1983	1311	1.464	1.379	1.314	1456	1.429	1.345	1.282
1988	1418	1.353	1.275	1.214	1522	1.367	1.287	1.227
1996	1587	1.209	1.139	1.085	1675	1.242	1.170	1.115
1998	1747	1.098	1.035	0.986	1885	1.103	1.039	0.990

表 3.31　　　　　　　　　螺山、汉口总入流典型年 60d 洪量放大倍比系数

年份	螺　山				汉　口			
	60d 洪量 /亿 m³	放大倍比系数			60d 洪量 /亿 m³	放大倍比系数		
		$P=1\%$	$P=2\%$	$P=3.33\%$		$P=1\%$	$P=2\%$	$P=3.33\%$
1931	2990	1.127	1.062	1.011	3302	1.104	1.040	0.990
1935	2520	1.337	1.260	1.200	2821	1.292	1.217	1.159
1954	3503	0.962	0.906	0.863	3830	0.952	0.896	0.854
1968	2427	1.389	1.308	1.246	2536	1.437	1.354	1.289
1969	2075	1.624	1.530	1.457	2148	1.697	1.598	1.522
1980	2351	1.433	1.350	1.286	2567	1.420	1.337	1.274
1983	2265	1.488	1.402	1.335	2596	1.404	1.322	1.260
1988	2260	1.491	1.405	1.338	2444	1.491	1.405	1.338
1996	2537	1.328	1.251	1.192	2725	1.338	1.260	1.200
1998	3302	1.021	0.962	0.916	3548	1.027	0.968	0.922

3.5　本章小结

（1）分析了长江流域洪水特性，包括洪水成因、洪水发生时间、洪水过程等，研究了长江主要干支流，如雅砻江、金沙江、岷江、嘉陵江、乌江等洪水特性及其干支流洪水遭遇规律，提出了针对川江河段、嘉陵江中下游河段、乌江中下游河段和长江中下游的整体设计洪水。

（2）结合长江干流洪水量化分析和洪水特征分析，长江流域洪水类型可划分为全流域型、上游型、上中游型、中下游型等不同类型，可为后续不同洪水类型下三峡水库防洪调度方式优化研究提供数据基础。

（3）开展了主要干支流洪水遭遇分析，研究表明：

1）金沙江与岷江、嘉陵江、乌江 3d 洪量遭遇概率遭遇概率较低；7d 洪量遭遇概率较高。除个别年份以外，一般遭遇洪水量级较小。金沙江与长江上游主要支流年最大洪水遭遇发生年份绝大多数不相同，只有 1966 年屏山站与高场站、北碚站洪水同时发生了遭遇，2012 年屏山站与高场站、沱江站同时发生了遭遇。金沙江与乌江遭遇洪水的量级一

般较小，除 1954 年以外。

2）长江上游干流与洞庭湖遭遇概率较高，但遭遇洪水的量级不大。一般而言，金沙江与洞庭湖同时发生较大洪水遭遇的年份较少，或者说一江发生较大，而另一江为一般性洪水。2002 年、1954 年为两江洪水量级较大且遭遇。

3）长江上游干流与汉江最大洪水遭遇的概率较高，但两江遭遇时洪水量级一般均较小，或是一江发生较大洪水，而另一江为一般洪水。两江洪水发生遭遇且量级均较大的典型年份主要有 1954 年、2005 年。

4）长江中下游干流与洞庭湖最大洪峰出现时间无明显相应性，最大洪峰不同步。6 月中旬前，宜昌与洞庭湖洪峰基本不重叠；6 月下旬开始，洪峰重叠逐渐增多；8 月中下旬以后，宜昌与洞庭湖区洪峰遭遇概率很小。

第 4 章

面向多区域防洪的长江上游水库群防洪库容分配

水库群联合防洪调度时，应首先确保各枢纽工程自身安全。对兼有所在河流防洪和分担长江中下游防洪任务的水库，应协调好所在河流防洪与长江中下游防洪的关系：在满足所在河流防洪要求的前提条件下，根据需要分担长江中下游防洪任务。在确保各枢纽工程自身安全和实现各水库防洪目标的基础上，提高流域整体防洪效益。

本次研究基于大系统分解协调的原理，面向多区域防洪的需求，提出水库群协同的调度思想，即先开展干支流水库对所在河流的防洪调度方式研究，进而探讨干支流水库对川渝河段的调度方式，最后提出上游干支流水库配合三峡水库对中下游的防洪调度方式。

4.1 金沙江中游梯级防洪库容分配

依据《长江流域防洪规划》及《长江流域综合规划（2012—2030 年）》，金沙江中游梨园、阿海、金安桥、龙开口、鲁地拉、观音岩等梯级水库预留防洪库容分别为 1.73 亿 m³、2.15 亿 m³、1.58 亿 m³、1.26 亿 m³、5.64 亿 m³、5.42 亿 m³，共计 17.78 亿 m³。金沙江中游梯级水库防洪任务主要是配合三峡水库分担长江中下游防洪压力，其中观音岩水库还承担攀枝花市的防洪任务，必要时可配合溪洛渡、向家坝梯级水库分担川渝河段防洪压力。

4.1.1 对本河段防洪

为满足金沙江中游攀枝花城市防洪需要，观音岩水库设置一定的防洪库容，以使攀枝花市的防洪标准在 30 年一遇的基础上提高到 50 年一遇。

鉴于观音岩坝址洪水和区间洪水不同步，在观音岩水电站可行性研究阶段，考虑观音岩坝址洪水与区间洪水的遭遇情况，进行了洪水组合，即：①观音岩坝址发生频率洪水，区间发生相应洪水；②区间发生频率洪水，坝址发生相应洪水。区间设计洪水成果见表 4.1。

观音岩电站坝址距防洪控制断面河道长度约 37.2km，观音岩下泄流量到达防洪控制断面的时间为 2.8h 左右。观音岩坝址至防洪控制断面（攀枝花水文站）的区间具备可靠的洪水预报条件时，区间洪水的预见期大于 3h。观音岩水电站具备补偿凑泄或错峰调度的条件。

表 4.1　　　　　　　　　　观音岩坝址—攀枝花水文站区间设计洪水成果

位置	项目	洪峰流量/(m³/s)		位置	项目	洪峰流量/(m³/s)	
		$P=2\%$	$P=3.33\%$			$P=2\%$	$P=3.33\%$
坝址	频率洪水	13000	12100	区间	频率洪水	1930	1670
	相应洪水	11300	10600		相应洪水	389	374

同时，观音岩坝址与防洪控制断面之间的区间面积仅占防洪控制断面（攀枝花水文站）控制集水面积的1‰，区间洪水占攀枝花水文站洪水的比重小，观音岩水电站的调洪调度采用固定控制泄量法。为此，对两种洪水地区组成采用三种洪水调度方式，将攀枝花市的30年一遇防洪标准提高到50年一遇所需防洪库容进行了计算，见表4.2。

表 4.2　　　　　　　　不同洪水地区组成和洪水调度方式所需防洪库容表

洪水调度方式	防 洪 库 容/亿 m³	
	坝址频率洪水＋区间相应洪水	坝址相应洪水＋区间频率洪水
固定控制泄量法	2.53	2.33
错峰调度法	2.04	1.35
补偿凑泄法	1.86	0.32

在设计阶段，为留有一定余地，观音岩水电站的洪水采用坝址频率洪水＋区间相应洪水组合，调洪调度方式采用固定控制泄量法，为攀枝花市防洪预留的防洪库容为2.53亿 m³。

4.1.2　配合三峡水库对中下游防洪

金沙江中游6座梯级水库预留防洪库容17.78亿 m³，其中考虑到攀枝花市防洪，观音岩水库汛期需预留防洪库容2.53亿 m³ 为本河段防洪，因此金沙江中游梯级水库可用于配合三峡水库对长江中下游防洪库容总计15.25亿 m³。

4.1.2.1　配合三峡防洪调度参数研究

1. 金江街站洪水特性分析

通过对比分析金沙江中游控制站金江街站与宜昌站、螺山站8场典型洪水（无1931年、1935年典型洪水）实际洪水过程，金江街站与宜昌站、城陵矶站洪水过程涨势呈同步。从统计数据分析，金江街站流量多为2000～7000m³/s，概率约为75.1%，见表4.3。

表 4.3　　　　　　　　　金江街站8场典型年洪水量级统计分析

流量区间/(m³/s)	≤2000	2000<Q≤3000	3000<Q≤4000	4000<Q≤5000	5000<Q≤6000
概率	22.44%	25.72%	24.39%	14.86%	5.53%

流量区间/(m³/s)	6000<Q≤7000	7000<Q≤8000	8000<Q≤9000	9000<Q≤10000
概率	4.61%	1.74%	0.20%	0.51%

实际典型洪水过程中，城陵矶成灾历时内金江街站洪水量级统计见图4.1，从中可见，金江街站的流量主要分布在3000～6000m³/s之间，概率接近66%。

2. 金沙江中游梯级防洪调度方式拟定

金沙江中游梯级拦蓄速率的拟定，重点考虑对3000～6000m³/s这一量级的洪水进行

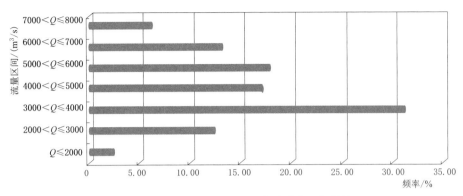

图 4.1　城陵矶成灾历时内金江街站洪水量级统计图

有效拦蓄，并考虑到遭遇一般洪水时上游水库的使用效率。初拟基本方案为：当入库流量 $Q<6000\text{m}^3/\text{s}$ 时，金沙江中游梯级水库拦蓄速率为 $1000\text{m}^3/\text{s}$；当入库流量 $Q\geqslant6000\text{m}^3/\text{s}$，金沙江中游梯级水库拦蓄速率为 $1500\text{m}^3/\text{s}$；拦蓄时机与三峡水库同步。计算分析中暂按三峡水库对城陵矶补偿阶段投入运用，三峡水库不拦蓄时不动用金沙江中游梯级水库防洪库容。

针对以螺山站为控制的长江中下游 8 场典型年不同频率整体设计洪水，按照上述防洪调度方式，进行金沙江中游梯级配合三峡水库对长江中下游防洪计算。金沙江中游梯级与三峡同步拦蓄时长江中下游超额洪量减少量见表 4.4，防洪调度过程中金沙江中游梯级水库防洪库容的使用情况见表 4.5。

表 4.4　　　　　　　　金沙江中游梯级与三峡同步拦蓄时长江中下游超额洪量减少量

洪水典型年	超额洪量减少量/亿 m^3			洪水典型年	超额洪量减少量/亿 m^3		
	$P=1\%$	$P=2\%$	$P=3.33\%$		$P=1\%$	$P=2\%$	$P=3.33\%$
1954	11.0	9.2	6.6	1988	12.8	7.8	6.5
1968	5.6	8.6	9.3	1996	11.9	10.0	11.5
1969	5.4	5.1	8.5	1998	3.3	4.5	0.8
1980	5.1	4.8	3.3	平均	7.2	6.5	5.9
1983	2.2	2.0	0.7				

表 4.5　　　　　　　　金沙江中游梯级与三峡同步拦蓄时防洪库容使用量

洪水典型年	防洪库容使用量/亿 m^3			洪水典型年	防洪库容使用量/亿 m^3		
	$P=1\%$	$P=2\%$	$P=3.33\%$		$P=1\%$	$P=2\%$	$P=3.33\%$
1954	15.3	15.2	12.2	1983	13.1	12.1	14.0
1968	15.3	15.3	15.3	1988	15.3	15.3	15.3
1969	15.3	15.3	15.3	1996	15.0	14.9	14.7
1980	15.3	15.3	15.3	1998	15.3	15.2	12.2

从表 4.5 可见，随着洪水频率增大，金沙江中游梯级水库防洪库容投入有减少的趋势。在遭遇频率相对较高的洪水（表中 30 年一遇洪水，$P=3.33\%$）时，金沙江中游梯

级投入的防洪库容有进一步提高的余地。考虑到防洪调度过程中城陵矶地区成灾时段的不断续性，并兼顾发电效益，对基本防洪调度方案从增加拦蓄速率、保持拦蓄持续性以及不成灾时段按发电要求控泄等方面进行优化。

（1）方案一：同步拦蓄、加大拦蓄速率。在基本方案的基础上，加大水库拦蓄洪水速率，但这样会造成有效发电流量减小，电站发电效益受到一定的影响。从兼顾防洪与兴利的角度考虑，该阶段暂取 $2500\,\mathrm{m^3/s}$ 为水库最小下泄流量。初步拟定如下拦蓄方式：入库流量 $Q<5000\,\mathrm{m^3/s}$ 时，金沙江中游梯级水库拦蓄速率为 $1500\,\mathrm{m^3/s}$；入库流量 $Q\geqslant 5000\,\mathrm{m^3/s}$ 时，金沙江中游梯级水库拦蓄速率为 $2000\,\mathrm{m^3/s}$。按此防洪调度方式进行调洪计算，具体成果见表 4.6。

表 4.6　　　　各典型年不同频率洪水长江中下游超额洪量减少量（方案一）

洪水典型年	超额洪量减少量/亿 $\mathrm{m^3}$			洪水典型年	超额洪量减少量/亿 $\mathrm{m^3}$		
	$P=1\%$	$P=2\%$	$P=3.33\%$		$P=1\%$	$P=2\%$	$P=3.33\%$
1954	13.2	10.5	11.8	1988	15.1	11.2	12.8
1968	4.8	9.3	8.7	1996	14.1	13.9	11.7
1969	6.6	6.0	8.5	1998	2.8	3.9	0.2
1980	4.8	3.8	3.4	平均	8.0	7.6	7.2
1983	2.7	2.0	0.7				

（2）方案二：保持拦蓄的持续性。考虑到城陵矶成灾时段的非连续性特点及金沙江中游金江街站至宜昌站间的洪水演进时滞，为增加金沙江中游梯级水库拦蓄洪水的有效性，在不考虑洪水预报的条件下，从兼顾防洪与兴利的角度考虑，方案设置为：拦蓄参数同基本方案，并在三峡水库不拦蓄的时段（下游不成灾时），对金沙江中游梯级出库流量按 $3100\,\mathrm{m^3/s}$ 进行控泄（金沙江中游梯级满发流量基本上为 $3100\,\mathrm{m^3/s}$）。按此调度方式对各典型年不同频率整体设计洪水进行防洪效果计算，具体成果见表 4.7。

表 4.7　　　　各典型年不同频率洪水长江中下游超额洪量减少量（方案二）

洪水典型年	超额洪量减少量/亿 $\mathrm{m^3}$			洪水典型年	超额洪量减少量/亿 $\mathrm{m^3}$		
	$P=1\%$	$P=2\%$	$P=3.33\%$		$P=1\%$	$P=2\%$	$P=3.33\%$
1954	12.3	7.8	10.0	1988	3.9	8.6	11.4
1968	11.4	7.7	6.8	1996	13.0	12.5	10.2
1969	7.3	6.7	8.7	1998	3.4	6.8	2.5
1980	8.6	2.2	1.9	平均	7.7	7.0	6.7
1983	1.8	3.8	1.7				

（3）方案三：加大拦蓄速率和保持拦蓄的连续性。综合方案一与方案二，既增大水库拦蓄速率，又保持水库拦蓄的连续性，具体防洪调度方式为：当三峡水库拦蓄时，若金沙江中游梯级入库流量 $Q<5000\,\mathrm{m^3/s}$，水库拦蓄速率为 $1500\,\mathrm{m^3/s}$；若金沙江中游梯级入库流量 $Q\geqslant 5000\,\mathrm{m^3/s}$，水库拦蓄速率为 $2000\,\mathrm{m^3/s}$；当三峡水库不拦蓄时，控制金沙江中游梯级水库下泄流量不小于 $3100\,\mathrm{m^3/s}$。按此调度方式对各典型年不同频率整体设计洪水进

行防洪效果计算，具体成果见表 4.8。

表 4.8　　　　各典型年不同频率洪水长江中下游超额洪量减少量（方案三）

洪水典型年	超额洪量减少量/亿 m³			洪水典型年	超额洪量减少量/亿 m³		
	$P=1\%$	$P=2\%$	$P=3.33\%$		$P=1\%$	$P=2\%$	$P=3.33\%$
1954	12.3	9.3	10.8	1988	4.2	8.6	11.4
1968	12.1	7.3	6.8	1996	15.1	12.5	12.2
1969	14.0	7.2	8.7	1998	2.4	6.8	2.5
1980	8.5	3.3	1.9	平均	8.8	7.5	7.0
1983	1.8	4.7	1.7				

3. 方案比较

在遭遇长江中下游各频率典型洪水时，以方案二为基准，其余方案发电效益和防洪效益的相对增量见表 4.9。

表 4.9　　　　　　　方案一、方案三与方案二效益比选

项　目	对比方案	发电、防洪效益相对增量		
		$P=1\%$	$P=2\%$	$P=3.33\%$
发电量差值 /（亿 kW·h）	方案一	−1.5	−1.9	−2.1
	方案三	−0.1	−0.1	−0.1
分洪量差值 /亿 m³	方案一	0.3	0.6	0.6
	方案三	1.1	0.4	0.4

　　方案一通过加大水库拦蓄速率以增加水库拦洪效果，但由于控制出库流量小于电站额定发电流量，发电效益受到一定损失。方案二通过增加长江中下游不成灾时段的拦蓄，在一定程度弥补和提高因洪水演进时滞造成的上游水库拦蓄洪水有效性，并在防洪调度过程中兼顾了发电效益，因此发电效益明显。方案三综合了方案一和方案二的改进措施，通过加大拦蓄量和兼顾不成灾时段的兴利拦蓄，防洪效益增加；由于在加大拦蓄阶段，部分时段水库出库流量小于电站额定发电流量，发电量较方案二略有降低，但差别甚微。

　　从整体上来看，三种方案中，防洪效益以方案三最大，发电效益以方案二较优，且方案三的发电效益与方案二相差很小。可见，相对于防洪效益增加量来讲，方案三的发电量损失相对较小。综合考虑防洪效率与发电效益两者之间的损益关系，本阶段推荐金沙江中游梯级采取方案三进行防洪调度。

4.1.2.2　投入运用时机分析

1. 比较方案

　　本次研究拟定了三种金沙江中游梯级水库防洪库容投入使用时机方案，防洪调度方式按金沙江中游梯级水库配合三峡水库对城陵矶防洪的调度方式。

　　方案一：三峡库水位在 145m，枝城洪水超过 56700m³/s 或城陵矶水位超过 34.4m，金沙江中游梯级水库投入使用。

　　方案二：三峡水库达到 155m，枝城洪水超过 56700m³/s 或城陵矶水位超过 34.4m，金沙江中游梯级水库投入使用。

方案三：三峡水库水位达到 158m，即三峡水库对城陵矶补偿库容 76.9 亿 m³ 用完时转入对荆江防洪调度，金沙江中游梯级水库投入使用。

2．防洪效果分析

针对长江中下游 8 场典型年不同频率整体设计洪水，按上述三种投入使用时机方案进行调洪演算，8 场典型年整体设计洪水调洪计算成果平均值见表 4.10。

表 4.10　　　　　　　水库防洪库容在各阶段投入对应防洪效益

投入阶段	三峡水库蓄水水量/亿 m³			减少长江中下游分洪量/亿 m³			金沙江中游梯级水库蓄满率		
	$P=1\%$	$P=2\%$	$P=3.33\%$	$P=1\%$	$P=2\%$	$P=3.33\%$	$P=1\%$	$P=2\%$	$P=3.33\%$
方案一	139.7	106.1	90.8	8.8	7.5	7.0	1.0	1.0	1.0
方案二	138.0	105.3	90.3	8.8	6.4	5.7	1.0	0.99	0.97
方案三	137.7	105.2	88.2	7.6	5.0	4.6	1.0	0.98	0.93

通过对比分析可知：

（1）在三峡水库水位达到 145m 且对城陵矶防洪补偿调度阶段时，若金沙江中游梯级水库投入防洪库容，对减少城陵矶附近分洪量效果最明显。

（2）在三峡水库达到 158m，转为对荆江防洪调度阶段时，若金沙江中游梯级水库投入防洪库容，对减少三峡水库的蓄水水量作用较优，但对减少中下游分洪量的作用相对较差。

上述三种方案中，金沙江中游梯级水库防洪库容都能充分投入运用，但对减少长江中下游分洪量的作用差异明显：在三峡水库蓄水至 158m 后，防洪调度方式转为对荆江调度，按荆江河段流量不超过 56700m³/s 控泄，此时金沙江中游梯级水库拦蓄，仅能在荆江不成灾、城陵矶地区成灾的情况下，有助于减少长江中下游分洪量。从尽可能减少长江中下游分洪压力考虑，本阶段推荐方案一，即金沙江中游梯级水库防洪库容投入使用时机为三峡水库对城陵矶防洪补偿调度阶段。

4.1.2.3　配合调度方式

金沙江中游梯级水库可用于配合三峡水库对长江中下游防洪库容总计 15.25 亿 m³，防洪库容投入使用时机与三峡水库同步，金沙江中游梯级配合三峡水库的防洪调度方式为：

（1）当三峡水库拦蓄时，若金沙江中游梯级入库流量小于 5000m³/s，水库拦蓄速率为 1500m³/s。

（2）若金沙江中游梯级入库流量超过 5000m³/s，水库拦蓄速率为 2000m³/s。

（3）当三峡水库不拦蓄时，控制金沙江中游梯级水库下泄流量不小于 3100m³/s。

4.2　金沙江下游梯级防洪库容分配

4.2.1　溪向梯级水库对川渝河段协同防洪

4.2.1.1　溪洛渡、向家坝水库对宜宾防洪调度

1．基本情况

宜宾地处四川、云南、贵州三省结合部，金沙江、岷江、长江三江交汇处，是长江

黄金水道的起点。自古以来，宜宾就是南方丝绸之路的重要驿站，川、滇、黔结合部的物资集散地和川南经济文化中心。全市辖 3 区 7 县，面积 1.33 万 km²，常住人口 449 万人（2015 年）。

宜宾地势整体上西南高、东北低，最高点为屏山县五指山主峰老君山，海拔2008.7m，最低点为江安县金山寺附近，海拔 236m；地貌以中低山地和丘陵为主，岭谷相间，中低山地占 46.6%，丘陵占 45.3%，平坝占 8.1%。

金沙江在宜宾城区合江门与岷江汇合后始称长江。宜宾市境内金沙江河段长约120km，岷江河段长约 72km，长江河段长约 89km。境内三江支流共有大小溪河 600 多条，主要有南广河、长宁河、横江、鸳溪河、文星河、西宁河、黄沙河、越溪河、箭板河、玉河等。宜宾市中心城区金沙江河段长约 33km，岷江河段长约 34km，长江河段长约 58km，中心城区主要支流有南广河、马鸣溪、鸳溪河、黑河等。

宜宾市属于亚热带湿润季风气候，低丘、河谷兼有南亚热带的气候属性，气候温和、热量丰足、雨量充沛、光照适宜、无霜期长、冬暖春早、四季分明；年平均气温 18℃ 左右，年平均降水量 1050～1618mm，5—10 月为雨季，降水量占全年的 81.7%，主汛期为7—9 月，降雨量更为集中，占全年总降雨量的 51%；年平均日照时间为 1000～1130h，无霜期 334～360d；年平均风速仅为 1.23m/s，多为西北风和东北风，静风概率高达34%～53%。

2. 防洪现状

宜宾市中心城区防洪工程主要分布于翠屏区市中区、菜坝镇及叙州区柏溪镇三个片区。按照批复的《宜宾市防洪规划报告》，宜宾市积极筹集资金开展防洪工程建设，市中心城区已建堤防工程共 7 段，总长度约 18.26km，宜宾市城区现状防洪能力有较大的提高。已建堤防主要包括以下方面：

（1）市中区堤防（3 段）。市中区由旧城和中坝两个组团组成，位于翠屏山、真武山与金沙江、岷江合围半岛区，已建保护旧城区和中坝两个组团的堤防共 3 段，包括北城滨江路防洪堤、南城滨江路防洪堤、中坝防洪堤，3 段防洪工程首尾相接，金沙江左岸上起金沙江大桥，下至合江门，岷江右岸上起岷江大桥，下至合江门与金沙江段相接，堤防工程全长 7.886km，规划堤防防洪标准为 50 年一遇，目前大部分堤段只达到防御 20 年一遇洪水标准。

（2）柏溪防洪堤。柏溪镇位于市中区合江门上游约 13km 金沙江与支流黑河汇合口处，已建保护柏溪镇的柏溪防洪堤工程位于金沙江左岸，上起水牛岩，下至鸡翅膀，全长3.3km，规划防洪标准为 20 年一遇，现状堤顶高程仅满足 10 年一遇防洪标准。

（3）飞机坝防洪堤。菜坝镇位于市中区合江门上游约 12km 处岷江右岸，已建保护菜坝镇的飞机坝防洪堤工程起于马耳滩，止于何家湾，全长 6.467km，防洪标准为 20 年一遇。

（4）在岷江左岸思坡镇已建思坡防洪堤，长 0.157km，防洪标准为 5 年一遇；在长江右岸李庄镇滨河公园下游已建滨江防洪堤，长 0.45km，防洪标准 5 年一遇～10 年一遇。

宜宾城区防洪工程布置见图 4.2，图中虚线部分为主城区未封闭的防洪段。

图 4.2　宜宾城区防洪工程布置图

3. 对宜宾的防洪调度方式

考虑到宜宾距离上游水库较近，补偿条件较好，故推荐削峰补偿调度为代表方案。结合柏溪镇经济发展水平，暂不将该镇与主城区同步提高至 50 年一遇，维持 20 年一遇防洪标准，将宜宾主城区从 20 年一遇提高至 50 年一遇，同时结合溪洛渡水库在拦蓄中的滞洪情况，从兼顾柏溪镇实际防洪能力（即将柏溪镇防洪标准从现状 10 年一遇提高到 20 年一遇）的角度出发，考虑溪洛渡水库由于泄流能力不足而引起被动拦蓄滞洪的情况，拟定如下防洪调度方式：

（1）当预报 6h 后李庄流量小于 51000m³/s 时，若溪洛渡库水位小于 573.1m，水库按 25000m³/s 控泄。

（2）当预报 6h 后李庄流量小于 51000m³/s 时，当溪洛渡库水位大于 573.1m，水库以敞泄方式运行。

（3）当预报 6h 后李庄流量大于 51000m³/s 时，对宜宾主城区（两江汇合口处）进行削峰补偿调度，具体拦蓄量为 ΔV 计算如下：

李庄流量 $Q > 53000m³/s$：$\Delta V = 2 \times$（李庄超频洪峰 $- 51000m³/s$）。

李庄流量 $Q \in (51000m³/s, 53000m³/s)$：$\Delta V = 2000m³/s$。

（4）为兼顾兴利需要，对水库最小下泄流量要求如下：当入库流量 $Q < 10000m³/s$ 时，水库最小下泄流量 $Q_{min} \geq 2500m³/s$；当入库流量 $Q \geq 10000m³/s$ 时，水库最小下泄流量 $Q_{min} \geq 7500m³/s$。

（5）若溪洛渡水库水位小于 573.1m，取（1）、（3）中水库下泄流量最小值；若溪洛渡水库水位大于 573.1m，取（2）、（3）中水库下泄流量最小值。

4. 所需预留库容

溪洛渡水库在低水位时下泄能力较小，在下游宜宾不成灾的情况下，水库发生被动滞洪，为确保宜宾防洪安全，所需防洪库容总量较大，特别是在遭遇金沙江为主的洪水典型，如 1998 年洪水 560m 起调水位所需防洪库容达 28 亿 m³。但随着水库水位的抬升，滞洪量减少，因此，如扣除水库滞洪因素，从 580m 起调，要确保宜宾主城区防洪安全，所需防洪库容为 9.1 亿 m³。

4.2.1.2 溪洛渡、向家坝水库对泸州防洪调度

1. 基本情况

泸州市位于四川省东南川、渝、黔、滇接合部，东临重庆市、贵州省，南界贵州省、云南省，西连宜宾市、自贡市，北接重庆市、内江市，距省会成都市 267km。城市处于四川盆地南缘与云贵高原的过渡地带，地势北低南高，海拔 240～520m，合江县九层岩长江江面海拔 203m，为最低点，叙永县罗汉林羊子湾梁子主峰海拔 1902m，为最高点。泸州市北部为河谷、低中丘陵，平坝连片，为鱼米之乡；南部连接云贵高原，属大娄山北麓，为低山，河流深切，河谷陡峭，森林矿产资源丰富。

因地处长江、沱江交汇处，泸州境内河网密布，主要河流有：长江、沱江、赤水河、永宁河、濑溪河、龙溪河，皆属长江水系。影响城市防洪的主要江河有长江、沱江、永宁河。长江由西南向东北横贯市区，流经市区段 36.95km；沱江由西向东汇入长江，流经市区段长约 10km；永宁河由东南向西于安富镇汇入长江。

泸州市属亚热带湿润气候区，南部山区立体气候明显。气温较高，日照充足，雨量充沛，四季分明，无霜期长，温、光、水同季，季风气候明显，春秋季暖和，夏季炎热，冬季不太冷。但受四川盆地地形影响，泸州市夏季多雷雨，冬季多为连绵阴雨天气，多轻雾天气，而全年少有大风，多为 0～2m/s 的微风。

2. 防洪现状

参照《泸州市城市防洪预案（2006）》《泸州市防洪规划报告》，结合泸州城区防洪工程实际现状和四川省防汛抗旱指挥部川防指〔2004〕8 号文确定的泸州城区洪水量级划分的标准，城市防洪现状如下：

泸州将城区分为 7 个保护区，各区规划防洪标准具体为：中心半岛片区、高坝片区、蓝田片区防洪标准为 50 年一遇，小市片区、茜草片区、纳溪东片区、纳溪西片区防洪标准为 20 年一遇。

为减轻洪涝灾害，促进城市经济发展，泸州市多渠道筹资进行城市堤防建设。截至 2011 年年底，市区共建堤防 20.27km，总投资约 4 亿元，各县城建成防洪堤 17.08km，总投资约 2 亿元。泸州市城区防洪能力中心半岛为 10 年一遇，蓝田堤防为 20 年一遇，小市堤防达到 20 年一遇（达标），茜草张坝堤防为 20 年一遇（达标），纳溪长江堤防为 20 年一遇（达标），各县城堤防为 20 年一遇。

图 4.3 给出了泸州城区防洪工程建设现状与规划布局。

3. 对泸州防洪调度方式

综合考虑洪水传播时长与泸州洪水预报预见期长短两方面因素，本次研究认为上游水

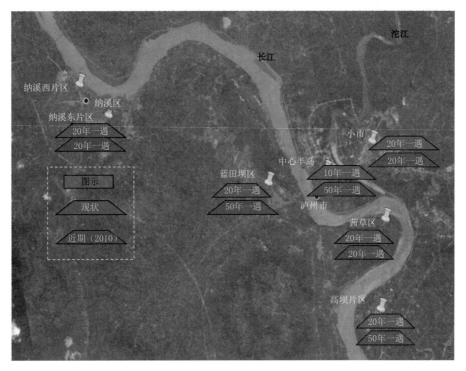

图4.3 泸州城区防洪工程建设现状与规划布局图

库对泸州实施补偿调度条件不理想，拟选用等蓄量的拦蓄方式进行调度，将泸州主城区从20年一遇整体提高至50年一遇，具体拦蓄方式为：

（1）当预报未来一天内朱沱洪峰将超过52600m³/s，上游水库按照6000m³/s和为宜宾防洪拦蓄流量之间最大值进行拦蓄。

（2）若宜宾发生超频洪水，而泸州未出现超频洪峰，则上游水库采取对宜宾防洪方式调度，按照宜宾防洪所确定的拦蓄方式进行拦蓄，当宜宾控制站李庄出现超过50年一遇洪峰值时，则不再对宜宾进行防洪。

（3）若朱沱出现超频洪峰，宜宾同时出现超频洪峰，则水库拦蓄流量取6000m³/s和为宜宾防洪拦蓄流量两者中最大值。

4. 所需预留库容

当川江上段发生大洪水，即李庄发生洪水或者洪水以金沙江干流洪水为主的典型，溪洛渡、向家坝水库拦蓄效果比较好，防洪库容在对宜宾防洪的同时，也可对泸州的洪峰进行削减，此部分防洪库容可共用；但遭遇李庄—朱沱区间来水较大的典型，则需要在为宜宾预留防洪库容的基础上额外增加5.5亿m³。

4.2.1.3 溪洛渡、向家坝水库对重庆防洪调度

1. 基本情况

重庆主城区位于长江上游三峡库区尾部，坐落在四川盆地东南部中梁山和真武山之间的丘陵地带，渝中区位于长江和嘉陵江的交汇处，三面临江，群山环抱，盘旋层叠，海拔168～400m，市政布局依山就势，城市建筑物依山傍水，参差错落，层层叠叠，具有独特

的山城和水城的风貌。

长江、嘉陵江把重庆主城区隔成三大片区，即半岛片区、江北片区、南岸片区。重庆主城区包括渝中区、江北区、南岸区、沙坪坝区、九龙坡区、大渡口区、巴南区、北碚区、渝北区共 9 区，面积 5473km²。

重庆境内地形由条状山脉和丘陵谷地组成，地貌上称为"平行岭谷"地形。由西向东，缙云山、中梁山、铜锣山、明月山等带状低山山脉自北向南平行延伸，海拔为 500～900m，其间分布着海拔 200～500m 比较宽阔的丘陵地带。长江和嘉陵江分别自西南、西北流入主城区，在朝天门汇合后向东出境，沿途横切低山、丘陵地带，形成峡谷，出峡谷后江面相对宽阔，出现沙洲或江心岛。

重庆境内江河纵横交错，主要河流有长江、嘉陵江、乌江、涪江、綦江、大宁河等。长江干流自西向东横贯全境，北有嘉陵江于渝中区汇入长江，南有乌江于涪陵区汇入长江，形成不对称的向心网状水系。流域面积 1000km² 以上河流在重庆市境内总长达 4869km，其中长江 690km，嘉陵江 153.8km，乌江 238km。

2. 防洪现状

《重庆市主城区城市防洪规划（2006—2020 年）》将主城 9 区防洪标准定为 100 年一遇，相对独立的乡镇 20 年一遇。主城区城市区（北碚区除外）防洪护岸工程按 50 年一遇建设，配合采取一批防洪非工程措施，以达到 100 年一遇的防洪标准；北碚区和其他相对独立的乡镇防洪护岸工程按 20 年一遇建设（按天然河道水位），见表 4.11。

表 4.11　　　　　　　　　　　重庆主城各区和防洪护岸工程防洪标准

城区	防 洪 标 准			达标情况 结合非工程措施
	城市或地区	长江、嘉陵江护岸工程	中小河流护岸工程	
渝中区	100 年一遇	50 年一遇	50 年一遇	未达标 长滨路 20 年一遇～50 年一遇
江北区	100 年一遇（20 年一遇）	50 年一遇	50 年一遇（20 年一遇）	已建城区已达标
南岸区	100 年一遇（20 年一遇）	50 年一遇	50 年一遇（20 年一遇）	未达标 南滨路 10 年一遇～20 年一遇
沙坪坝	100 年一遇（20 年一遇）	50 年一遇	50 年一遇（20 年一遇）	未达标 磁器口 10 年一遇
九龙坡	100 年一遇（20 年一遇）	50 年一遇	50 年一遇（20 年一遇）	已建城区已达标
大渡口	100 年一遇（20 年一遇）	50 年一遇	50 年一遇（20 年一遇）	已建城区已达标
渝北区	100 年一遇（20 年一遇）	50 年一遇	50 年一遇（20 年一遇）	已建城区已达标
巴南区	100 年一遇（20 年一遇）	50 年一遇	50 年一遇（20 年一遇）	已建城区已达标
北碚区	50 年一遇	20 年一遇	20 年一遇	已建城区已达标

注　括号中为相对独立的乡镇和农村地区防洪执行标准。

通过城市防洪护岸综合整治工程的不断建设，城市防洪能力逐步提高，但由于历史原因，较多地注重交通功能以及城市景观要求，对防洪问题考虑不够，导致部分堤段堤型结构不适宜，防洪标准低，局部堤段尚未达标，且现有防洪能力参差不齐，如南岸南滨路部分地段（石板坡长江大桥—弹子石河段）的防洪标准不足 20 年一遇；渝中区长滨路部分地段（菜园坝—朝天门河段）的防洪标准 10 年一遇～20 年一遇；沙坪坝区的磁器口段防洪标准为 10 年一遇；其余城区建成区通过工程措施，结合洪水预警预报、防洪调度指挥等非工程措施已达防洪标准。综上分析，目前重庆市主城区防洪能力整体达到 20 年一遇～50 年一遇洪水标准，主城各城区堤防分布见图 4.4。

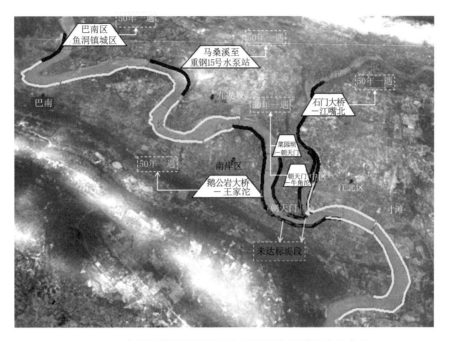

图 4.4　实施近期规划后重庆各城区堤防防洪标准示意图

3. 对重庆防洪调度方式

结合上游水库出库至寸滩的洪水演进时长，在寸滩洪水预见期内，提出在 36h 内寸滩出现超 2% 频率洪峰流量时为上游水库拦蓄启动时机。因等蓄量拦蓄方式所消耗库容较大，推荐补偿削峰方式，具体拦蓄方式如下：

（1）当预报 36h 内寸滩出现超 2% 频率洪峰流量时（以后将洪水样本中超过相应防洪控制站防洪标准的洪峰均简称为"超频洪峰"），水库开始启动拦蓄，拦蓄流量为 36h 后一日内预报超 2% 频率洪峰流量超过安全过流能力 83100m³/s 的 2 倍。

（2）在拦蓄流量确定后，保持持续拦蓄一日，并在下一日根据（1）中所叙拦蓄方式重新确定下一次拦蓄流量，循环操作完成整个防洪调度。

（3）若宜宾、泸州发生超频洪水，而重庆未出现超频洪峰，则上游水库按照相应区域防洪调度方式进行拦蓄，当上游宜宾、泸州出现超过 50 年一遇洪峰值时，则不再对上述两区域进行防洪。

（4）若重庆出现超频洪峰，宜宾和泸州也同时出现，则拦蓄量取三者中最大值。

4. 所需预留库容

按照规划，重庆市主城区（北碚区除外）防洪标准为 100 年，因距离上游水库较远、上游水库至控制点区间有较多大支流入汇、洪水地区组成复杂等因素，仅靠干流上游水库拦蓄无法确保将重庆市防洪标准在现有堤防 50 年一遇防洪能力的基础上提高至 100 年一遇。其中：除长江与嘉陵江洪水遭遇为主的典型洪水外，上游水库拦蓄可有效对重庆过境洪峰进行削减，确保重庆防洪标准达到 100 年一遇；而在遭遇以嘉陵江来水较大的典型洪水中，遇 100 年一遇洪水，最多使河道行洪水位降至 192.1m（大约 70 年一遇），此时需要上游水库动用防洪库容总计 29 亿 m³。另外，为确保重庆在遭遇 50 年一遇各种典型洪水组合的情况下，均可将寸滩的行洪水位降低至安全行洪水位 191.5m 以下，需要上游水库在为宜宾、泸州预留防洪库容的基础上，额外再增加 3.7 亿 m³。

4.2.1.4　溪洛渡和向家坝梯级对川渝河段协同防洪

溪洛渡、向家坝水库涉及川渝河段和长江中下游防洪的双重任务，如何协调两库防洪库容在两区域防洪调度中的投入比例，是兼顾上下游利益的根本。由于宜宾离上游水库最近，从实施补偿调度的条件上来讲，溪洛渡、向家坝应该确保宜宾市达到国家规定的城市防洪标准。泸州、重庆两市距离上游溪洛渡、向家坝水库较远，且区间有较大支流汇入，洪水组成比较复杂，且溪洛渡、向家坝梯级水库所控制的流域面积仅占重庆市流域面积的 51%～52%，区间面积大，溪洛渡、向家坝梯级水库对泸州、重庆有一定的防洪作用。

在上游溪洛渡、向家坝水库的拦蓄下，川渝河段沿岸各城市防洪安全基本可得到保障，但由于川渝河段距离较长，区间有大支流汇入，在遭遇以区间或支流为主的洪水类型时，仍存在防洪风险。表 4.12 给出了在遭遇不同地区组成洪水类型时，川渝河段城区防洪对上游水库预留防洪库容的需求。

表 4.12　　　　　　　　　川渝河段城区防洪对上游水库预留防洪库容的需求

洪水典型	预留防洪库容/亿 m³				备　注（典型年）
	宜宾	泸州	重庆		
	50 年一遇	50 年一遇	50 年一遇	100 年一遇	
全流域	9.1	9.1	10.0	20.7	1982 年、2012 年
干流来水为主	9.1	9.1	9.1	18	1966 年、1991 年
岷江来水为主	未解决	未解决	9.1	未解决	1961 年
沱江或宜—泸区间来水为主		14.6	14.6	29.6	1989 年
嘉陵江来水为主			18.3	未解决	1981 年、1982 年、1989 年、2010 年

由表 4.12 可知，防洪库容在以全流域或者干流来水为主的典型洪水中，共用空间较大；但在遭遇支流或区间来水较大的典型洪水中，为确保城市在遭遇各类洪水组合下的防洪安全，需要增大对上游水库防洪库容的需求。

在遭遇支流或区间来水较大的典型洪水中，为确保城市在遭遇各类洪水组合下的防洪安全，需要额外增加部分防洪库容，其中要确保宜宾城区达到 50 年一遇防洪标准，需要上游溪洛渡、向家坝水库预留防洪库容 9.1 亿 m³；要确保宜宾、泸州两地城区均达到 50 年一遇，需要预留 14.6 亿 m³。而对于重庆主城区，要想尽可能达到 100 年一遇防洪标准，除需要上游溪洛渡、向家坝水库拦蓄外，还需要嘉陵江流域水库配合拦蓄。

上游溪洛渡、向家坝水库在配合三峡水库为荆江防洪的同时也可分担重庆市防洪压力。基于这一考虑，上游水库为重庆预留防洪库容与为荆江地区预留防洪库容在本质上具有一致性，可在上游水库配合三峡水库为长江中下游防洪调度过程中统一考虑：溪洛渡、向家坝防洪库容 55.53 亿 m³，扣除为宜宾、泸州防洪预留的 14.6 亿 m³，配合三峡防洪和兼顾对重庆的防洪库容为 40.93 亿 m³。

虽然溪洛渡、向家坝水库距离较近，在对下游防洪对象的拦蓄效果上，几乎无差异，但毕竟是两个水库，实际调度中涉及如何操作的问题，因此，如何将上述所需预留的防洪库容在两库中分配以及运用，需要重点研究。

为对比两库不同拦蓄次序间防洪效果的差异，经研究拟定两种水库群拦蓄方式：①"溪洛渡拦蓄为主、向家坝拦蓄为补充"，简称"原方案"；②"以溪洛渡以滞洪拦蓄为主，向家坝主动拦蓄，待向家坝库容用完后，再启用溪洛渡主动拦蓄"，简称"比选方案"。以宜宾 50 年一遇洪水样本进行计算，调洪结果见表 4.13。同时，为清楚描述方案间不同调洪方式所需预留防洪库容在两库中的变化趋势，选取了 1966 年、1998 年、1991 年等典型洪水，绘制成趋势图，详见图 4.5～图 4.7。

表 4.13　　　　　　以宜宾 50 年一遇洪水为样本的溪洛渡、向家坝拦蓄次序方案比选

防洪库容单位：亿 m³

溪洛渡起调水位/m	1961 年典型洪水				1981 年典型洪水				1982 年典型洪水				2010 年典型洪水			
	原方案		比选方案		原方案		比选方案		原方案		比选方案		原方案		比选方案	
	溪洛渡	向家坝	溪洛渡	向家坝	溪洛渡	向家坝	溪洛渡	向家坝	溪洛渡	向家坝	溪洛渡	向家坝	溪洛渡	向家坝	溪洛渡	向家坝
560	4.2	0	0	4.2	14	0	13	5.4	17	0	17	0	6.3	0	1.5	6.3
570	4.2	0	0	4.2	6.2	0	4.9	5.4	6.8	0	6.8	0	6.3	0	0	6.3
580	4.2	0	0	4.2	5.4	0	0	5.4	1.3	0	1.3	0	6.3	0	0	6.3
590	4.2	0	0	4.2	5.4	0	0	5.4					6.3	0	0	6.3

溪洛渡起调水位/m	1966 年典型洪水				1991 年典型洪水				1998 年典型洪水				2012 年典型洪水			
	原方案		比选方案		原方案		比选方案		原方案		比选方案		原方案		比选方案	
	溪洛渡	向家坝	溪洛渡	向家坝	溪洛渡	向家坝	溪洛渡	向家坝	溪洛渡	向家坝	溪洛渡	向家坝	溪洛渡	向家坝	溪洛渡	向家坝
560	10	0	9.7	0.56	8.6	0	5.2	7.9	26	0	26	7.2	9.1	0	0.63	8.9
570	3.8	0	3.3	1.3	8.6	0	0.65	7.9	17	0	16	7.6	9.1	0	0	9
580	1.3	0	0	1.3	8.6	0	0	8.6	8.8	0	7.2	7.6	9.1	0	0	9
590	1.3	0	0	1.3	8.6	0	0	8.6	7.6	0	0.25	7.6	9.1	0	0	9

由表 4.13 和图 4.5～图 4.7 可知，以溪洛渡滞洪拦蓄为主，向家坝水库先运用的"比选方案"要确保宜宾 50 年一遇防洪标准，所需防洪库容总量大于推荐方案，但随着溪洛渡水库起调水位的抬升，"比选方案"所需防洪库容总量与分布呈以下规律：一是在总量上，逐渐减少，不断接近推荐方案计算值；二是在分布上，逐步向家坝水库偏移，直到溪洛渡水库完全不承

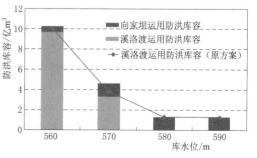

图 4.5　宜宾 50 年一遇 1996 年典型洪水

担防洪。

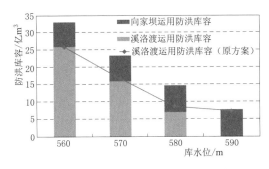
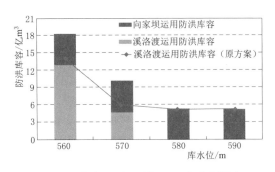

图 4.6　宜宾 50 年一遇 1998 年典型洪水　　　图 4.7　宜宾 50 年一遇 1981 年典型洪水

当溪洛渡水库起调水位在 570m 以下时，水库泄流能力小，水库被动滞洪，所耗防洪库容并没有用来拦蓄宜宾超频洪水；当溪洛渡水库上升至 570m 以后，在大多数典型年份（1998 年除外）溪洛渡水库的泄流能力虽然与向家坝水库不能匹配，但在历史所选典型洪水系列中，滞洪情况较少，从典型年频率洪水调洪所耗用防洪库容的角度来讲，当溪洛渡水库拦洪蓄至 570m 后，是继续运用溪洛渡水库拦洪，还是动用向家坝水库拦洪，已无明显差异。从调度操作的灵活性和简易性考虑，以及减少因溪洛渡水库拦蓄造成水库下泄流量巨大波动对向家坝库岸稳定的影响，建议先使用向家坝水库。

依据调洪成果，得到以下基本认识，可在溪洛渡、向家坝对川渝河段实时防洪调度参考：

（1）在对宜宾防洪调度需求分析中，提出溪洛渡水库在 573.1m 以下时为柏溪镇防洪，又因溪洛渡库水位在 570m 以上时，继续动用溪洛渡水库或换作运用向家坝水库在防洪效果与防洪库容耗用量方面几乎等效，因此为了简化调度规则，建议溪洛渡库水位在 573.1m 以下时，若川江河段发生洪灾，则优先启动溪洛渡水库进行拦蓄。

（2）当溪洛渡水库水位上升至 573.1m 以上时，若来水以金沙江为主，流量超过 28000m³/s，并呈上涨趋势，则继续动用溪洛渡水库拦蓄；若金沙江干流来水较小，低于 28000m³/s，则可维持溪洛渡水库出入库平衡，优先使用向家坝水库进行拦洪，当向家坝水库防洪库容用完后，再启用溪洛渡水库拦蓄。

（3）在洪峰过后，迅速将两水库水位降至汛限水位，因向家坝水库泄流能力较大，建议优先预泄，尽快腾空库容，以迎接下次洪峰；在实时调度中，若预报未来无大洪水，建议从兼顾兴利的角度，可先预泄溪洛渡水库，以维持向家坝水库高水位，对提高整个梯级发电水头有利。

4.2.2　上游水库配合溪向梯级水库协同防洪

4.2.2.1　雅砻江梯级配合对川渝河段防洪调度

雅砻江梯级水库距川渝河段主要防洪对象较远，仅距宜宾最近的二滩水库也有 42h 左右的洪水传播时间，考虑到川江洪水成灾历时较短，故雅砻江梯级水库对川江防洪调度采取拦蓄基流的方式。初步拟定当 $Q_入 < 8000m³/s$ 时，$Q_蓄$ 按 800m³/s 考虑；当 $Q_入 \geq 8000m³/s$ 时，$Q_蓄$ 按 1500m³/s 考虑。在调洪过程中要求满足发电约束条件，最小下泄流

量不小于锦屏一级和二滩水电站的装机满发对应的 2350m³/s 流量。

调洪结果表明，雅砻江梯级水库预留 25 亿 m³（锦屏一级 16 亿 m³，二滩 9 亿 m³）防洪库容，对不同频率洪水其投入使用的防洪库容均在 12 亿 m³ 以上，投入使用的概率较高，这主要与其按拦蓄基流的利用方式有关，以寸滩站水文特征值为判别条件的防洪补偿调度方式，雅砻江削峰效果较佳。以 100 年一遇洪水为例，考虑雅砻江梯级水库拦蓄后，多削减李庄站洪峰流量 269m³/s，多削减朱沱站洪峰流量 225m³/s，多削减寸滩站洪峰流量 432m³/s，洪水频率进一步降低。

4.2.2.2 岷江大渡河梯级配合对川渝河段防洪调度

考虑到泸州、重庆距离岷江河口较远，洪水演进过程经长距离河道坦化作用，瀑布沟水库对以上两处的削峰效果不如对宜宾市理想，故瀑布沟水库兼顾川江防洪调度对象主要为宜宾市。

以李庄为控制站，在屏山—李庄河段，根据金沙江与岷江洪水遭遇的特点，以及本河段发生的大洪水情况和宜宾市城市防洪的需要，选取了 1961 年、1966 年、1981 年、1991年、1998 年 5 个实测典型洪水过程。考虑到溪洛渡、向家坝梯级水库对宜宾防洪时除 1961 年典型（岷江来水较大）外，均可使宜宾防洪标准提高至 50 年一遇，因此重点针对1961 年典型洪水进行分析。

1. 1961 年典型洪水分析

李庄站 1961 年典型洪水主要以岷江洪水为主，金沙江屏山站来水较小且平稳，而岷江洪水以干流为主，支流大渡河瀑布沟入库洪水较小，且洪峰靠后（在李庄站次峰附近）。1961 年典型洪水，李庄站、屏山站、高场站、瀑布沟入库、沙坪站、沙湾站等控制断面50 年一遇洪水过程见图 4.8。

2. 本流域防洪调度方式

按可行性研究阶段（《四川省大渡河瀑布沟水电站可行性研究报告》）或专题研究阶段（《大渡河瀑布沟水库防洪调度方式研究》）调度方式，运用瀑布沟 836.2～841m 水位共 3.7 亿 m³ 防洪库容，对李庄站 1961 年典型 50 年一遇设计洪水进行调度，防洪效果见表 4.14。

表 4.14　　　瀑布沟水库按初步设计及专题研究阶段调度方式对宜宾防洪效果

典型洪水	洪峰流量 /(m³/s)	拦蓄后洪峰流量 /(m³/s)	削峰量 /(m³/s)	动用库容 /亿 m³	防洪调度方式 设计阶段
1961 年	53378	52065	1313	3.7	可行性研究
	53378	53272	106	0.12	专题研究

由表 4.14 可见，按可行性研究阶段或专题研究阶段防洪调度方式，瀑布沟水库对宜宾的防洪效果较差。按专题研究阶段防洪调度方式，瀑布沟拦蓄时段处于李庄洪峰后，很难起到对宜宾超额洪峰的削减效果；按可行性研究阶段防洪调度方式：瀑布沟入库流量大于 3000m³/s 时仅拦蓄超额流量的一半，拦蓄速率较低，对宜宾超额洪峰的削峰效果相对较差。因此，为改进瀑布沟水库对宜宾的防洪效果，需要加大水库的拦蓄速率。

3. 加大瀑布沟水库拦蓄速率

初步拟定当瀑布沟入库流量 $Q < 3000m³/s$，水库拦蓄速率为 1000m³/s；当瀑布沟入

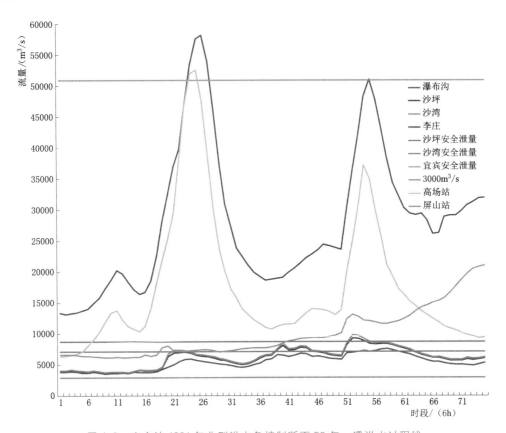

图 4.8 李庄站 1961 年典型洪水各控制断面 50 年一遇洪水过程线

库流量 $Q>3000\mathrm{m}^3/\mathrm{s}$ 时，除拦蓄超出部分的一半外，再增加拦蓄 $1000\mathrm{m}^3/\mathrm{s}$。为尽量减少对发电的影响，水库拦蓄期间保障最小下泄流量不小于 $1400\mathrm{m}^3/\mathrm{s}$。

由于瀑布沟坝址至李庄站洪流演进时间在 24h 左右，在李庄洪水有效预见期内，按照偏保守考虑，取 18h（相当于 3 个计算时段）李庄洪峰预报值作为瀑布沟水库拦蓄启动时机的判别条件。表 4.15 列举了李庄不同流量级别判别条件下瀑布沟水库对李庄的削峰效果。

表 4.15 李庄不同流量级别判别条件下瀑布沟水库对李庄的削峰效果（1961 年典型洪水）

李庄预报流量值/（m³/s）	35000	40000	45000	50000
削峰量/（m³/s）	2233	2233	2233	2230
削减李庄洪峰动用的瀑布沟防洪库容/亿 m³	3.7	2.9	2.9	2.0

从表 4.15 中可以看出，针对 1961 年典型洪水，随着瀑布沟水库启动拦蓄判别流量级的增加，瀑布沟水库动用防洪库容量呈减少趋势。考虑到预报的水平以及瀑布沟坝址至李庄站的演进时间，拟推荐李庄预报流量 $45000\mathrm{m}^3/\mathrm{s}$ 作为瀑布沟水库加大拦蓄启动时机，相应动用防洪库容为 2.9 亿 m³。可见，在大渡河瀑布沟水库的配合下，1961 年典型洪水李庄洪峰可进一步削减 $2233\mathrm{m}^3/\mathrm{s}$，相应洪峰值降低至 $51145\mathrm{m}^3/\mathrm{s}$，基本接近 20 年一遇洪峰值 $51000\mathrm{m}^3/\mathrm{s}$。

在上述拟定的拦蓄方式中，瀑布沟水库拦蓄量偏于保守，拦蓄量尚有提高空间。为了使宜宾市在考虑金沙江与大渡河梯级水库共同拦蓄作用后，确保达到 50 年一遇防洪标准，拟进一步增大瀑布沟水库拦蓄量，同时考虑到 1961 年典型洪水以岷江为主，故在改进的调度方式中，拟增大高流量级别的拦蓄量，即入库流量大于 3000m³/s 时，增大拦蓄量为 2000m³/s，维持其他不变。采用上述调度方式，并以李庄预报流量为 45000m³/s 作为瀑布沟水库兼顾川江防洪的增大拦蓄启动条件，对李庄 50 年一遇洪水的削峰成果。

表 4.16 改进后的瀑布沟水库对李庄的削峰成果

频率	典型年	李庄站天然洪峰值 /(m³/s)	考虑溪洛渡、向家坝拦蓄后洪峰值 /(m³/s)	进一步削峰值 /(m³/s)	李庄实际洪峰值 /(m³/s)	削减李庄洪峰动用的瀑布沟防洪库容/亿 m³
2%	1961	58300	53378	3152	50226	3.7

从表 4.16 可知，若在金沙江梯级水库对李庄防洪的基础上，再考虑瀑布沟水库对李庄洪峰的削减量 3152m³/s，则 1961 年李庄 50 年一遇洪水，洪峰值可削减至 50226m³/s，低于 20 年一遇洪峰值 51000m³/s，可确保宜宾达到 50 年一遇防洪标准，相应动用防洪库容 3.7 亿 m³。

4. 推荐调度方式

当预报李庄 18h 后的流量大于 45000m³/s 时，瀑布沟水库启动对宜宾拦蓄洪水，具体拦蓄方式为：若大渡河瀑布沟水库入库流量小于 3000m³/s，水库拦蓄速率为 1000m³/s；若大渡河瀑布沟水库入库流量大于 3000m³/s，在原有拦蓄超额流量一半的基础上，进一步增大拦蓄 2000m³/s；拦蓄期间水库最小下泄流量不小于 1400m³/s。

4.2.2.3 亭子口水库配合溪洛渡及向家坝对重庆的防洪调度方案

重庆市防洪受嘉陵江和金沙江干流来水的共同影响，根据溪洛渡、向家坝对重庆市防洪研究成果，当遭遇嘉陵江来水为主（1981 年、1982 年、1989 年、2010 年典型）时仅考虑溪洛渡、向家坝梯级水库参与防洪调度，可提高重庆市防洪标准为 70 年一遇，但未达到重庆市 100 年一遇的防洪目标。亭子口水库位于嘉陵江上游，为分析亭子口水库对嘉陵江洪水的控制作用，采用本次研究的亭子口水库优化防洪调度方式，对寸滩站 1981 年、1982 年及 2010 年三场典型 100 年一遇设计洪水开展调洪计算分析。

从亭子口坝址处到长江干流寸滩站，要经过金银台站、南充站、武胜站、北碚站等水文控制站。亭子口出库—金银台—南充—武胜—北碚站采用长办汇流系数法进行河段洪水演算；北碚站—寸滩站采用单位线法和马斯京根两种方法进行演算。

1. 按亭子口优化调度方式防洪效果

按照亭子口对南充进行防洪的防洪调度方式，针对 1981 年、1982 年、2010 年典型洪水进行防洪调度计算，具体成果见表 4.17。

由表 4.17 可见：通过亭子口拦蓄 1981 年典型 100 年一遇洪水，可将寸滩站 91700m³/s 流量削减至重庆市安全泄量 83100m³/s 以下；而 1982 年、2010 年典型均未起到削减北碚站洪峰流量的作用，进而无法进一步削减寸滩站洪峰流量。

表 4.17 溪洛渡、向家坝、亭子口三库对寸滩 100 年一遇洪水调节计算成果 单位：m^3/s

典型洪水年份	寸滩天然洪峰流量	寸滩最大流量（溪洛渡、向家坝，最小下泄流量大于等于2500m^3/s）	亭子口洪峰流量	亭子口最大拦蓄流量	削减北碚洪峰流量	寸滩最大流量（溪洛渡、向家坝、亭子口）	备注
1981	91700	85295	28402	20774	5853	80172	单位线法
						80430	马斯京根法
1982	91300	83089	2882	2882	0	83089	单位线法
						83089	马斯京根法
2010	91300	83472	24313	20190	0	83472	单位线法
						83472	马斯京根法

对于寸滩站 1982 年典型洪水，嘉陵江北碚洪水来源主要为亭子口以下区间，亭子口水库入库洪水未达到按优化调度方式拦蓄的启动条件，故对北碚站洪水没有起到削减作用。对于寸滩站 2010 年典型洪水，由于亭子口洪峰发生在北碚洪峰之后，在北碚需要亭子口拦蓄时，亭子口坝址入库洪水较小，未达到对南充进行防洪调度的拦蓄条件，也未起到对北碚站洪水的削减作用。因此，对于 1982 年、2010 年典型洪水，亭子口按对南充防洪调度方式运用，对重庆的防洪作用非常有限。

2. 亭子口水库结合预报条件下的防洪效果分析

嘉陵江洪水是长江上游洪水主要来源之一，从嘉陵江流域出口控制站北碚站分析，北碚站承嘉陵江、涪江、渠江汇入，其洪水有时是三江、有时是两江遭遇下泄形成，有时主要是一江洪水形成。对于重庆发生洪水而嘉陵江干流亭子口以上及亭子口—南充区间未发生洪水的典型（1982 年、2010 年典型），则可以结合预报，发挥亭子口水库的拦蓄作用。

亭子口水库为达到削减北碚洪峰流量的目的，进而达到控制进入长江干流洪水的效果，其采取的可能拦蓄方式为：在预报北碚流量可能大于 28000m^3/s 时，亭子口水库提前 48h 按保证出力发电（对应流量约为 300m^3/s）或按最小流量 120m^3/s 下泄。考虑到亭子口主动为重庆防洪后，可能遭遇本流域后续洪水导致对下游防洪对象防洪标准降低的问题，拟定在亭子口以上及南充未发生洪水时，动用不超过 2 亿 m^3 库容用于拦蓄基流，同时当北碚开始退水且流量小于 28000m^3/s 时，亭子口加大泄量至 3000m^3/s，直至库水位降至汛期限制水位 447m。

按上述调度方式，对 1982 年、2010 年典型进行防洪计算分析，亭子口水库对重庆的防洪效果见表 4.18。

由表 4.18 可见：在实际洪水调度中，对重庆发生洪水而嘉陵江干流亭子口以上及亭子口—南充区间未发生洪水的 1982 年、2010 年等典型洪水，亭子口水库可通过预报进行拦蓄洪水，均可将寸滩站 100 年一遇洪水削减至安全泄量 83100m^3/s 以下。

4.2.2.4 溪洛渡、向家坝、瀑布沟、亭子口对川渝河段联合防洪

重庆市防洪受嘉陵江和金沙江干流来水的共同影响。根据上游水库预留防洪库容大小，以及川渝河段各城区防洪对上游水库预留防洪库容需求，表 4.19 列出了在上游水库溪洛渡、向家坝、瀑布沟、亭子口等水库拦蓄作用下，各城区在遭遇不同地区组成洪水类型时，防洪标准的达标情况。

表 4.18　　　　　　亭子口特定条件下对重庆防洪效果分析　　　　　　单位：m³/s

典型洪水年份	寸滩天然流量	寸滩最大流量（溪洛渡、向家坝，最小下泄流量大于等于2500m³/s）	亭子口洪峰流量	亭子口拦蓄时泄量	削减北碚洪峰流量	寸滩最大流量（溪洛渡、向家坝、亭子口）	备注
1982	91300	83089	2882	120	1531	81685	单位线法
						81734	马斯京根法
				300	1367	81846	单位线法
						80651	马斯京根法
2010	91300	83472	24313	120	1129	82242	单位线法
						80988	马斯京根法
				300	998	82361	单位线法
						81219	马斯京根法

表 4.19　　　溪洛渡、向家坝、瀑布沟、亭子口对川渝河段联合防洪调度评价

洪水典型	宜宾	泸州	重庆		备注
	$P=2\%$	$P=2\%$	$P=2\%$	$P=1\%$	典型年
全流域	达标	达标	达标	达标	1982、2012
干流来水为主	达标	达标	达标	达标	1966、1991
岷江来水为主	达标	达标	达标	未达标	1961
沱江或宜—泸区间来水为主		达标	达标	达标	1989
嘉陵江来水为主			达标	达标	1981、1982、1989（未分析）、2010

（1）按照宜宾市现有整体防洪能力已达到 20 年一遇考虑，利用溪洛渡、向家坝、瀑布沟等水库拦蓄可使宜宾市达到 50 年一遇防洪标准。

（2）按照泸州市现有整体防洪能力已达到 20 年一遇考虑，利用溪洛渡、向家坝水库拦蓄可使泸州市达到 50 年一遇防洪标准。

（3）考虑到重庆洪水地区组成复杂，按目前重庆堤防标准已达到 50 年一遇，但在遭遇不同洪水组合类型时，城区仍然面临很大防洪压力，利用溪洛渡、向家坝水库拦蓄可确保重庆市达到 50 年一遇防洪标准；在遭遇除岷江来水以外的洪水类型时，利用溪洛渡、向家坝以及亭子口水库拦蓄洪水可使重庆市达到 100 年一遇防洪标准。

4.2.3　金沙江下游梯级配合三峡水库对长江中下游防洪

4.2.3.1　乌东德水库和白鹤滩水库

乌东德水库控制流域面积约 40.61 万 km²，预留防洪库容 24.4 亿 m³，将依据《长江流域防洪规划》"分期预留、逐步蓄水"的原则，本次研究过程中，乌东德水库以拦蓄基流的方式配合减少三峡水库入库洪量。

白鹤滩水库控制流域面积约 43.03 万 km²，预留防洪库容 75 亿 m³，仍然依据"分期预留、逐步蓄水"的原则，本次研究过程中，以拦蓄基流的方式配合减少三峡水库入库洪量。

4.2.3.2　溪洛渡和向家坝水库

溪洛渡、向家坝水库是长江流域防洪体系中的重要工程，肩负着川渝河段和配合三峡水库对长江中下游防洪的双重任务，两库防洪库容共计 55.53 亿 m^3。根据川渝河段防洪要求，结合近期研究成果，溪洛渡、向家坝水库应预留 14.6 亿 m^3 为本流域防洪，剩余 40.93 亿 m^3 用来配合三峡水库。

溪洛渡、向家坝水库控制金沙江流域面积 97%，占长江宜昌以上流域面积近一半，15d 洪量占宜昌的 32%，且流量过程较稳定，防洪库容约占三峡水库防洪库容的 1/4，对三峡水库入库洪水具有稳定的拦蓄效果，尤其是对降低三峡库区回水高程作用明显，增加了三峡水库对城陵矶地区防洪调度的调控能力和灵活性。

金沙江梯级水库配合三峡水库对长江中下游进行防洪调度，从补偿调度时间和补偿调度空间两方面考虑，防洪库容投入使用方式可分两种：一是在长江中下游遭遇洪灾需三峡水库拦蓄时，金沙江梯级水库同步拦蓄，通过减少三峡水库入库洪量来延长三峡水库对下游城陵矶的补偿时间，进而达到减少长江中下游分洪量的目的；二是利用金沙江梯级水库对三峡水库入库洪水进行适当的滞洪削峰，以降低三峡水库的回水水面线高程，尽可能避免回水淹没损失，同时荆江地区防洪标准也会得到进一步提高，为适当扩大三峡水库对城陵矶防洪补偿库容提供有利条件。

考虑到洪水经上游金沙江梯级水库调蓄，下泄至宜昌用 2d 左右，当上游水库与三峡水库同步拦蓄时，受下游成灾时段不连续性的影响，防洪库容利用效率不高。随着近年来水文预报技术的发展，目前长江上游 1～3d 预见期预报精度可满足三峡水库防洪调度的要求，结合预报技术，利用上游水库削峰，创造扩大三峡水库兼顾城陵矶防洪库容条件，无疑更能有效地增加长江中下游防洪效益，因此，重点研究第二种方式。

由于三峡坝址以上干支流众多，洪水遭遇与地区组成复杂，暴雨洪水主要来源于岷江、嘉陵江、屏山—寸滩区间、寸滩—宜昌区间等地区，因此对于出现某一频率洪水的时空分布也存在多种可能性，无法利用常规方法获取上游各干支流相应防洪控制站设计洪水过程。但考虑到金沙江以上地区来水比较稳定，是宜昌洪水的基础部分，故可结合各典型年洪水中金沙江洪水占宜昌的比重以及实测洪水过程流量量级分布规律，综合考虑长江中下游洪水成灾量级以及入库洪水对库区可能造成淹没损失的洪峰量级。

经多组控蓄方案计算比较，当三峡水库水位在对城陵矶防洪补偿控制水位及以上时，溪洛渡水库、向家坝水库按三峡水库 2d 预报来水流量，以分级拦蓄的方式配合三峡水库对长江中下游进行防洪补偿调度，具体拦蓄方式如下：

(1) 当预报 2d 后枝城流量将超过 56700 m^3/s，金沙江溪洛渡、向家坝梯级水库拦蓄速率为 2000 m^3/s。

(2) 当预报 2d 后枝城流量将超过 56700 m^3/s，三峡入库流量超过 55000 m^3/s，金沙江溪洛渡、向家坝梯级水库拦蓄速率为 4000 m^3/s。

(3) 当预报 2d 后枝城流量将超过 56700 m^3/s，三峡入库流量超过 60000 m^3/s 时，金沙江溪洛渡、向家坝梯级水库拦蓄速率为 6000 m^3/s。

(4) 当预报 2d 后枝城流量将超过 56700 m^3/s，三峡入库将达到 70000 m^3/s 以上时，金沙江溪洛渡、向家坝梯级水库拦蓄速率为 10000 m^3/s。

4.2.4 溪洛渡、向家坝水库拦蓄对三峡水库防洪调度方式的影响

溪洛渡、向家坝与三峡水库联合调度，增强了长江流域整体防洪能力。虽然溪洛渡、向家坝水库的稳定持续拦蓄，大大改变了三峡水库的入库洪水过程，但对于三峡水库而言，因防洪任务不变，故防洪调度方式不变，只是相应控制边界条件需进行相应调整。三峡水库防洪调度方式有两种：一种是对荆江防洪调度；另一种是对城陵矶防洪调度。因上游水库防洪库容设置的作用是为配合三峡水库减少中下游分洪损失，故从联合调度任务出发，重点探讨在考虑上游溪洛渡、向家坝水库拦蓄作用下，如何优化三峡水库对城陵矶防洪补偿调度方式。

三峡水库对城陵矶防洪调度方式主要是针对发生全流域洪水或下游型洪水情况实施，考虑上游溪洛渡、向家坝水库配合拦蓄洪水，可削减三峡入库洪峰和洪量，使三峡水库调洪时超过回水水面线的概率下降，荆江地区防洪标准进一步提高，对城陵矶防洪补偿库容的约束条件放松。而在确定三峡水库对城陵矶防洪补偿库容时，主要考虑两方面内容：一是库区移民及淹没影响；二是保证荆江地区达到 100 年一遇防洪标准。

4.2.4.1 对城陵矶补偿调度涉及的库区移民及淹没问题

三峡水库的移民标准为 20 年一遇洪水，移民线末端所在控制断面弹子田位于重庆市城区下游约 24km。由于三峡水库下游至城陵矶区间面积很大且洪水组成复杂，对应于宜昌 20 年一遇设计洪水情况，城陵矶地区是否有防洪需求以及要求的拦蓄量多少，也需要作进一步的研究。按比较极端的洪水发生组合情况考虑，即当对城陵矶防洪补偿调度所分配的防洪库容用完后，再遇到三峡坝址 20 年一遇洪水时，分析三峡水库回水水面线是否超过库区移民线。

初步拟定溪洛渡、向家坝梯级水库配合运用，三峡水库对城陵矶补偿调度控制水位从 156~162m，每隔 1m，分别结合上游水库的拦蓄方式，作相应的调洪演算与库区回水推算，结果见表 4.20。

表 4.20　　　　三峡水库不同起调水位遇坝址 5%频率设计洪水时回水成果

断面名称	距坝里程 /km	移民迁移线 高程/m	计算方案回水水位/m						
			156m 起调	157m 起调	158m 起调	159m 起调	160m 起调	161m 起调	162m 起调
令牌丘	507.86	177.0	174.5	174.8	175.2	175.5	175.8	176.2	176.6
石沱	514.41	177.0	175.8	176.0	176.3	176.6	176.9	177.3	177.6
周家院子	518.20	177.3	176.4	176.6	176.9	177.2	177.4	177.8	178.1
瓦罐	522.76	177.4	177.0	177.2	177.5	177.7	178.0	178.3	178.6
长寿县	527.00	177.6	177.6	177.8	178.0	178.3	178.5	178.8	179.1
杨家湾	544.70	180.3	179.9	180.0	180.2	180.4	180.6	180.9	181.1
木洞	565.70	183.5	182.8	182.9	183.1	183.2	183.4	183.6	183.8
温家沱	570.00	184.2	183.5	183.6	183.7	183.9	184.0	184.2	184.4
大塘坎	573.90	184.9	184.2	184.3	184.4	184.6	184.7	184.8	185.0
弹子田	579.60	186.0	185.3	185.4	185.5	185.6	185.8	185.9	186.1

由表 4.20 可知，考虑上游溪洛渡、向家坝水库拦蓄作用，三峡水库分别在 161m 及以下起调时，遇坝址 20 年一遇洪水，回水均于移民迁移线末端弹子田断面以内尖灭，即各方案回水末端位置不会超过三峡库区移民迁移线；而从 162m 以上起调时，遇坝址 20 年一遇洪水，回水末端将在控制断面弹子田以上尖灭。故从控制回水末端控制断面位置不超过设计阶段确定的弹子田断面分析，三峡水库库水位最高可抬升至 161m，此时上游水库需投入使用的防洪库容为 33.70 亿 m^3。

此外，随着三峡水库起调水位的抬高，在石沱—木洞区间共计近 50km 范围内，三峡水库库尾回水水面线将高于移民迁移线（161m 方案最高超出约 1.2m）。为了更加清楚地描述该段区域淹没的对象，经影像高程分析，回水水位下所覆盖的淹没地区为农田和部分零星散落村庄以及临时泊位，无重要淹没对象，见图 4.9～图 4.11。经与库区实地淹没调查指标对比，各控制水位下产生的具体淹没损失见表 4.21。

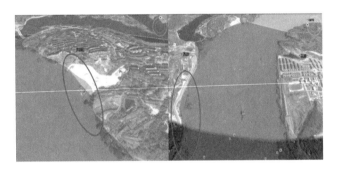

图 4.9　长寿地区淹没示意图

图 4.10　杨家湾地区淹没示意图

图 4.11　木洞地区淹没示意图

表 4.21　　三峡水库不同起调水位遇坝址 5% 频率设计洪水时回水淹没指标统计

分类			157m 起调	158m 起调	159m 起调	160m 起调	161m 起调
农村	总户数/户		23	48	96	226	>551
	总人口/人		81	171	335	794	>1931
	房屋面积/m²		2811	5974	12366	34325	>95775
淹没土地	面积/亩		1268	1733	5652	5775	>9966
城集镇	县城/个		1	1	1	2	>3
	集镇/个		1	1	2	5	>8
	总户数/户		16	16	64	99	>636
	总人口/人		64	64	187	309	>1974
	行政事业单位数量/个		5	5	5	10	>16
	房屋面积/m²		8530	9330	15113	29777	>186661
工业企业	企业数量/个		0	0	0	0	>5
	职工人数/人		0	0	0	0	>7424
	户口在厂职工人数/人		0	0	0	0	0
	占地面积/亩		0	0	0	0	0
	房屋面积/m²		0	0	0	0	>78125
专业项目	公路/km		0	0	0	0	>2
	桥梁	小计 数量/座	0	0	1	1	>5
		小计 长度/延米	0	0	45	45	>416
		桥面受影响 数量/座	0	0	1	1	>2
		桥面受影响 长度/延米	0	0	45	45	>76
		通航受影响 数量/座	0	0	0	0	0
		通航受影响 长度/延米	0	0	0	0	0
		其他受影响（如稳定性）数量/座	2	2	2	4	7
		其他受影响（如稳定性）长度/延米	50	50	50	100	>439
	码头/处		1	3	6	8	>29
	输变电工程设施 110kV 输电线/km		0	0	0	0	>2
	水电站 数量/座		1	2	2	2	>4
	水电站 装机容量/kW		6400	12800	12800	12800	>29963
	抽水站 数量/座		3	6	6	6	>6
	文物古迹/处		1	2	2	35	>59

　　从表 4.21 可以看出，三峡水库对城陵矶防洪控制水位在 157m、158m 时，人口、土地、房屋、桥梁淹没数量较少，但当三峡水库对城陵矶防洪控制水位抬升至 159m 及以上

时，淹没指标大幅增加。

4.2.4.2　对荆江地区 100 年一遇防洪标准影响分析

三峡工程建成后，可使荆江地区防洪标准由 10 年一遇提高到 100 年一遇。虽然上游建库后，流域对遭遇大洪水调蓄能力提高，但如果扩大对城陵矶防洪补偿库容，则三峡水库对荆江防洪补偿库容将减少。故在考虑上游溪洛渡、向家坝梯级水库配合三峡水库对荆江防洪调度中，选取 157m、158m、159m、160m、161m 等 5 个不同三峡水库对城陵矶防洪补偿控制水位，并作为计算起调水位，对坝址 100 年一遇洪水进行调洪，最高调洪水位见表 4.22。

表 4.22　　　　　　考虑溪洛渡、向家坝调度三峡水库遇 1% 频率设计洪水调洪成果

典型年	最高调洪水位/m				
	起调水位 157m	起调水位 158m	起调水位 159m	起调水位 160m	起调水位 161m
1954	168.2	169.0	169.8	170.2	170.9
1981	165.5	166.3	167.1	167.9	168.8
1982	170.1	171.0	171.5	172.1	172.9
1998	166.4	167.2	168.0	168.8	169.6

从表 4.22 可见，当起调水位在 158m（含 158m）以下时，三峡水库在遭遇各种典型 100 年一遇洪水时，对荆江河段进行防洪，对应最高调洪水位低于 171.0m；当起调水位在 159m 以上时，对 1982 年典型 100 年一遇洪水调洪，相应的最高调洪水位将超过 171.0m。

由于 1982 年典型洪水属于宜昌站来水较大的上游型洪水类型，在遭遇该类型洪水时，三峡水库在较低水位时将运用对荆江河段防洪调度方式，故水库的最高调洪水位将会得到一定控制。例如：三峡水库水位在达到 155m 后按荆江河段防洪调度方式运用，此时在溪洛渡、向家坝梯级水库的配合下，遇 1982 年典型 100 年一遇洪水，三峡水库最高调洪水位约 168.8m。

在三峡水库优化调度方案中，三峡水库对城陵矶补偿调度控制水位为 155m。以此控制水位 155m 作为起调水位，在三峡水库单独运用时，对三峡坝址 100 年一遇各典型设计洪水进行调洪计算分析，三峡水库最高调洪水位成果见表 4.23。

表 4.23　　　　三峡水库对城陵矶控制水位 155m 时遇 1% 频率洪水最高调洪水位

典型年	1954	1981	1982	1998
最高调洪水位/m	170.27	168.51	173.11	169.25

对比表 4.22 和表 4.23 可见，在遭遇 1982 年典型时，考虑上游溪洛渡、向家坝梯级水库的拦洪削峰作用，三峡水库坝址 100 年一遇洪水最高调洪水位均低于三峡水库优化调度方案成果。

从三峡水库回水水面线计算分析可知，三峡水库对城陵矶防洪补偿的控制水位抬高至 157~161m，将产生不同程度的回水淹没损失，特别是 159m 以上淹没损失将成倍增加，因此，将此部分防洪库容运用于对城陵矶防洪补偿，需要实施相应的工程防护措施或经济补偿措施。从保障荆江河段防洪安全方面分析，三峡水库对城陵矶防洪补偿的控制水位抬

高至 157～158m 时，遭遇各种典型 100 年一遇洪水，三峡水库最高调洪水位低于 171.0m。综合上述分析，推荐三峡水库对城陵矶防洪补偿控制水位为 158m。

4.3　岷江大渡河梯级防洪库容分配

依据《长江流域防洪规划》，大渡河干流梯级水库除了需要对本流域防洪外，还需兼顾川江与长江中下游防洪，因此从防洪调度对象的分布区域来讲可分三层：第一层是对本流域下游成昆铁路、沿江一带城镇及江心坝洲防洪调度；第二层是对配合长江干流水库对川江防洪调度；第三层是配合三峡水库对长江中下游进行防洪调度。考虑到水库防洪库容预留方式与水库防洪调度方式密切相关，故从研究的思路上，应先确定水库的防洪调度方式，然后再根据防洪标准与防洪效益确定需要预留的防洪库容大小。

4.3.1　对本河流防洪

根据瀑布沟水库下游防洪要求，防洪调度方式如下：

（1）根据乐山防洪指挥部的要求，当发生 20 年一遇及以下洪水时，若来水量大于 3000m³/s 时，超出部分泄一半，尽量控制福禄水文站最大流量不超过 6000m³/s，直至防洪高水位。

（2）考虑瀑布沟水库下游成昆铁路防洪要求，当洪水流量小于等于 100 年一遇洪峰流量 8230m³/s 和水库水位小于 850m 时，流量大于 5800m³/s 时按 5800m³/s 控制下泄；当洪水大于 100 年一遇洪峰流量时，控制坝前水位不变，一直到闸门全开；当水库水位大于 850m 时，水库按照敞泄方式运行以尽快降低水位确保大坝防洪安全；在退水段情况下，对于入库流量小于 6960m³/s（重现期为 20 年一遇），考虑深溪沟防洪影响，下泄流量按最大不超过 4980m³/s 控制。

在调洪过程中，当入库流量小于 9460m³/s（重现期为 500 年，$P=0.2\%$），机组参与泄洪，考虑机组安全，仅开四台机组正常引水发电，单机引用流量为 350m³/s；若入库流量大于 9460m³/s 时，机组不参与泄洪。

采用 1965 年 7 月和 1981 年 9 月洪水为典型推求的设计洪水过程进行调洪演算，在满足下游各防洪对象基本上满足防洪安全要求时，瀑布沟水库需预留 7.3 亿 m³ 防洪库容，对应汛期限制水位 841m，具体防洪效果如下：

（1）乐山市中区、沙湾区、峨边县以及沿江堤坝。当洪水主要来自瀑布沟坝址以上时，水库具有将下游沿江一带城镇及河心洲坝的防洪标准由不足 5 年一遇提高到 20 年一遇的作用。

（2）成昆铁路。100 年一遇洪水调洪演算成果表明，瀑布沟水库具有削减该洪峰流量的能力，可削减洪峰流量 2420m³/s。可将成昆铁路峨边县境内马嘶溪至沙坪一号洞出口段的铁路路基防洪标准，由目前不足 20 年一遇基本恢复到 100 年一遇。

4.3.2　配合三峡水库对长江中下游防洪

以上主要分析瀑布沟水库对水库下游成昆铁路沙坪段和乐山市城区的防洪调度方式，

主要是本河段的防洪调度方式,其中紫坪铺水库因下游金马河段防洪要求,防洪库容以本流域防洪安全为主;瀑布沟水库因本河段下游成昆铁路(峨边段)和岷江下游乐山市防洪,需为本流域预留 5 亿 m³ 防洪库容,剩余预留 6 亿 m³ 防洪库容,用于兼顾川江河段和配合三峡水库对长江中下游防洪。

根据长江中下游螺山站 10 场典型年洪水统计分析(图 4.12),在三峡水库兼顾城陵矶防洪调度历时内,大渡河瀑布沟水库坝址处入库流量量级多集中在中小流量级别,其中 $3000\sim5810\text{m}^3/\text{s}$ 占到 43.5%。

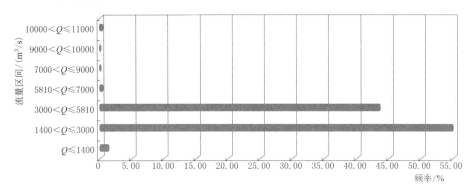

图 4.12 城陵矶成灾历时内瀑布沟洪水量级统计图

可见,瀑布沟水库按本流域防洪调度方式配合三峡水库对长江中下游防洪具备拦蓄基流的条件。考虑到川江洪水与长江中下游洪水的遭遇特性,瀑布沟水库防洪库容对川渝河段(特别是宜宾市防洪)与对长江中下游防洪在时间上可交替使用。

同时,双江口水库大坝位于四川省阿坝藏族羌族自治州阿坝县境内,水库控制流域面积约 3.93 万 km²。预留防洪库容 6.63 亿 m³,依据"分期预留、逐步蓄水"的原则,以拦蓄基流的方式配合减少三峡水库入库洪量。

为此,双江口与瀑布沟一起考虑,经过多种方案对比分析,采取与三峡水库同步拦蓄的方式,对长江中下游进行防洪调度,具体调度方式如下:

(1)拦蓄时机与三峡水库同步。

(2)当流量 $Q\leqslant3000\text{m}^3/\text{s}$ 时,拦蓄 $500\text{m}^3/\text{s}$;当流量 $3000\text{m}^3/\text{s}<Q<8230\text{m}^3/\text{s}$ 时,在拦蓄超过 $3000\text{m}^3/\text{s}$ 流量一半的基础上,再增加拦蓄 $1000\text{m}^3/\text{s}$;拦蓄过程中最小下泄流量不低于 $1400\text{m}^3/\text{s}$。

(3)在长江中下游成灾不连续段,瀑布沟水库按方式(2)保持持续拦蓄。

(4)当按上述方式拦蓄洪水,瀑布沟水库水位达到 841m 后,瀑布沟水库按对本流域防洪调度方式进行拦洪。

(5)预报长江中下游未来无大洪水发生,停止拦蓄。

4.4 嘉陵江中下游梯级防洪库容分配

嘉陵江流域,尤其是干流,沿江城镇密集,人口众多,工农业生产发达,是四川腹部经济较发达地区。但嘉陵江流域沿江的防洪能力差，与当地的经济发展极不协调。按照2008年国务院批复的《长江流域防洪规划》和2012年国务院批复的《长江流域综合规划（2012—2030年）》，嘉陵江中下游沿江城镇防洪以亭子口水库为骨干，对于苍溪—南充—武胜河段，通过亭子口水库调蓄，提高其防洪标准；对于武胜以下河段，则是削减洪峰流量。

嘉陵江流域主要防洪水库及沿江重点城镇示意见图4.13，各防洪对象控制条件见表4.24。

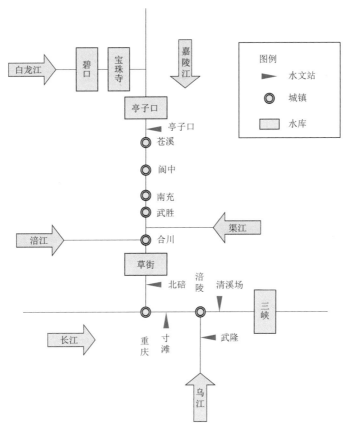

图4.13　嘉陵江流域水库和重点城镇示意图

表 4.24　　　　　　　嘉陵江中下游各防洪对象控制条件

防洪对象	苍溪	阆中	南充	武胜	合川
防洪标准	20年一遇	50年一遇	50年一遇	20年一遇	20年一遇
控制条件	21100m³/s	21100m³/s	25100m³/s	25100m³/s	28000m³/s

4.4.1　对本河流协同防洪

4.4.1.1　亭子口水库对苍溪、南充、武胜防洪调度

本次研究对设计阶段拟定的亭子口水库防洪调度方式进行了复核，同时结合预报对亭

子口水库防洪调度方式进行了优化。优化后亭子口水库防洪调度方式如下：

（1）当亭子口来水小于 10000m³/s 时，亭子口水库按防洪限制水位运行。

（2）当亭子口来水在 10000～18000m³/s 时，亭子口水库按 $Q_{泄}=10000$m³/s 控制下泄，以保护下游沿江乡镇和农田为目标。

（3）当亭子口来水大于 18000m³/s 时，采用"补偿调度"方式运用，以保护南充等城镇为目标。亭子口水库补偿下泄流量按下式控制：

$$Q_{亭泄}(t)=Q_{南安}(t)-k_1 \times [Q_{亭金区间}(t-1)+\Delta Q_{亭金区间}(t-1)]$$
$$-k_2 \times [Q_{金南区间}(t-1)+\Delta Q_{金南区间}(t-1)]$$

式中：t 为一场洪水过程的时段数，$t=1,2,\cdots,n$；$Q_{亭泄}(t)$ 为本时段亭子口水库泄流量；$Q_{南安}(t)$ 为下游防洪控制断面南充河道安全泄量，为 25100m³/s；k_1 为亭金区间流量扩大系数，取 1.15；k_2 为亭金区间流量扩大系数，取 1.25；$Q_{亭金区间}(t-1)$ 为上一时段亭子口到金银台区间流量；$\Delta Q_{亭金区间}(t-1)$ 为上一时段亭子口到金银台区间流量涨幅；$Q_{金南区间}(t-1)$ 为上一时段金银台到南充区间流量；$\Delta Q_{金南区间}(t-1)$ 为上一时段金银台到南充区间流量涨幅。

1）当依据水情预报分析，亭金区间 6h 后可能发生大洪水时，出库流量取补偿流量和 10000m³/s 的较小值。

2）当依据水情预报分析，亭金区间 6h 后区间来水涨幅超过 3000m³/s 时，亭子口按不超过机组满发流量泄流。

3）当南充洪水小于 50 年一遇时，控制亭子口库水位不超 458m；若南充洪水超过 50 年一遇时，控制亭子口库水位不超 461.3m；当亭子口库水位超过 461.3m 时，按保枢纽安全进行调度。

4）当长江中下游遭遇严重灾情洪水时，根据当时需要动用水库预留的非常运用防洪库容，采取临时措施。

（4）下游退水后，视水情适当加大水库泄量，使水库尽快消落至汛期限制水位，腾空防洪库容，以备下一次洪水的到来。

4.4.1.2　亭子口对合川区、北碚区防洪调度

一般情况下，亭子口水库对合川区、北碚区的防洪调度与亭子口水库对南充市的防洪调度方式相同。

对于北碚发生洪水而亭子口以上及亭子口—南充区间未发生洪水的情况，可以结合预报，在预报北碚流量可能大于 28000m³/s 时，亭子口水库提前 48h 按保证出力发电（对应流量约为 300m³/s）或按最小流量 120m³/s 下泄，以达到削减北碚洪峰流量的目的。

但按上述洪水调度方式，需考虑亭子口上游及亭子口—南充区间洪峰出现在北碚洪峰之后的恶劣情况，可能导致亭子口或南充发生洪水需要亭子口水库拦蓄时，亭子口水库防洪库容已用完的情况发生。由于亭子口水库 5 年一遇回水主汛期坝前水位为 449.8m（447m 至 449.8m 之间库容约为 2.4 亿 m³），故拟定在亭子口以上及南充未发生洪水时，动用不超过 2 亿 m³ 库容用于合川、北碚防洪，同时当北碚开始退水且流量小于 28000m³/s 时，亭子口加大泄量至 3000m³/s，直至库水位至 447m。

4.4.1.3　亭子口水库对南充市防洪调度

针对北碚站为控制点的整体设计洪水，亭子口水库采用对南充防洪方式进行调度，具体防洪效果为：

（1）从亭子口水库对 1956 年、1973 年、1981 年三种典型洪水防洪调度演算成果分析，对于不同典型、不同频率洪水，通过亭子口水库调蓄，均可以达到削减合川、北碚洪峰流量的作用。但由于北碚洪水遭遇复杂，组成多变，对于不同洪水典型，亭子口水库对北碚站的削峰效果各异。对于不同典型 100 年一遇洪水，通过亭子口水库调蓄，可分别削减北碚站洪峰流量 8920m³/s、8153m³/s 和 5853m³/s，分别占北碚站洪峰流量的 18.7%、15.0% 和 12.1%；对于不同典型 5 年一遇洪水，通过亭子口水库调蓄，可分别削减北碚站洪峰流量 3651m³/s、284m³/s 和 2680m³/s，分别占北碚站洪峰流量的 12.4%、0.8% 和 9.0%。

（2）对于 1973 年典型洪水，洪水主要来源于亭子口水库以下，故对于该典型 5 年一遇洪水，由于亭子口坝址以上来水较小，按照亭子口水库对南充的防洪调度方式，水库无洪水可拦。

（3）对于 1982 年典型洪水，北碚洪水来源主要为南充以下区间（1% 洪水亭子口入库洪峰流量为 2882m³/s，北碚洪峰流量为 47655m³/s），亭子口水库入库洪水未达到按其防洪调度方式拦蓄的启动条件，对北碚洪水没有削峰作用。对于 2010 年典型，由于亭子口洪峰发生在北碚洪峰之后，在北碚需要亭子口拦蓄时，亭子口入库洪水也未达到按其防洪调度方式拦蓄的启动条件，因此，亭子口水库按对南充调度方式调度，也起不到对北碚洪水削峰的作用。1982 年、2010 年典型年亭子口入库、北碚站流量过程示意图见图 4.14、图 4.15。

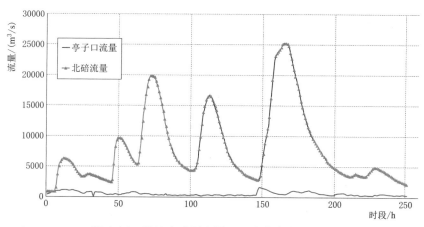

图 4.14　1982 年典型亭子口、北碚站洪水过程

4.4.2　嘉陵江中下游梯级配合三峡水库对长江中下游防洪

亭子口水库防洪任务为确保枢纽自身安全，在确保枢纽自身安全的前提下，适度承担嘉陵江中下游南充市的防洪任务，必要时，配合三峡水库承担长江中下游防洪任务。当长江中下游发生大洪水时，与长江上游水库群联合运用，减少汇入三峡水库的洪量，配合三峡水库分担长江中下游防洪任务。为长江中下游防洪调度时，一般情况下控制库水位不超

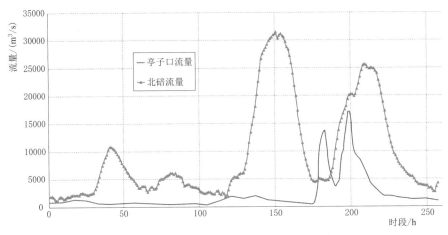

图 4.15　2010 年典型亭子口、北碚站洪水过程

过 458m；当长江中下游遭遇严重灾情洪水时，可动用水库非常运用库容，控制库水位不超过 461.3m。

4.4.2.1　防洪调度参数研究

1. 防洪调度比较方案拟定

通过上述长江中下游典型年洪水亭子口入库洪水特性分析，考虑到长江中下游洪水发生大洪水时亭子口入库洪水仅为一般洪水的遭遇关系，结合亭子口水库防洪库容有些年份是为本流域预留、有些年份是为长江中下游预留的特性，提出采取防洪与发电相结合的方式开展亭子口水库配合三峡水库对长江中下游防洪的调度方式研究。此外，为合理控制防洪调度风险，还拟定了根据三峡水库不同水位动态分配亭子口水库可以投入的防洪库容的比较方案，用于对比分析拦蓄效果。

2. 按对嘉陵江中下游城镇防洪调度方式参与对长江中下游防洪

根据亭子口对嘉陵江中下游沿江城镇的防洪调度方案，即当亭子口来水小于 $10000\text{m}^3/\text{s}$ 时，亭子口水库按来量下泄；当亭子口来水在 $10000\sim18000\text{m}^3/\text{s}$ 时，亭子口水库按 $Q_{泄}=10000\text{m}^3/\text{s}$ 控制下泄；当亭子口来水大于 $18000\text{m}^3/\text{s}$ 时，采用"补偿调度"方式运用。按此调度方式配合三峡水库对长江中下游防洪，通过对螺山站 8 场典型年长江中下游整体洪水防洪调度计算分析可见，亭子口水库防洪库容很难起到减少长江中下游超额洪量的作用，其原因在于亭子口水库按本流域防洪调度方式拦蓄洪水，仅在少数典型年动用防洪库容，而此时三峡水库已处于对荆江河段防洪补偿调度阶段；而且亭子口水库启动拦蓄的时段短，加之亭子口水库下泄至宜昌的洪水演进滞时长，预留的防洪库容很难发挥作用。

3. 优化方案

（1）优化方案一：按电站满发流量持续拦蓄洪水，兼顾发电兴利调度。由于螺山站 8 场典型年长江中下游洪水发生时亭子口入库洪水仅为一般洪水（不超过 5 年一遇，多数年份仅 2 年一遇），从服从长江中下游防洪需要、兼顾水库兴利发电角度出发，亭子口按电站满发流量进行控泄，拦蓄进入三峡水库的入库洪量。表 4.25 给出了亭子口水库按电站装机容量对应流量进行控泄后，长江流域遭遇不同频率不同典型洪水时减少的长江中下游超额洪量。表 4.26 给出了亭子口水库在整个防洪调度过程中防洪库容的使用情况。

表 4.25　　　　各典型洪水长江中下游超额洪量减少量（优化方案一）

洪水典型年	超额洪量减少量/亿 m³			洪水典型年	超额洪量减少量/亿 m³		
	$P=1\%$	$P=2\%$	$P=3.33\%$		$P=1\%$	$P=2\%$	$P=3.33\%$
1954	5.3	1.2	2.3	1988	0.0	4.5	2.5
1968	1.9	1.2	1.5	1996	0.8	0.7	0.6
1969	4.4	0.0	0.0	1998	7.2	1.1	0.6
1980	0.0	0.0	0.0	平均	2.5	1.1	0.9
1983	0.2	0.1	0.0				

表 4.26　　　　亭子口水库防洪库容使用量（优化方案一）

洪水典型年	防洪库容使用量/亿 m³			洪水典型年	防洪库容使用量/亿 m³		
	$P=1\%$	$P=2\%$	$P=3.33\%$		$P=1\%$	$P=2\%$	$P=3.33\%$
1954	10.6	10.6	10.6	1983	10.6	10.6	10.6
1968	10.6	10.6	10.6	1988	10.6	5.3	4.5
1969	4.8	3.7	3.0	1996	3.0	2.4	2.0
1980	10.6	10.6	10.6	1998	10.6	10.6	10.6

从表 4.25 可以看出，亭子口水库配合三峡水库对长江中下游防洪时，有些年份防洪库容利用程度有进一步提高的余地。考虑到 8 场典型年洪水城陵矶成灾历时内亭子口入库流量分布在 $300\text{m}^3/\text{s}$（保证出力相应流量）～$1730\text{m}^3/\text{s}$ 流量区间居多（比重约 78.8%），因此可通过进一步减小亭子口水库的控泄流量、增大水库拦蓄速率的方式，优化亭子口配合三峡的防洪调度方式。

（2）优化方案二：加大拦蓄速率，按保证出力相应流量控泄。在优化方案一的基础上，加大水库拦蓄洪水速率，亭子口水库按保证出力控泄拦蓄流量。这样会造成有效发电流量减小，电站发电效益受到一定影响。表 4.27 给出了优化方案二的调洪结果。

表 4.27　　　　各典型洪水长江中下游超额洪量减少量（优化方案二）

洪水典型年	超额洪量减少量/亿 m³			洪水典型年	超额洪量减少量/亿 m³		
	$P=1\%$	$P=2\%$	$P=3.33\%$		$P=1\%$	$P=2\%$	$P=3.33\%$
1954	5.8	1.0	0.5	1988	0.0	9.6	5.6
1968	8.2	6.1	8.1	1996	6.7	5.6	2.8
1969	10.5	6.9	8.3	1998	3.3	0.0	0.0
1980	0.0	0.0	0.0	平均	4.7	4.4	3.7
1983	3.5	5.5	4.6				

4. 各方案防洪效果分析

优化方案一在防洪调度过程中兼顾了发电效益，因此发电效益明显。优化方案二通过加大水库拦蓄量，达到增加水库拦洪效果；但由于控制出库流量值小于电站额定发电流量，发电效益受到一定损失。表 4.28 统计了亭子口水库在遭遇各频率洪水时各方案之间发电效益和防洪效益的差异。

表 4.28　　　　各方案效益较选

项　目	差值（方案一减去方案二）		
	$P=1\%$	$P=2\%$	$P=3.33\%$
发电量/(亿 kW·h)	0.9	1.0	1.0
分洪量/亿 m³	−2.2	−3.3	−2.8

与防洪效益增量相比，发电效益损失相对较小。从典型年洪水平均防洪效果来看，优化方案一及优化方案二防洪效果均较按本流域防洪调度方式参与中下游防洪效果好，尤其是优化方案二。但需要指出的是，优化方案二对 1954 年、1998 年典型的防洪效果较优化方案一略差，在亭子口水库配合三峡水库对长江中下游防洪过程中，可针对长江流域洪水类型选用防洪效果较好的调度方式。本阶段从兼顾防洪与兴利的角度出发推荐优化方案二。

5. 亭子口水库动用非常防洪库容防洪效果分析

嘉陵江亭子口水利枢纽初步设计报告中，亭子口水库在正常蓄水位 458m 以上设置了 3.8 亿 m³ 的非常运用防洪库容，并指出当长江中下游发生特大洪水或有紧急需要时，可动用亭子口水库预留的全部防洪库容。考虑到动用非常运用的防洪库容将临时淹没库区人口，前述方案中均只运用亭子口水库正常蓄水位以下 10.6 亿 m³ 的防洪库容。表 4.29 给出了亭子口采用优化方案二方式动用全部防洪库容后的防洪效果。

表 4.29　　　　动用全部防洪库容各典型洪水各频率长江中下游超额洪量减少量

洪水典型年	超额洪量减少量/亿 m³			洪水典型年	超额洪量减少量/亿 m³		
	$P=1\%$	$P=2\%$	$P=3.33\%$		$P=1\%$	$P=2\%$	$P=3.33\%$
1954	7.1	3.5	4.1	1988	0.0	13.5	9.5
1968	11.4	8.4	9.5	1996	6.7	7.7	4.0
1969	14.8	6.9	8.3	1998	6.4	0.0	0.0
1980	0.0	0.0	0.0	平均	6.4	5.8	5.0
1983	4.5	6.7	4.6				

4.4.2.2　投入运用时机分析

1. 比较方案拟订

亭子口水库防洪库容投入运用时机研究思路与研究金沙江中游梯级、雅砻江梯级等拦蓄时机思路一致。与金沙江中游梯级与雅砻江不同的是，亭子口水库具有双重防洪任务，既要承担本流域防洪任务，又要配合三峡水库对长江中下游的防洪任务。结合前述长江中下游 8 场典型年洪水亭子口入库洪水的特性，其防洪库容在时间上可为长江中下游防洪或嘉陵江中下游防洪交替运用。为协调亭子口水库针对多区域防洪的矛盾及风险，在长江流域洪水发生历时的不同阶段动态设置亭子口水库防洪库容的投入量，即根据三峡水库对长江中下游防洪时的不同水位拟定亭子口水库相应的防洪库容投入量。

防洪库容动态投入方案主要为了有效控制亭子口水库为长江中下游防洪占用部分防洪库容后可能给本流域沿江城镇防洪带来的风险。根据亭子口水利枢纽初步设计报告，亭子口水库库区 5 年一遇淹没回水线计算的坝前水位不超过 450m、流量不超过 14700m³/s，在该坝前水位下，亭子口水库库区淹没风险较小，在水库加泄 3000m³/s 的条件下一天内可预泄至汛期限制水位 447m，从而确保水库下游保护对象防洪安全。因此，以 450m 水位作为亭子口水库的防洪库容动态投入的控制水位（该部分库容在实际调度中可根据预见期和预见精度进行调整）。

方案一：三峡库水位在 145m，枝城洪水超过 56700m³/s 或城陵矶水位超过 34.4m，亭子口水库正常防洪库容可全部投入使用。

方案二：三峡库水位达到 155m，枝城洪水超过 56700m³/s 或城陵矶水位超过 34.4m，亭子口水库正常防洪库容可全部投入使用。

方案三：三峡库水位达到 158m，即三峡水库对城陵矶补偿库容 76.9 亿 m³ 用完时转入对荆江防洪调度，亭子口水库正常防洪库容可全部投入使用。

方案四：三峡库水位为 145～155m，枝城洪水超过 56700m³/s 或城陵矶水位超过 34.4m，亭子口水库可投入使用 447m 到 450m 之间的防洪库容（约 2.6 亿 m³）；三峡库水位 155～171m，亭子口可投入使用 450m 到 458m 之间的防洪库容（约 8 亿 m³）；三峡库水位 171～175m，亭子口可投入使用 458m 到 461.3m 之间的防洪库容（约 3.8 亿 m³）。

2. 防洪效果分析

根据螺山站 8 场典型年不同频率整体设计洪水，对两种投入运用方案进行调洪演算，8 场典型年整体洪水计算平均值情况见表 4.30。

表 4.30 水库防洪库容在各阶段投入对应防洪效益

投入阶段	三峡水库蓄水水量/亿 m³			减少长江中下游分洪量/亿 m³			亭子口水库蓄满率		
	$P=1\%$	$P=2\%$	$P=3.33\%$	$P=1\%$	$P=2\%$	$P=3.33\%$	$P=1\%$	$P=2\%$	$P=3.33\%$
方案一	140.5	108.0	91.1	4.7	4.4	3.7	1.0	1.0	1.0
方案二	139.3	106.0	90.0	4.9	3.3	2.8	1.0	1.0	0.96
方案三	139.2	105.9	89.8	5.1	2.6	2.4	1.0	0.96	0.80
方案四	139.5	106.8	90.2	4.8	4.2	3.5	1.0	1.0	1.0

通过对三峡水库不同调度阶段亭子口水库投入防洪库容及防洪效益进行分析，可知：

（1）方案一：亭子口水库防洪库容在三峡水库水位达到 145m 且对城陵矶防洪补偿调度阶段投入运用，对减少城陵矶附近分洪量效果最明显，且水库充蓄率较高。

（2）方案二：为方案一与方案三的居中方案，对减少城陵矶附近分洪量以及减少三峡水库的蓄水水量作用也处于方案一与方案三之间。

（3）方案三：亭子口水库防洪库容在三峡水库由对城陵矶防洪转为对荆江河段防洪时投入运用，对减少中下游分洪量的作用较其他方案差，但对减少三峡水库的蓄水水量作用相对较好。

（4）方案四：亭子口水库防洪库容在三峡水库对城陵矶防洪以及对荆江河段防洪进行分配，其防洪效果与方案一相差甚微。

综上所述，从尽可能减少长江中下游分洪压力并有效控制本流域防洪风险的角度考虑，本阶段推荐方案四，即根据三峡水库防洪状态确定亭子口水库防洪库容投入运用大小及时机。

4.4.2.3　配合调度方式

亭子口水库按对嘉陵江中下游城镇防洪调度方式参与对长江中下游防洪时，防洪库容很难起到减少长江中下游超额洪量的作用。其原因在于，当亭子口来水小于 $10000\,\mathrm{m^3/s}$ 时，亭子口水库按来量下泄；当亭子口来水 $10000\sim18000\,\mathrm{m^3/s}$ 时，亭子口水库按 $Q_{\mathrm{泄}}=10000\,\mathrm{m^3/s}$ 控制下泄；当亭子口来水大于 $18000\,\mathrm{m^3/s}$ 时，采用"补偿调度"方式运用。通过对长江中下游整体洪水防洪调度计算分析可见，亭子口水库仅在少数典型年动用防洪库容，而此时三峡水库已处于对荆江河段防洪补偿调度阶段；而且亭子口水库启动拦蓄的时段短，加之亭子口水库下泄至宜昌的洪水演进滞时长，预留的防洪库容很难发挥作用。为此，本阶段推荐亭子口水库按电站满发流量持续拦蓄洪水，兼顾发电兴利调度。

考虑到亭子口水库无专门库容对长江中下游防洪，为协调亭子口水库针对多区域防洪的矛盾及风险，在长江流域洪水发生历时的不同阶段动态设置亭子口水库防洪库容的投入量，即根据三峡水库对长江中下游防洪时的不同水位拟定亭子口水库相应的防洪库容投入量。具体投入时机为：三峡库水位 $145\sim155\mathrm{m}$，枝城洪水超过 $56700\,\mathrm{m^3/s}$ 或城陵矶水位超过 $34.4\mathrm{m}$，亭子口水库可投入使用 $447\mathrm{m}$ 和 $450\mathrm{m}$ 之间的防洪库容（约 2.6 亿 $\mathrm{m^3}$）；三峡库水位 $155\sim171\mathrm{m}$，亭子口水库可投入使用 $450\mathrm{m}$ 和 $458\mathrm{m}$ 之间的防洪库容（约 8 亿 $\mathrm{m^3}$）；三峡库水位 $171\sim175\mathrm{m}$，亭子口水库可投入使用 $458\mathrm{m}$ 和 $461.3\mathrm{m}$ 之间的防洪库容（约 3.8 亿 $\mathrm{m^3}$）。

4.5　乌江中下游梯级防洪库容分配

目前乌江流域已逐步形成以沿江主要城区防洪护岸整治为基础，乌江渡、构皮滩、思林、沙沱、彭水等梯级水库为主体，植树造林和预报转移等非工程措施相配套的总体防洪体系，流域各防护对象的抗洪能力已得到较大的提升。乌江中下流各防洪对象控制条件见表 4.31，干流梯级水库及沿江重点城镇示意见图 4.16。

表 4.31　　　　　　　　　　乌江中下游各防洪对象控制条件

防洪对象	思南县塘头粮产区	思南县主城区	沿河	彭水	武隆
防洪标准	5 年一遇	20 年一遇	20 年一遇	20 年一遇	20 年一遇
控制条件	$9320\,\mathrm{m^3/s}$	$376.39\mathrm{m}$	$312\mathrm{m}$	$19900\,\mathrm{m^3/s}$	$23700\,\mathrm{m^3/s}$

乌江流域纳入本次水库群联合调度范畴的有构皮滩、思林、沙沱、彭水水库，防洪库容分别为 4 亿 $\mathrm{m^3}$、1.84 亿 $\mathrm{m^3}$、2.09 亿 $\mathrm{m^3}$、2.32 亿 $\mathrm{m^3}$。根据流域规划安排，乌江中下游的防洪任务主要是提高思南县城防洪标准，减轻沿河、彭水、武隆等城镇的防洪压力，由构皮滩、思林、沙沱、彭水水库承担，除构皮滩水库预留 2 亿 $\mathrm{m^3}$ 外，无专门库容配合三峡水库对长江中下游防洪调度。

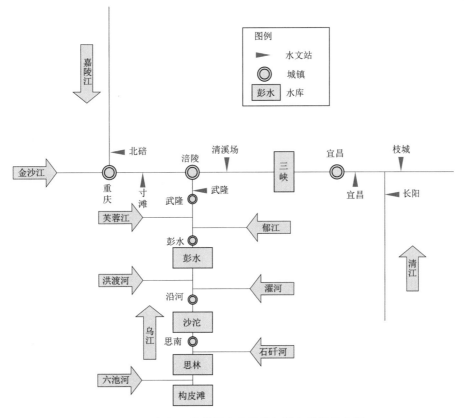

图 4.16　乌江干流梯级水库及沿江重点城镇示意图

4.5.1　对本河流协同防洪

4.5.1.1　构皮滩、思林水库对思南县防洪调度

设计阶段思南县城的防洪主要由思林水库承担，考虑到下游沙沱水库的回水顶托对防洪能力的影响以及思南县城目前的防洪现状，思南县城的防洪调度方式研究中拟定两种调度方案：①对设计阶段思林水库防洪调度方式进行复核；②考虑构皮滩水库与思林水库联合对思南县城防洪调度方案，其中构皮滩水库投入的防洪库容按 2 亿 m³ 和 4 亿 m³ 考虑。

考虑思南县城现状右岸堤防防洪能力仅为天然 10 年一遇，实际调度中，若按思林水库设计防洪调度的控制参数进行调度，则县城右岸区域会有较大的洪灾风险。考虑到上游构皮滩水库预留防洪库容 4 亿 m³，在长江中下游没有防洪需求时，具备配合思林水库对思南县城进行防洪调度的条件。按照构皮滩水库投入 2 亿 m³ 和 4 亿 m³ 两种方案，对思南县城 20 年一遇整体设计洪水进行防洪调度，具体成果见表 4.32。

由表 4.32 可见：①仅思林水库动用全部防洪库容可将 20 年一遇洪峰流量削减至 13295～13650m³/s；②考虑构皮滩投入 2 亿 m³ 防洪库容，可将 20 年一遇洪峰流量削减至 11808～12418m³/s；③考虑构皮滩投入 4 亿 m³ 防洪库容，可将 20 年一遇洪峰流量削减至 10680～11668m³/s。

表 4.32 上游梯级对思南县城防洪调度成果

计算方案	典型年	思林出库流量最大值 /(m³/s)	思林投入防洪库容 /亿 m³	构皮滩投入防洪库容 /亿 m³
仅思林	1963	13650	1.84	0
	1964	13295	1.84	0
	1991	13488	1.84	0
思林＋构皮滩 (2 亿 m³)	1963	11900	1.82	2
	1964	11808	1.82	2
	1991	12418	1.82	2
思林＋构皮滩 (4 亿 m³)	1963	10680	1.82	4
	1964	10976	1.82	4
	1991	11668	1.82	4

4.5.1.2 构皮滩、思林联合沙沱水库对沿河县防洪调度

考虑沿河县城新城区目前没有堤防保护,现实防洪能力偏低。为尽可能提高沿河县城的防洪能力以及近期实际防洪调度的需要,可考虑构皮滩水库参与沿河县防洪调度;考虑上游梯级对沿河县城防洪作用的计算成果见表 4.33。

表 4.33 考虑上游梯级对沿河县城防洪作用计算成果

计算方案	典型年	沙沱出库流量最大值/(m³/s)	沙沱最高水位/m
思林＋构皮滩 (2 亿 m³)	1963	13461	357
	1964	13300	357
	1991	14151	357
思林＋构皮滩 (4 亿 m³)	1963	12579	357
	1964	12125	357
	1991	13396	357

由表 4.33 可见,构皮滩投入 2 亿 m³ 防洪库容时,可将沿河县 20 年一遇洪峰流量削减至 13300~14151m³/s;构皮滩投入 4 亿 m³ 防洪库容时,可将沿河 20 年一遇洪峰流量削减至 12125~13396m³/s。

4.5.1.3 构皮滩、思林、沙沱、彭水对彭水、武隆防洪调度

考虑构皮滩投入 2 亿 m³ 和 4 亿 m³ 防洪库容,分析构皮滩、思林水库联合彭水水库对彭水、武隆防洪调度,具体成果见表 4.34。

表 4.34 考虑构皮滩、思林、沙沱削峰作用时彭水水库调洪成果

水库使用组合	典型年	构皮滩投入防洪库容/亿 m³	思林投入防洪库容/亿 m³	彭水投入防洪库容/亿 m³	彭水最大出库流量/(m³/s)
沙沱＋思林＋构皮滩 (2 亿 m³)	1963	2	1.83	0.61	15189
	1964	2	1.33	0.61	16091
	1991	2	1.83	0.61	16308

续表

水库使用组合	典型年	构皮滩投入防洪库容/亿 m³	思林投入防洪库容/亿 m³	彭水投入防洪库容/亿 m³	彭水最大出库流量/(m³/s)
沙沱＋思林＋构皮滩（4亿 m³）	1963	4	1.83	0.61	14843
	1964	4	1.33	0.61	14979
	1991	4	1.83	0.61	15578

由表 4.34 可见，构皮滩投入 2 亿 m³ 防洪库容，可将彭水县城 20 年一遇洪峰流量削减至 15189～16308m³/s；构皮滩 4 亿 m³ 防洪库容，可将彭水 20 年一遇洪峰流量削减至 14843～15578m³/s，略高于彭水县城现状防洪安全泄量 14400m³/s。

4.5.2 配合三峡水库对长江中下游防洪

4.5.2.1 乌江梯级参与长江中下游防洪

从协调本流域防洪与长江中下游防洪的关系考虑，考虑构皮滩水库配合三峡水库对长江中下游防洪调度。

4.5.2.2 构皮滩水库防洪调度方式拟定

鉴于乌江汛期起始和结束时间早于长江中下游，预留防洪库容对长江中下游防洪效果小于上游其他诸大支流，考虑到防洪与兴利结合，协调后期兴利蓄水与预留防洪库容的矛盾，构皮滩水库防洪库容投入使用时机应尽早为宜。本阶段拟定构皮滩水库汛期拦蓄时机与三峡水库同步，通过分析构皮滩与宜昌洪水遭遇过程，构皮滩水库入库洪水过程具有两方面特征：①构皮滩入库洪水过程与三峡水库入库洪水同步性规律不明显；②构皮滩水库洪水过程呈现陡涨陡落、洪峰尖瘦的特点。

综合以上两因素，考虑到构皮滩自身预留防洪库容仅 4 亿 m³，拟定构皮滩水库以拦蓄基流为主、适当兼顾对大流量级别洪水适度削峰的拦蓄方式。

4.5.2.3 构皮滩拦蓄方案

1. 方案一：同步拦蓄方案

在所选取的 10 场长江中下游典型洪水过程中，构皮滩水库洪水量级以中小洪水为主，3000m³/s 以下流量比重近 78%。针对这一特点，结合构皮滩水库的发电流量，初步拟定构皮滩水库拦蓄规则：当入库流量 Q<3000m³/s 时，构皮滩水库拦蓄速率为 1000m³/s；当入库流量 Q>3000m³/s 时，构皮滩水库拦蓄速率为 2000m³/s。

构皮滩水库与三峡水库同步拦蓄后，长江流域遭遇不同频率不同典型洪水时长江中下游的超额洪量减少量见表 4.35。对于 1931 年洪水典型，在三峡水库兼顾城陵矶防洪时段内，由于乌江洪水量级均小于 2000m³/s，故构皮滩水库无水可拦，基本无防洪效益。

构皮滩水库在整个防洪调度过程中防洪库容的使用情况见表 4.36。除 1931 年外，构皮滩水库防洪库容在其余各频率各典型年份基本用完，水库充蓄程度比较高。

表 4.35　　　　　　　构皮滩水库同步拦蓄方案下长江中下游超额洪量减少量

洪水典型年	超额洪量减少量/亿 m³			洪水典型年	超额洪量减少量/亿 m³		
	$P=1\%$	$P=2\%$	$P=3.33\%$		$P=1\%$	$P=2\%$	$P=3.33\%$
1931	0	0	0	1983	2.2	0.3	0.3
1935	4.0	2.9	3.3	1988	3.4	3.0	4.0
1954	3.7	1.7	1.3	1996	4.0	2.2	2.2
1968	3.1	3.7	2.8	1998	1.0	3.6	1.2
1969	3.7	2.0	1.2	平均	2.7	1.9	1.7
1980	1.4	0	0.7				

表 4.36　　　　　　　　　　构皮滩水库防洪库容使用量

洪水典型年	防洪库容使用量/亿 m³			洪水典型年	防洪库容使用量/亿 m³		
	$P=1\%$	$P=2\%$	$P=3.33\%$		$P=1\%$	$P=2\%$	$P=3.33\%$
1931	0	0	0	1980	4.0	4.0	2.9
1935	4.0	4.0	4.0	1983	4.0	4.0	4.0
1954	4.0	4.0	4.0	1988	4.0	4.0	4.0
1968	4.0	4.0	4.0	1996	4.0	4.0	4.0
1969	4.0	4.0	4.0	1998	4.0	4.0	4.0

2. 方案二：持续拦蓄方案

由于构皮滩水库洪水下泄至宜昌需要 1 天左右，洪水传播时间较短，水流传播滞时对长江中下游拦洪减灾的有效性影响不大，方案二在方案一的基础上对下游不成灾时段水库进行控泄，控制水库最大下泄流量为 $1900\text{m}^3/\text{s}$（相当于构皮滩水库的满发流量）。按照方案二进行防洪调度时构皮滩水库的防洪效果见表 4.37。通过表 4.37 与表 4.36 对比分析可以看出，考虑下游不成灾时段对水库进行拦蓄虽然会增加防洪库容的投入量，但整体防洪效果却下降。主要原因是前期无效拦蓄占用防洪库容过多，后期水库无法保持持续拦蓄，故而防洪效果下降。

表 4.37　　　　　　　　　构皮滩水库防洪效果（方案二）

洪水典型年	分洪量减少量/亿 m³			洪水典型年	分洪量减少量/亿 m³		
	$P=1\%$	$P=2\%$	$P=3.33\%$		$P=1\%$	$P=2\%$	$P=3.33\%$
1931	0	0	0	1983	1.4	0.1	0.1
1935	4.0	2.9	3.3	1988	3.2	2.6	2.7
1954	2.8	0.8	0.3	1996	4.0	1.7	1.7
1968	2.9	3.4	2.4	1998	1.0	2.6	1.0
1969	3.7	2.0	0.8	平均	2.4	1.6	1.3
1980	1.1	0	0.7				

3. 方案三：增加低流量级拦蓄速率方案

鉴于 1931 年洪水典型，水库无水可拦蓄的局面，本阶段研究比较减少水库最大下泄流量、增加水库拦蓄量的方案三，具体拦蓄方式为：当三峡水库拦蓄时段内，构皮滩入库流量 $Q<2000\mathrm{m^3/s}$，构皮滩水库拦蓄速率为 $1000\mathrm{m^3/s}$，入库流量 $Q>2000\mathrm{m^3/s}$，构皮滩水库拦蓄速率为 $2000\mathrm{m^3/s}$。兼顾发电的需要，拦蓄过程中构皮滩水电站的最小下泄流量为 $1000\mathrm{m^3/s}$。针对各典型不同频率洪水进行防洪效果计算，结果见表 4.38。

表 4.38　　　　　　　　　　　构皮滩水库防洪效果（方案三）

洪水典型年	分洪量减少量/亿 $\mathrm{m^3}$			洪水典型年	分洪量减少量/亿 $\mathrm{m^3}$		
	$P=1\%$	$P=2\%$	$P=3.33\%$		$P=1\%$	$P=2\%$	$P=3.33\%$
1931	0.9	0.7	0.5	1983	2.3	1.0	0.5
1935	4.0	2.9	3.4	1988	2.3	2.3	4.0
1954	3.5	1.6	0.6	1996	4.0	2.2	2.2
1968	3.3	2.9	2.2	1998	2.3	2.7	0.7
1969	3.7	3.0	0.5	平均	2.8	1.9	1.5
1980	1.4	0	0.7				

从表 4.38 可以看出，通过降低水库最大下泄流量，增加水库拦蓄量的方式，可增加个别洪水典型年份的防洪效益，但同时有些典型年份的无效拦蓄量增大，在有限的防洪库容限制下，个别年份的防洪效益下降。总体而言，对于 100 年一遇洪水典型，方案三构皮滩水库的防洪效益比方案一略微有所增加，而对于 50 年一遇、30 年一遇洪水拦洪效果较方案一降低。

4.5.2.4　方案比较

在遭遇长江中下游各频率典型洪水时，以方案一为基准，其余方案发电效益和防洪效益的相对增量见表 4.39。

方案二通过增加长江中下游不成灾时段的拦蓄，增强了水库拦蓄的连续性，但由于构皮滩下泄至宜昌时间较短，连续拦蓄将在下游成灾不连续时段内消耗部分库容，鉴于构皮滩库容非常有限，该种拦蓄方式防洪效果较方案一差，但发电效益不受影响。方案三通过加大拦蓄量，控制出库流量值小于电站额定发电流量，发电效益必然受到一定损失，且防洪效益相对于方案一增加不明显。综上考虑本阶段推荐方案一。

表 4.39　　　　　　　　　　　方案二、方案三与方案一效益比选

项　　目	对比方案	相　对　增　量		
		$P=1\%$	$P=2\%$	$P=3.33\%$
分洪量差值 /亿 $\mathrm{m^3}$	方案二相比方案一	−0.2	−0.3	−0.4
	方案三相比方案一	0.1	0.0	−0.2
发电量差值 /（亿 $\mathrm{kW \cdot h}$）	方案二相比方案一	0.0	0.0	0.0
	方案三相比方案一	−0.5	−0.6	−0.5

4.5.2.5 配合调度方式

以上分析了乌江梯级水库对思南、沿河、彭水、武隆等城镇的防洪任务。而对于构皮滩水库，当长江中下游发生大洪水时，拦蓄乌江来水，减少汇入三峡水库的洪量，其配合三峡水库对长江中下游防洪调度方式为：构皮滩水库防洪库容在三峡水库对城陵矶补偿阶段投入，与三峡水库同步拦蓄，减少汇入三峡水库的洪量。具体拦蓄方式为：当入库流量小于 3000m³/s 时，构皮滩水库拦蓄速率为 1000m³/s；入库流量大于 3000m³/s，构皮滩水库拦蓄速率为 2000m³/s。

4.6 本章小结

（1）防洪任务。水库群联合防洪调度时，应首先确保各枢纽工程自身安全；对兼有所在河流防洪和承担长江中下游防洪任务的水库，应协调好所在河流防洪与长江中下游防洪的关系，在满足所在河流防洪要求的前提条件下，根据需要承担长江中下游防洪任务；防洪调度应兼顾综合利用要求；结合水文气象预报，在确保防洪安全的前提下，合理利用水资源。

根据长江上游沿江城镇及长江中下游防洪需求，结合《长江流域综合规划》《长江流域防洪规划》《2020 年长江流域水工程联合调度运用计划》等文件，本次研究的长江上游干支流 30 座水库需承担的防洪任务和防洪库容预留时间见表 4.40。

表 4.40 长江上游干支流 30 座水库防洪任务表

河流、河段	梯级名称	防洪对象	防洪库容/亿 m³	预留时间
金沙江中游	梨园	长江中下游、川渝河段	1.73	7 月 1—31 日
	阿海		2.15	
	金安桥		1.58	
	龙开口		1.26	
	鲁地拉		5.64	
	观音岩		5.42	7 月 1 日—9 月 30 日
雅砻江	两河口	长江中下游、雅砻江下游、金沙江下游、川渝河段	20	7 月 1—31 日
	锦屏一级		16	
	二滩		9	
金沙江下游	乌东德	长江中下游、川渝河段宜宾、泸州、重庆	24.4	7 月 1—31 日
	白鹤滩		75	
	溪洛渡		46.5	7 月 1 日—8 月 31 日
	向家坝		9.03	
岷江大渡河	紫坪铺	水库下游金马河	1.67	6 月 1 日—9 月 30 日
	下尔呷	成昆铁路、水库下游城镇和重要河心洲、长江中下游、川渝河段		
	双江口		6.63	7 月 1—31 日
	瀑布沟		11/7.3	6 月 1 日—7 月 31 日/8 月 1 日—9 月 30 日

续表

河流、河段	梯级名称	防洪对象	防洪库容/亿 m³	预留时间
嘉陵江	碧口	水库下游沿岸	1.56	5 月 1 日—9 月 30 日
	宝珠寺	水库下游沿岸	2.8	7 月 1 日—9 月 30 日
	亭子口	嘉陵江中下游、长江中下游	14.4	6 月 21 日—8 月 31 日
	草街	重庆市	1.99	6 月 1 日—8 月 31 日
乌江	洪家渡			
	东风			
	乌江渡			
	构皮滩	乌江中下游、长江中下游	4/2	6 月 1 日—7 月 31 日/ 8 月 1 日—8 月 31 日
	思林	水库下游思南县城、长江中下游	1.84	6 月 1 日—8 月 31 日
	沙沱	水库下游思南县城、长江中下游	2.09	6 月 1 日—8 月 31 日
	彭水	水库下游彭水县城、长江中下游	2.32	5 月 21 日—8 月 31 日
长江	三峡	荆江河段、城陵矶地区	221.5	6 月 10 日—8 月 31 日以及 9 月 10 日控制水位 150~ 155m，9 月 10 日起蓄
	葛洲坝			

（2）防洪目标。长江上游水库群联合防洪调度的关键是协调好所在河流防洪与长江中下游防洪的关系，实现多区域协同防洪，既实现各水库防洪目标，又提高流域整体防洪效益。

川渝河段的宜宾市、泸州市防洪标准为 50 年一遇，重庆市主城区防洪标准为 100 年一遇以上；上游岷江、嘉陵江及乌江等支流防护对象，地级城市防洪标准为 50 年一遇，县级城镇防洪标准为 20 年一遇；荆江河段防洪标准为 100 年一遇，遇 1000 年一遇洪水或类似 1870 年洪水时，配合使用蓄滞洪区，保证荆江地区不发生毁灭性洪水灾害；城陵矶至湖口河段的防洪目标主要为尽量减少该地区的分洪量以及蓄滞洪区的使用概率。

（3）防洪库容分配。承担所在河流防洪和配合三峡水库承担长江中下游双重防洪任务的水库，为本河流预留防洪库容安排情况：

1）溪洛渡、向家坝水库分别为宜宾、泸州等城区预留防洪库容 14.6 亿 m³。

2）观音岩水库为攀枝花市城区预留防洪库容 2.53 亿 m³。

3）碧口、宝珠寺水库为枢纽自身防洪安全预留防洪库容 0.7 亿 m³、2.8 亿 m³；亭子口、草街水库分别为嘉陵江中下游沿江城镇预留防洪库容 14.4 亿 m³、1.99 亿 m³。

4）构皮滩、思林、沙沱、彭水等水库分别为乌江中下游沿江城镇分别预留防洪库容 2 亿 m³、1.84 亿 m³、2.09 亿 m³、2.32 亿 m³。

5）瀑布沟水库为下游河段预留防洪库容 5.0 亿 m³。

当长江中下游发生大洪水时，以沙市、城陵矶等防洪控制站水位为主要控制目标，三峡水库联合上中游水库群实施防洪补偿调度。当三峡水库拦蓄洪水时，上游水库群配合拦蓄洪水，减少三峡水库的入库洪量。

一般情况下，梨园、阿海、金安桥、龙开口、鲁地拉、观音岩、锦屏一级、二滩等水库实施与三峡水库同步拦蓄洪水的调度方式。溪洛渡、向家坝水库在留足川渝河段所需防洪库容前提下，采用削峰的方式配合三峡水库承担长江中下游防洪任务。瀑布沟、亭子口、构皮滩、思林、沙沱、彭水等水库当所在河流发生较大洪水时，结合所在河流防洪任务，实施防洪调度；当所在河流来水量不大且预报短时期内不会发生大洪水时，长江中下游需要防洪时，适当拦蓄来水，减少三峡水库入库洪量。

（4）针对长江流域防洪对象的多地性、异步性和多目标性，统筹长江干支流、上下游防洪关系，提出了大范围、长距离、多目标的水库群多区域防洪补偿调度技术。基于该技术，研究提出了针对本流域支流的防洪补偿调度方式，雅砻江—金沙江—岷江大渡河梯级对川渝河段的防洪补偿调度方式，可为上游水库群配合三峡水库对长江中下游地区防洪补偿调度方式提供重要技术依据。

面向多区域防洪的长江上游水库群协同调度

5.1 水库防洪调度方式

水库防洪调度是在确保水库安全的前提下，为使水库充分发挥其防洪效益而采用的运行控制方法。其主要任务是利用水库的防洪库容拦蓄洪水、削减洪峰，以减轻下游控制断面防洪压力，并最大限度地发挥水库的防洪效益。一般情况下，水库防洪任务主要包括：水库大坝自身的防洪安全；水库下游防护控制点的防洪任务要求；库区防洪安全。在研究水库防洪调度时，需要协调多方面的防洪任务。

因此，为充分发挥水库的防洪作用及确保水库安全，应当根据水库大坝自身的防洪安全和上下游防洪要求，并结合自然条件、洪水特性、工程情况、社会需求等因素和特点，拟定合理的防洪调度方式。常用的防洪调度方式包括固定泄量、等蓄量、防洪补偿等。

5.1.1 防洪调度方式

5.1.1.1 固定泄量调度方式

固定泄量调度方式是在来水标准不超过下游防洪标准时，按下游允许泄量或分级允许泄量泄水，判别来水已经超过下游防洪标准时，考虑大坝自身防洪安全以较大的固定泄量泄洪或实施敞泄。固定泄量调度方式适用于水库距防洪控制点很近、区间洪水较小的情况，此时防洪对象的洪水威胁基本取决于水库泄量。

当下游有不同重要性的防洪保护对象时，可采用分级控制泄量的调洪方式，通常可按"大水多放，小水少放"的原则拟定水库的分级控制泄量方式。对于不同重要性的防洪保护对象，当发生洪水的量级未超过次要防护对象的防洪标准洪水时，水库按第一级下泄控制流量；根据当前水情判断，当来水已超过次要防护对象的防洪标准时，水库改按第二级下泄控制流量下泄。在实际调度中，可根据需要设置多级控泄流量和调度条件，即

$$O = \begin{cases} q_1 & f_1(I,h) \\ \vdots & \vdots \\ q_n & f_n(I,h) \end{cases} \tag{5.1}$$

式中：O 为水库出库流量；q_n 为第 n 级下泄控制流量；$f_n(I,h)$ 为第 n 级下泄判断条件，通常根据库水位 h、入库流量 I 等拟定。

采用固定泄量的调度方式，对改变下泄流量的判别条件必须明确具体，判别条件可采用库水位、入库流量单独判别方式，也可采用库水位与入库流量双重判别方式。

5.1.1.2　等蓄量调度方式

等蓄量调度方式是根据防洪控制站已出现的水情，拟定水库拦蓄时机和等蓄流量，是我国水利水电工程防洪规划和实时调度中常用的水库调洪方式之一，尤其在下游防洪标准洪水对应的水库防洪库容推求和调度规则的拟定过程中应用较多。

等蓄量调度方式的基本原理是：当水库来水大于起蓄流量 Q_s 时，水库开始以等蓄流量蓄水 Q_{const}，直至洪水消落阶段流量不大于 Q_s 为止，以达到使下游防洪保护对象安全的目的。计算公式为

$$O = \begin{cases} Q_{const} & I \geqslant Q_s \\ I & I < Q_s \end{cases} \tag{5.2}$$

式中：当入库流量小于起蓄流量 Q_s 时按入库流量下泄。

选择起蓄流量 Q_s 时，可选用洪峰流量与防洪控制站相应防洪标准的流量 Q_{safe} 的差值，或者将下泄洪水过程和区间洪水过程分别演算至防洪控制站，然后合成叠加，通过试算，确定满足防洪要求的起蓄流量 Q_s 作为选定值。

与固定泄量调度方式相比，等蓄量调度方式具有两个不同特点：①防洪调度期间水库出流不固定，且与入库流量过程变化一致；②水库蓄水时段前后时刻的出库流量大于防洪补偿期间的出库流量，充分利用下游河道行洪能力。

5.1.1.3　补偿调度方式

补偿调度方式适用于水库距防洪控制点有一定距离、区间较大洪水的情况，能有效地利用水库防洪库容，取得较好的防洪效果。其基本原理是：当发生洪水时，区间来水大则水库少放水，区间来水少则水库多放水，控制水库下泄与区间来水的组合流量不超过防洪控制点的允许泄量。补偿调度公式为

$$O = Q_{safe} - I_q \tag{5.3}$$

式中：O 为水库出库流量；Q_{safe} 为防洪控制点的防洪标准相应流量；I_q 为水库至防洪控制断面的区间流量。

实施防洪补偿调度的前提条件包括：①水库泄流到达防洪控制点的传播时间不小于区间洪水集流时间或预报预见期，否则无法获得确定水库下泄流量所对应的区间流量信息；②对洪水预报精度具有较高要求，以确保防洪安全；③相应于下游防洪标准重现期的区间洪水流量，必须小于防洪控制点的允许流量，否则区间洪水就可对下游防洪造成威胁。同时，补偿调度方式要求按照区间来水情况控制水库下泄流量。

然而上述条件一般难以完全具备，在考虑补偿调度方式时不宜将条件设定得过于理想，而应留有一定的余地。

另外，补偿调度还可考虑分级调度，例如可规定水库水位在某一数值以下时，按较低的允许泄量补偿；当预报流量或水库水位超过某一数值，此时可不再考虑一些次要的防洪对象，改为按较高的允许泄量补偿。

需要说明的是，当水库至防洪控制点的区间集水面积较大，而区间洪水预报在预见期、预报精度等方面还达不到进行较完全的补偿调节要求时，可考虑一些经验性的补偿调

节方式，比如错峰调度方式、涨率调度方式等。

5.1.1.4 错峰调度方式

当下游区间面积较大，考虑到区间洪水预报方案误差，以及区间洪水峰值和峰现时刻的误差，可采用错峰调度这种近似于防洪补偿调度的方式。错峰调度方式是在区间洪峰流量可能出现的某一时间段，水库按减小的流量下泄，以避免出现区间洪水与水库下泄流量的组合流量超过防洪控制点的安全泄量。

采用错峰调度方式时必须合理确定错峰期的限泄流量及开始错峰与停止错峰的判断条件。当水库蓄水位已达到或超出水库的防洪高水位，水库已不具备继续错峰的能力，应立即终止错峰，水库的调洪方式应立即转为保证大坝安全的敞泄方式。此外，当区间洪峰已出现，且其洪水过程呈明显消落，可终止错峰调度。

5.1.1.5 涨率调度方式

涨率调度方式是根据水库至下游防洪控制点间的洪水大小与涨落率来决定水库泄流，比较适用于水库至防洪控制点区间面积很大、流程很长、洪水组成多变的情况，在防洪规划方案必选中经常采用。

涨率调度方式是根据已知发生的各种典型洪水情况，根据人工经验和专家决策，拟定一些调度规则，经过反复试算，找出比较有效的调度规则作为调度依据。

5.1.2 优化调度策略

水库防洪优化调度是在保障防洪目标的前提下，通过有效利用防洪库容、合理调蓄洪水，达到防洪调度效益最优。为此，在应用优化方法制定防洪调度方案时，为了达到最优的防洪效益，需要根据不同的防洪调度目标制定相应的最优防洪优化调度策略。常用的优化调度策略有最大削峰策略、最大剩余防洪库容策略、最短成灾历时策略、最小超额洪量策略等。

（1）最大削峰策略。通过水库合理调蓄洪水，最大限度地削减洪峰，保证水库的最大下泄流量最小。

（2）最大剩余防洪库容策略。在满足下游河段防洪控制断面安全要求的情况下，尽可能多地下泄洪水，使得水库剩余防洪库容最大，以保证对后续洪水的防洪能力。该策略也可称为最小防洪库容耗用策略、最大防洪安全策略。

（3）最短成灾历时策略。通过水库的控制调节，使下游防洪控制点的洪峰流量超过其安全泄量的时间尽量短，以减少下游防洪控制点的洪灾损失。

（4）最小超额洪量策略。当发生超过下游防洪标准的洪水时，以满足水库防洪安全为条件，通过水库的控制调节和蓄滞洪区配合运用，使得防洪控制点的分洪量最小。

以上是单一水库的防洪调度方式和优化调度策略，在水库防洪优化调度研究中根据水库特性、防洪需要、应用方便程度进行专门选取，或者基于上述调度策略进行必选和集成后，选择或构建更为合适的调度策略。

但是，随着流域水库群规模的扩大，水库群联合防洪调度成为必然。水库群联合防洪调度已成为实现流域防洪安全的有效技术手段，需要在现有水库防洪优化调度策略的基础上进行进一步研究和挖掘，提出水库群防洪优化调度策略，实现水库群防洪库容的优化分配，有效发挥防洪库容防洪能力。

5.2 水库群防洪优化调度策略

基于最大剩余防洪库容策略，在确保防洪安全的前提下，研究并提出了 5 种水库群防洪优化调度策略，实现水库群防洪库容优化分配。

5.2.1 剩余防洪库容最大策略

5.2.1.1 策略研究

在水库群联合防洪调度中，为避免水库后期入库流量较大，造成水库水位较高，进而导致其防洪风险较高的问题，调度过程中在满足下游防洪需求的基础上，水库应尽可能地减少防洪库容的使用，预留更多防洪库容。

从优化水库群剩余防洪库容的角度，考虑水库群防洪库容优化分配，提出了剩余防洪库容最大策略。该策略在满足下游共同防洪对象安全的前提下，在水库群联合防洪调度中，协调使用各水库的防洪库容，倾向于使用剩余防洪库容最大的水库拦蓄洪水。水库 i 在整个调度期的最小剩余防洪库容计算公式为

$$V_{i,\min} = \min_{t \in T}\{V_i^{\mathrm{des}} - V_{i,t}\} \tag{5.4}$$

式中：i 为水库序号；$V_{i,\min}$ 为水库 i 在调度期内最小剩余防洪库容；V_i^{des} 为水库 i 的设计防洪库容；t 为调度时段序号；$V_{i,t}$ 为水库 i 的 t 时刻的防洪库容投入量；T 为调度期时段总数。

5.2.1.2 模型构建

水库群联合防洪调度需考虑三个方面的防洪任务：①保障大坝自身的安全；②保障水库自身防洪对象的防洪安全；③保证水库群联合防洪对象的防洪安全。将以上防洪任务定量化表达建立数学模型，在目标函数中考虑防洪任务③，在约束条件中考虑防洪任务①和②。在满足防洪任务的前提下，以水库群剩余防洪库容最大为目标，结合其他约束条件，建立基于剩余防洪库容最大策略的水库群防洪库容优化分配模型。

1. 目标函数

目标 1：防洪控制站的超标洪量最小，其数学表达式为

$$\min W = \sum_{i \in \Gamma_1} \sum_{t=1}^{T} q_{i,t} \Delta t \tag{5.5}$$

式中：W 为防洪控制站洪水调度期的总超标洪量；Γ_1 为防洪控制站集合；t 为调度时段序号；T 为调度时段总数；$q_{i,t}$ 为防洪控制站 i 在 t 时段的超标流量；Δt 为调度时段。

目标 2：水库群剩余防洪库容最大，其数学表达式为

$$\max V = \min_{i \in \Gamma_2}\{\lambda_i V_{i,\min}\}, \lambda_i = \begin{cases} 1 & V_{i,\min} < V_i^{\mathrm{des}} \\ 0 & V_{i,\min} = V_i^{\mathrm{des}} \end{cases} \tag{5.6}$$

式中：V 为水库群在调度期内的最小剩余防洪库容；$V_{i,\min}$ 为水库 i 在调度期内的最小剩余防洪库容；λ_i 为水库 i 是否投入防洪库容系数；V_i^{des} 为水库 i 的设计防洪库容；Γ_2 为水库集合。

2. 约束条件

（1）水量平衡约束。水库水量平衡公式为

$$V_{i,t+1}=V_{i,t}+(Q_{i,t}^{\text{in}}-Q_{i,t}^{\text{out}})\times\Delta t \qquad i\in\Gamma_2,t\in[1,T-1] \tag{5.7}$$

$$Q_{i,t}^{\text{in}}=Q_{i,t}+Q_{i,t}^{\text{loc}} \qquad i\in\Gamma_2,t\in[1,T] \tag{5.8}$$

防洪控制站水量平衡公式为

$$Q_{i,t}^{\text{in}}=Q_{i,t}^{\text{out}}+q_{i,t} \qquad i\in\Gamma_1,t\in[1,T] \tag{5.9}$$

式中：$Q_{i,t}^{\text{in}}$ 为水库或防洪控制站 i 在 t 时段的总入库或入站流量；$Q_{i,t}^{\text{out}}$ 为水库或防洪控制站 i 在 t 时段的出库或出站流量；$Q_{i,t}^{\text{loc}}$ 为水库或防洪控制站 i 在 t 时段的区间流量；$Q_{i,t}$ 为水库或防洪控制站 i 在 t 时段来自上游的水库或控制站的入库或入站流量；$q_{i,t}$ 为防洪控制站 i 在 t 时段的超标流量（即分洪流量）。

（2）水库防洪库容约束：

$$0\leqslant V_{i,t}\leqslant V_i^{\text{des}} \qquad i\in\Gamma_2,t\in[1,T] \tag{5.10}$$

$$V_i^{\text{des}}=V_i^{\text{up}}-V_i^{\text{low}} \qquad i\in\Gamma_2,t\in[1,T] \tag{5.11}$$

式中：V_i^{low} 为水库 i 汛限水位对应的库容；V_i^{up} 为水库 i 防洪目标水位对应的库容。

（3）水库泄洪流量约束：

$$Q_{i,\min}^{\text{out}}\leqslant Q_{i,t}^{\text{out}}\leqslant Q_{i,\max}^{\text{out}} \qquad i\in\Gamma_2,t\in[1,T] \tag{5.12}$$

式中：$Q_{i,\min}^{\text{out}}$ 为水库 i 允许的最小泄洪流量；$Q_{i,\max}^{\text{out}}$ 为水库 i 允许的最大泄洪流量。

（4）水库泄流变幅约束：

$$X_{i,t}\leqslant X_{i,\max} \qquad i\in\Gamma_2,t\in[1,T-1] \tag{5.13}$$

$$X_{i,t}=|Q_{i,t+1}^{\text{out}}-Q_{i,t}^{\text{out}}| \qquad i\in\Gamma_2,t\in[1,T-1] \tag{5.14}$$

式中：$X_{i,t}$ 为水库 i 在 $t+1$ 时刻与 t 时刻的泄洪流量之差；$X_{i,\max}$ 为水库 i 允许的最大泄流变幅。

（5）河道洪水演进约束：

$$Q_{i,t}=c_0 I_{i-1,t}+c_1 I_{i-1,t-1}+c_2 Q_{i,t-1} \qquad i\in(\Gamma_1\bigcup\Gamma_2),t\in[2,T] \tag{5.15}$$

式中：$I_{i-1,t}$ 为水库或防洪控制站 i 上游连接的水库或防洪控制站在 t 时刻的出库或出站流量；$I_{i-1,t-1}$ 为水库或防洪控制站 i 上游连接的水库或防洪控制站在 $t-1$ 时刻的出库或出站流量；$Q_{i,t-1}$ 为水库或防洪控制站 i 在 $t-1$ 时刻来自上游水库或防洪控制站的入库或入站流量，不包括区间流量；c_0、c_1、c_2 为马斯京根模型参数。

（6）控制站安全过流流量约束：

$$Q_{i,t}^{\text{out}}\leqslant q_{i,\text{safe}} \qquad i\in\Gamma_1 \tag{5.16}$$

式中：$q_{i,\text{safe}}$ 为防洪控制站 i 的安全过流流量。

3. 求解方法

对于水库群防洪库容优化分配模型的求解，可将每个时段各水库和防洪控制站的下泄流量看成一个独立的决策变量，在水库和控制站数量不多的情况下用动态规划的方法或优化算法求解。但随着水库和防洪控制站数量增加，以及其他约束条件的加入，问题规模将成倍数增加，用动态规划等算法求解，很容易产生"维数灾"问题。线性规划是运筹学的一个重要分支，在工程中应用广泛，特别是在计算机能处理成千上万个约束条件和决策变量的线性规划问题后，单纯形法的适用领域更广泛了。对于求解该水库群防洪库容优化分配模型，单纯形法是适用的，求解思路分为以下两步。

（1）转化为标准形式。线性规划问题有各种不同的形式，目标函数包括最大值函数和最小值函数；约束条件可以是"≤"，也可以是"≥"形式的不等式，还可以是等式。决策变量一般是非负约束，但也允许在（−∞，+∞）范围内取值，即无约束。采用线性规划求解时，需首先将模型的优化问题转化为以下的标准形式：

$$\min z = \sum_{j=1}^{n} c_j x_j$$

$$\begin{cases} \sum_{j=1}^{n} a_{i,j} x_j = b_i & i = 1,2,\cdots,m \\ x_j \geqslant 0 & j = 1,2,\cdots,m \end{cases} \quad (5.17)$$

针对模型中目标函数和约束条件的特点，首先需要将其转化为线性规划的标准形式。约束条件除水库泄流变幅约束需要转化为标准形式外，其余约束条件均为标准形式。泄洪流量变幅约束可以转化为以下标准形式：

$$\begin{cases} Q_{i,t+1}^{\text{out}} - Q_{i,t}^{\text{out}} \leqslant X_{i,\max} \\ Q_{i,t}^{\text{out}} - Q_{i,t+1}^{\text{out}} \leqslant X_{i,\max} \end{cases} \quad (5.18)$$

（2）模型求解步骤。线性优化问题的所有可行解构成的集合是凸集，也可能为无界域，它们有有限个顶点，线性优化问题的每个基可行解对应可行域的一个顶点；若线性优化问题有最优解，必在某顶点上得到。采用单纯形方法求解该模型的具体步骤如下。

步骤 1：找出初始可行基，确定初始基可行解，建立初始单纯形表。

步骤 2：检验各非基变量 x_j 的检验数，即

$$\sigma_j = c_j - \sum_{i=1}^{m} c_i a_{ij} \quad (5.19)$$

若 $\sigma_j \leqslant 0$，$j = m+1,\cdots,n$，则已得到最优解，停止计算。否则转入下一步。

步骤 3：在 $\sigma_j \leqslant 0$，$j = m+1,\cdots,n$ 中，若有某个 σ_k 对应 x_k 的比例向量 $P_k \leqslant 0$，则此问题无界，停止计算。否则，转入下一步。

步骤 4：根据 $\max(\sigma_j > 0) = \sigma_k$，确定 x_k 为换入变量，按 θ 规则计算，即

$$\theta = \min\left(\frac{b_i}{a_{ik}} \mid a_{ik} > 0\right) = \frac{b_l}{a_{lk}} \quad (5.20)$$

确定 x_l 为换出变量，转入下一步。

步骤 5：以 a_{lk} 为主元素进行迭代，用高斯消去法把 x_k 所对应的比例向量消去。

步骤 6：将基变量中的 x_l 换为 x_k，得到新单纯形表。重复步骤 2～步骤 5，直到终止。

5.2.1.3　模型应用与分析

以 1998 年 100 年一遇设计洪水为例，利用基于剩余防洪库容最大策略的水库群防洪库容优化分配模型，对锦屏一级、二滩、溪洛渡、向家坝和三峡水库构成的梯级水库群进行防洪优化调度，共同保证枝城站防洪安全。

1. 模型应用

水库群优化调度后，枝城站的洪水过程见图 5.1，枝城站的过流流量不超过其安全流量 $56700\text{m}^3/\text{s}$，枝城站洪峰削减率达 21.13%，超标洪量削减率达 100%。可见，利用基

于剩余防洪库容最大策略的水库群防洪库容优化分配模型，对锦屏一级、二滩、溪洛渡、向家坝和三峡水库进行联合防洪优化调度，能保证枝城站的防洪安全。

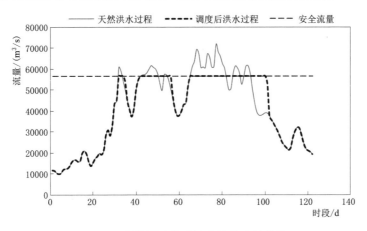

图 5.1　优化调度前后枝城站洪水过程线

优化调度后锦屏一级、二滩、溪洛渡、向家坝和三峡水库的防洪库容利用情况见表 5.1。

表 5.1　　　　　　　　各水库防洪库容利用情况

水　库	锦屏一级	二滩	溪洛渡	向家坝	三峡	总计
防洪库容使用量/亿 m³	0	0	0	0	106.80	106.80
防洪库容使用比例/%	0	0	0	0	57.57	40.18

可见，5 座水库共使用 106.80 亿 m³ 的防洪库容，且均为三峡水库使用，其他 4 座水库的防洪库容未使用。由于 5 座水库中三峡水库的设计防洪库容最大，因此，优化调度中优先使用三峡水库的防洪库容拦蓄洪水。优化调度后三峡水库的剩余防洪库容为 79.13 亿 m³，大于锦屏一级、二滩、溪洛渡、向家坝水库的设计防洪库容，所以优化调度后这 4 座水库的防洪库容未使用，符合剩余防洪库容最大策略要求。

2. 模型分析

在调度过程中，以各水库剩余防洪库容尽可能一致为优化准则，优先使用剩余防洪库容最大的水库拦蓄洪水。当参与联合防洪调度的各水库之间的防洪库容存在较大差异时，该模型会造成防洪库容较大的水库使用大量防洪库容。因此，该模型适用于防洪库容相差不大的水库群。

5.2.2　变权重剩余防洪库容最大策略

5.2.2.1　策略研究

剩余防洪库容最大策略能够优化水库群整体的剩余防洪库容，以平衡使用各水库的防洪库容，但当水库的设计防洪库容相差很大时，相同的防洪库容投入量对设计防洪库容较大水库和设计防洪库容较小水库的影响程度不同。为解决此问题，在优化调度过程中，可对每个水库设置一个剩余防洪库容权重，根据该权重大小，控制各水库拦蓄洪水的顺序。

因此，在剩余防洪库容最大策略的基础上，增加水库剩余防洪库容权重，提出变权重剩余防洪库容最大策略。

变权重剩余防洪库容最大策略在满足水库群下游共同防洪对象安全的前提下，综合考虑水库区间来水、水库设计防洪库容、水库地理位置等因素，设置水库剩余防洪库容权重，以协调使用各水库防洪库容。在变权重剩余防洪库容最大策略中，水库剩余防洪库容权重随调度时段变化的，且优先使用剩余防洪库容权重较小水库的防洪库容拦蓄洪水。

综合考虑水库区间洪水、水库设计防洪库容、水库与共同防洪对象之间距离等因素，定义水库系数 $\alpha_{k,t}$，其数学表达式为

$$\alpha_{k,t} = \frac{Q_{k,t}^{\mathrm{loc}}}{V_k^{\mathrm{des}} \cdot L_k} \tag{5.21}$$

式中：$Q_{k,t}^{\mathrm{loc}}$ 为水库 k 在 t 时段的区间流量；V_k^{des} 为水库 k 的设计防洪库容；L_k 为水库 k 至水库群下游共同防洪对象的距离。

将各水库系数归一化后，得到水库剩余防洪库容权重 $w_{i,t}$，其数学表达式为

$$w_{i,t} = \frac{\alpha_{i,t}}{\sum_{k=1}^{N} \alpha_{k,t}} \tag{5.22}$$

式中：$\alpha_{k,t}$ 为水库 k 在 t 时段的水库系数；N 为水库个数。

5.2.2.2 模型构建

以水库群变权重剩余防洪库容最大为目标，并结合水库和防洪控制站的其他约束条件，建立基于变权重剩余防洪库容最大策略的水库群防洪库容优化分配模型。

1. 目标函数

目标 1：防洪控制站超标洪量最小，其数学表达式为

$$\min W = \sum_{i \in \Gamma_1} \sum_{t=1}^{T} q_{i,t} \Delta t \tag{5.23}$$

式中：W 为防洪控制站洪水调度期的总超标洪量；Γ_1 为防洪控制站集合；t 为调度时段序号；T 为调度时段总数；$q_{i,t}$ 为防洪控制站 i 在 t 时段的超标流量；Δt 为调度时段。

目标 2：水库变权重剩余防洪库容最小，其数学表达式为

$$\max V = \sum_{t=1}^{T} \sum_{i=1}^{N} w_{i,t} (V_i^{\mathrm{des}} - V_{i,t}) \tag{5.24}$$

式中：V 为水库群调度期内的累计变权重剩余防洪库容；$V_{i,t}$ 为水库 i 在 t 时段使用的防洪库容；$w_{i,t}$ 为水库 i 在 t 时段的剩余防洪库容权重系数；N 为水库个数；T 为调度总时段数。

2. 约束条件与求解

变权重剩余防洪库容最大策略的约束条件包括水量平衡、水库库容限制、水库泄洪流量限制、水库日泄流变幅限制、河道洪水演进约束、防洪控制站安全过洪能力限制等，与剩余防洪库容最大策略一致。

基于变权重剩余防洪库容最大策略的水库群防洪库容优化分配模型的求解方法，也采用单纯形法。

5.2.2.3　模型应用与分析

1. 模型应用

以长江流域遭遇 1998 年 100 年一遇设计洪水为例，利用基于变权重剩余防洪库容最大策略的水库群防洪库容优化分配模型。水库群优化调度后，枝城站的过流流量不超过其安全流量 $56700\text{m}^3/\text{s}$，枝城站洪峰削减率达 21.13%，超标洪量削减率达 100%，能保证枝城站的防洪安全。

遭遇 1998 年 100 年一遇设计洪水时，锦屏一级、二滩、溪洛渡、向家坝和三峡水库的剩余防洪库容权重随调度时段的变化过程见图 5.2。

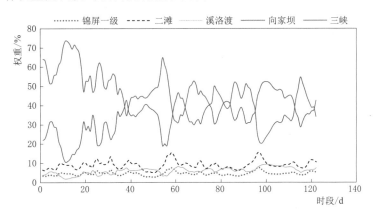

图 5.2　各水库剩余防洪库容权重变化过程图

可见，遭遇 1998 年 100 年一遇设计洪水时，锦屏一级、二滩和溪洛渡水库的剩余防洪库容权重较小，向家坝水库和三峡水库的剩余防洪库容权重较大。因此，采用基于变权重剩余防洪库容最大策略的水库群防洪库容优化分配模型进行水库群联合防洪调度中，水库拦蓄洪水的优先顺序依次为溪洛渡、锦屏一级、二滩、向家坝和三峡。各水库防洪库容利用情况见表 5.2。

表 5.2　　　　　　　　各水库防洪库容利用情况

水　库	锦屏一级	二滩	溪洛渡	向家坝	三峡	总计
防洪库容使用量/亿 m³	15.66	9.09	46.50	9.03	31.62	111.90
防洪库容使用比例/%	100.00	100.00	100.00	100.00	17.05	42.10

由表 5.2 可知，5 座水库共使用防洪库容 111.90 亿 m^3，根据各水库拦蓄洪水的优先顺序，锦屏一级、二滩、溪洛渡、向家坝 4 座水库使用了其全部的设计防洪库容，三峡水库使用了其 17.05% 的设计防洪库容。

2. 模型分析

基于变权重剩余防洪库容最大策略的水库群防洪库容优化分配模型考虑了水库设计防洪库容、区间来水和水库至防洪对象的距离等因素对防洪调度的影响，结合上述调度结果，可知运用该模型能够提高上游水库防洪库容的使用比例，有效减轻下游水库的防洪压力。

但是，当参与联合防洪调度的水库之间地理空间位置跨度较大时，运用该模型会造成距防洪对象较远的水库过度使用防洪库容。因此，该模型适用于各水库距防洪对象的地理距离相差不大的水库群。

5.2.3　同步拦蓄策略

5.2.3.1　策略研究

变权重剩余防洪库容最大策略以设置水库剩余防洪库容权重的方式来协调每个调度阶段各水库防洪库容的使用，但水库剩余防洪库容权重设置是一个复杂的问题，较难综合全面地考虑。本节从平衡每个时段各水库防洪库容使用比例的角度考虑，提出同步拦蓄策略，即在满足下游共同防洪对象安全的前提下，控制各水库防洪库容使用比例尽可能一致。

5.2.3.2　模型构建

以水库群同步拦蓄为目标，并结合水库和防洪控制站的其他约束条件，建立基于同步拦蓄策略的水库群防洪库容优化分配模型。

1. 目标函数

目标 1：防洪控制站超标洪量最小，其数学表达式为

$$\min W = \sum_{i \in \varGamma_1} \sum_{t=1}^{T} q_{i,t} \Delta t \tag{5.25}$$

式中：W 为防洪控制站洪水调度期的总超标洪量；$\varGamma_1$ 为防洪控制站集合；t 为调度时段序号；T 为调度时段总数；$q_{i,t}$ 为防洪控制站 i 在 t 时段的超标流量；Δt 为调度时段。

目标 2：同一时段各水库防洪库容的使用比例之差最小，其数学表达式为

$$\min E = \sum_{t=1}^{T} \sum_{i,j \in \varGamma_2 \text{且} i \neq j} |A_{i,t} - A_{j,t}| \qquad A_{i,t} = \frac{V_{i,t}}{V_i^{\text{des}}}, A_{j,t} = \frac{V_{j,t}}{V_j^{\text{des}}} \tag{5.26}$$

式中：E 为各水库防洪库容使用比例之差的总和；$A_{i,t}$ 为水库 i 在 t 时段防洪库容的使用比例；$V_{i,t}$ 为水库 i 在 t 时段的使用防洪库容；V_i^{des} 为水库 i 的设计防洪库容；$\varGamma_2$ 为水库集合。

2. 约束条件及求解

同步拦蓄策略的约束条件包括水量平衡、水库库容限制、水库泄洪流量限制、水库日泄流变幅限制、河道洪水演进约束、防洪控制站安全过洪能力限制等。

基于同步拦蓄策略的水库群防洪库容优化分配模型的求解方法，也采用单纯形法。

5.2.3.3　模型应用与分析

1. 模型应用

以长江流域遭遇 1998 年 100 年一遇设计洪水为例，利用基于同步拦蓄策略的水库群防洪库容优化分配模型，对锦屏一级、二滩、溪洛渡、向家坝水库和三峡水库构成的梯级水库群进行联合防洪优化调度，共同保证枝城站的防洪安全。

水库群优化调度后，枝城站的过流流量不超过其安全流量 56700m³/s。优化调度前后枝城站的洪水指标及其削减率见表 5.3，枝城站洪峰削减率达 21.13%，超标洪量削减率达 100%，能保证枝城站的防洪安全。

表 5.3　　　　　　　　　　优化调度前后枝城站的洪水指标及其削减率

洪　峰　流　量			超　标　洪　量		
调度前/(m³/s)	调度后/(m³/s)	削减率/%	调度前/亿 m³	调度后/亿 m³	削减率/%
71897	56700	21.13	146.05	0	100

优化调度后，锦屏一级、二滩、溪洛渡、向家坝水库和三峡水库的防洪库容利用情况见表 5.4。可见，5 座水库共使用防洪库容 110.33 亿 m³，防洪库容使用比例均约为 41%，基本符合同步拦蓄策略的要求。

表 5.4　　　　　　　　　　各水库防洪库容利用情况

水　库	锦屏一级	二滩	溪洛渡	向家坝	三峡	总计
防洪库容使用量/亿 m³	6.49	3.77	19.27	3.74	77.06	110.33
防洪库容使用比例/%	41.44	41.47	41.44	41.42	41.54	41.51

2. 模型分析

结合上述调度结果可知，运用基于同步拦蓄策略的水库群防洪库容优化分配模型，在调度过程中均衡使用各水库防洪库容，使各水库的防洪库容使用比例尽可能一致。该模型能够很好地平摊各水库的防洪风险，但由于各水库的特征参数、调度规则等存在差异，同步拦蓄洪水会降低水库群整体防洪库容的利用效益。因此，该模型适用于防洪任务相同、调度规则相似的水库群防洪调度情况。

5.2.4　系统线性安全度最大策略

5.2.4.1　策略研究

在水库群联合防洪调度中，使用相同的防洪库容，对预留防洪库容大、调蓄能力强的水库的"安全"影响程度更小。本节从水库群"安全"的角度来研究水库群防洪库容优化分配，提出系统线性安全度最大策略。系统线性安全度最大策略在满足下游共同防洪对象安全的前提下，使水库群系统线性安全度最大。

在水库防洪调度期间，定义水库线性安全度 S_i 为水库最大剩余防洪库容与水库设计防洪库容的比值，其数学表达式为

$$S_i = \frac{\max\limits_{t \in T}\{V_i^{des} - V_{i,t}\}}{V_i^{des}} \quad (5.27)$$

式中：S_i 为水库 i 的线性安全度；$V_{i,t}$ 为水库 i 在 t 时段的使用防洪库容；V_i^{des} 为水库 i 的设计防洪库容；t 为调度时段序号；T 为调度时段总数。

水库线性安全度随防洪库容最大使用比例的变化趋势见图 5.3，水库线性安全度越大，表示水库的最大剩余防洪库容越多，能够抵御的洪水

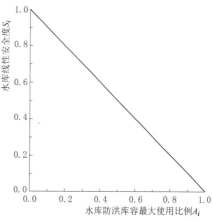

图 5.3　水库线性安全度随防洪库容最大使用比例的变化趋势图

强度越大。

5.2.4.2 模型构建

以系统线性安全度最大为目标，并结合水库和防洪控制站的其他约束条件，建立基于系统线性安全度最大策略的水库群防洪库容优化分配模型。

1. 目标函数

目标 1：防洪控制站超标洪量最小，其数学表达式为

$$\min W = \sum_{i \in \Gamma_1} \sum_{t=1}^{T} q_{i,t} \Delta t \tag{5.28}$$

式中：W 为防洪控制站洪水调度期的总超标洪量；Γ_1 为防洪控制站集合；$q_{i,t}$ 为防洪控制站 i 在 t 时段的超标流量；Δt 为调度时段。

目标 2：水库群系统线性安全度最大，其数学表达式为

$$\max S = \frac{1}{N} \sum_{i \in \Gamma_2} S_i \tag{5.29}$$

式中：S 为水库群系统线性安全度；N 为水库群水库个数；S_i 为水库 i 的线性安全度。

2. 约束条件及求解

系统线性安全度最大策略的约束条件与剩余防洪库容最大策略的约束条件一样，即包括水量平衡、水库库容限制、水库泄洪流量限制、水库日泄流变幅限制、河道洪水演进约束、防洪控制站安全过洪能力限制等。基于系统线性安全度最大策略的水库群防洪库容优化分配模型的求解方法，也采用单纯形法。

5.2.4.3 模型应用与分析

1. 模型应用

以遭遇 1998 年 100 年一遇设计洪水为例，利用基于系统线性安全度最大策略的水库群防洪库容优化分配模型，对锦屏一级、二滩、溪洛渡、向家坝和三峡水库构成的梯级水库群进行联合防洪优化调度，共同保证枝城站的防洪安全。

优化调度前后枝城站的洪水指标及其削减率见表 5.5。优化调度后，枝城站洪峰削减率达 21.13%，超标洪量削减率达 100%，长江流域遭遇 1998 年 100 年一遇设计洪水时，基于系统线性安全度最大策略的水库群防洪库容优化分配模型，能保证枝城站的防洪安全。

表 5.5 优化调度前后枝城站的洪水指标及其削减率

洪 峰 流 量			超 标 洪 量		
调度前/(m³/s)	调度后/(m³/s)	削减率/%	调度前/亿 m³	调度后/亿 m³	削减率/%
71897	56700	21.13	146.05	0	100

采用基于系统线性安全度最大策略的水库群防洪库容优化分配模型进行水库群联合防洪优化调度时，锦屏一级、二滩、溪洛渡、向家坝、三峡水库分别使用 1 亿 m³ 的防洪库容对系统安全度的降低量分别为 1/15.66、1/9.09、1/46.51、1/9.03、1/185.50，使用三峡水库的防洪库容对系统安全度的影响最小。锦屏一级、二滩、溪洛渡、向家坝和三峡水库防洪库容利用情况见表 5.6。可见，5 座水库共使用防洪库容 106.80 亿 m³，均为三

峡水库承担，锦屏一级、二滩、溪洛渡和向家坝 4 座水库未使用其防洪库容，系统安全度为 4.424，符合线性安全度最大策略的要求。

表 5.6 各水库防洪库容利用情况

水 库	锦屏一级	二滩	溪洛渡	向家坝	三峡	总计
防洪库容使用量/亿 m³	0	0	0	0	106.80	106.80
防洪库容使用比例/%	0	0	0	0	57.57	40.18
水库线性安全度	1.000	1.000	1.000	1.000	0.424	4.424

2. 模型分析

各水库线性安全度的变化幅度与水库设计防洪库容成反比，使用相同的防洪库容，对于设计防洪库容较大的水库而言，其安全隐患较小。运用基于系统线性安全度最大策略的水库群防洪库容优化分配模型，在调度过程中，优先使用安全度变化幅度较小的水库拦蓄洪水，但各水库安全度变化幅度不变，但总是优先使用防洪库容较大的水库拦蓄洪水，因此在遭遇较大洪水时，对预留防洪库容较大的水库将会造成很大的防洪压力。

5.2.5 系统非线性安全度最大策略

5.2.5.1 策略研究

在系统线性安全度最大策略中，水库线性安全度与其防洪库容使用比例呈线性关系，优化调度中总是优先使用设计防洪库容较大的水库拦蓄洪水。针对系统线性安全度最大策略存在的问题，本节提出系统非线性安全度最大策略。系统非线性安全度最大策略在满足下游防洪对象安全的前提下，使水库群防洪系统非线性安全度最大。

为此，在水库防洪调度期间，定义水库非线性安全度 S_i 是水库最大剩余防洪库容与水库设计防洪库容比值的非线性函数，其数学表达式为

$$S_i = \sqrt{1 - \left[\frac{\max\limits_{t \in T}\{V_i^{des} - V_{i,t}\}}{V_i^{des}}\right]^2} \tag{5.30}$$

式中：S_i 为水库 i 的非线性安全度；$V_{i,t}$ 为水库 i 在 t 时段的使用防洪库容；V_i^{des} 为水库 i 的设计防洪库容；t 为调度时段序号；T 为调度时段总数。

水库非线性安全度随防洪库容最大使用比例的变化趋势见图 5.4，随着水库防洪库容使用比例的增加，水库非线性安全度的下降趋势逐渐增大。当水库防洪库容的使用比例较低时，水库防洪库容使用量的增加对水库系统安全度的影响较小，优先使用该水库的防洪库容拦蓄洪水，反之，优先使用其他水库的防洪库容拦蓄洪水。

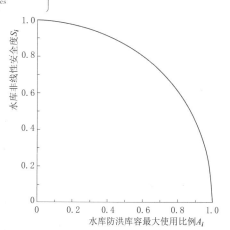

图 5.4 非线性安全度 S_i 随 A_i 的变化趋势图

5.2.5.2 模型构建

以系统非线性安全度最大为目标，并结合水

库和防洪控制站的其他约束条件，建立基于系统非线性安全度最大策略的水库群防洪库容优化分配模型。

1. 目标函数

目标 1：防洪控制站超标洪量最小，其数学表达式为

$$\min W = \sum_{i \in \Gamma_1} \sum_{t=1}^{T} q_{i,t} \Delta t \tag{5.31}$$

式中：W 为防洪控制站洪水调度期的总超标洪量；Γ_1 为防洪控制站集合；$q_{i,t}$ 为防洪控制站 i 在 t 时段的超标流量；Δt 为调度时段。

目标 2：水库群系统非线性安全度最大，其数学表达式为

$$\max S = \frac{1}{N} \sum_{i=1}^{N} S_i \tag{5.32}$$

式中：S 为水库群系统非线性安全度；N 为水库群水库个数；S_i 为水库 i 的非线性安全度。

2. 约束条件及求解

系统非线性安全度最大策略的约束条件与剩余防洪库容最大策略的约束条件一样，即包括水量平衡、水库库容限制、水库泄洪流量限制、水库日泄流变幅限制、河道洪水演进约束、防洪控制站安全过洪能力限制。

基于系统非线性安全度最大策略的水库群防洪库容优化分配模型的求解方法，也采用单纯形法。非线性安全度的转化方式为：将非线性安全度转化成 n 段线性函数 $S = f(A)$，A 的分点为 $b_1 \leqslant \cdots \leqslant b_n \leqslant b_{n+1}$，引入变量 w_k 将防洪库容使用比例 A 和非线性安全度函数分别表示为

$$A = \sum_{k=1}^{n+1} w_k b_k \tag{5.33}$$

$$f(A_k) = \sum_{k=1}^{n+1} w_k f(b_k) \tag{5.34}$$

引入 0～1 变量 z_k，则 w_k 与 z_k 满足：

$$\begin{cases} w_1 \leqslant z_1 \\ w_2 \leqslant z_1 + z_2 \\ \vdots \\ w_n \leqslant z_{n-1} + z_n \\ w_{n+1} \leqslant z_n \end{cases} \tag{5.35}$$

$$z_1 + z_2 + \cdots + z_n = 1 \qquad z_k = 0 \text{ 或 } 1 \tag{5.36}$$

$$w_1 + w_2 + \cdots + w_{n+1} = 1 \qquad w_k \geqslant 0 \tag{5.37}$$

5.2.5.3 模型应用与分析

1. 模型应用

以长江流域遭遇 1998 年 100 年一遇设计洪水为例，利用基于系统非线性安全度最大策略的水库群防洪库容优化分配模型，对锦屏一级、二滩、溪洛渡、向家坝和三峡水库构成的梯级水库群进行联合防洪优化调度，共同保证枝城站的防洪安全。

　　水库群优化调度后，枝城站的洪水过程见图5.5，枝城站的过流流量不超过其安全流量56700m³/s。优化调度前后枝城站的洪水指标及其削减率见表5.7，优化调度后，枝城站洪峰削减率达21.13%，超标洪量削减率达100%，能保证枝城站的防洪安全。

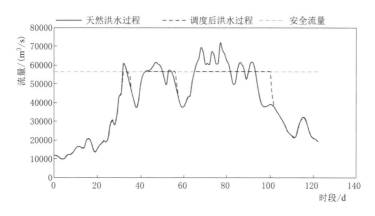

图5.5　优化调度前后枝城站洪水过程线

表5.7　　　　　　　　　优化调度前后枝城站的洪水指标及其削减率

洪　峰　流　量			超　标　洪　量		
调度前/(m³/s)	调度后/(m³/s)	削减率/%	调度前/亿 m³	调度后/亿 m³	削减率/%
71897	56700	21.13	146.05	0	100

　　基于系统非线性安全度最大策略的水库群防洪库容优化分配模型，水库防洪库容的使用增量对系统非安全度的影响程度随其防洪库容使用比例的增加而变大，避免只使用三峡水库的防洪库容。优化调度后，各水库防洪库容利用情况见表5.8，5座水库共使用防洪库容106.80亿 m³，三峡水库投入防洪库容最多，其次是锦屏一级水库和溪洛渡水库，最少的是二滩水库和向家坝水库，调度结果符合系统非线性安全度最大策略的要求。

表5.8　　　　　　　　　　各水库防洪库容利用情况

水　　库	锦屏一级	二滩	溪洛渡	向家坝	三峡	总计
防洪库容使用量/亿 m³	0.74	0.27	6.98	0.27	98.54	106.80
防洪库容使用比例/%	4.73	2.97	15.01	2.99	53.12	40.18
水库非线性安全度	0.999	1.000	0.989	1.000	0.847	4.834

2. 模型分析

　　水库非线性安全度的变化幅度与水库防洪库容使用比例有关。运用基于系统非线性安全度最大策略的水库群防洪库容优化分配模型，在调度过程中，同样优先使用安全度变化幅度较小的水库拦蓄洪水。但随着水库防洪库容使用比例的增加，其非线性安全度的变化幅度会增加，解决了线性安全度存在的问题。调度过程中根据非线性安全度的变化幅度选择水库拦蓄洪水，既保证"大水库"多拦蓄洪水，又能保证"小水库"参与拦蓄洪水。

5.2.6 不同优化调度策略的特点分析

本次基于单一水库的剩余防洪库容最大策略,从不同的角度提出了 5 种水库群防洪优化调度策略,都具有一定的防洪效果,但对水库群防洪库容的分配方式不同,特点如下:

(1) 剩余防洪库容最大策略,以水库群最小剩余防洪库容为优化目标。该策略保证各水库都能够预留一定的防洪库容,适用于防洪库容相差不大的水库群。

(2) 变权重剩余防洪库容最大策略,考虑水库区间来水、水库设计防洪库容以及水库地理位置的影响,对水库剩余防洪库容设置变权重,调度中权重小的水库优先使用防洪库容。该策略能够提高了上游水库对防洪库容的使用,适用于各水库距防洪对象的地理距离相差不大的水库群。

(3) 同步拦蓄策略,考虑各水库调度过程中同比例拦蓄洪水。该策略能够保证各水库平衡使用防洪库容,但会降低水库群防洪库容的总体使用效率,适用于防洪任务相同、调度规则相似的水库群防洪调度情况。

(4) 系统线性安全度最大策略,建立水库防洪库容使用比例与水库安全度的线性关系,从系统安全的角度考虑水库群防洪库容的优化分配,调度过程中偏向使用设计防洪库容较大的水库拦蓄洪水。

(5) 系统非线性安全度最大策略,也从系统安全的角度考虑水库群防洪库容的优化分配,建立水库防洪库容使用比例与水库安全度的非线性关系,更能反映水库防洪库容使用比例在不同程度时对应的水库安全程度。

5.3 上游水库群配合三峡水库的防洪效果系数分析

在水库群联合防洪调度中,由于各水库地理位置分布不同、控制能力各异,加之洪水地区组成不同、发生时间不同步,造成水库群对下游防洪对象的防洪控制作用不尽相同。通过研究水库群对防洪对象防洪库容利用有效性和水库之间防洪库容利用的等效性,将有利于认清各水库在流域防洪调度中起到的作用,为优化水库群防洪库容分配提供技术支撑,以提高水库群联合防洪调度效益。

5.3.1 水库群防洪效果系数计算方法

在水库群联合防洪优化调度中,为定量描述水库群防洪库容利用的等效性,提出水库防洪库容利用的防洪效果系数这一概念。

当发生洪水时,如果水库下游没有分洪,对于处于串联或并联位置的水库 A 和水库 B,根据其联合防洪调度方式,当水库 A 投入的防洪库容增加或减少 ΔV_A 时,为保障下游共同防洪对象的安全,水库 B 将投入的防洪库容将对应地减少或增加 ΔV_B,以不改变水库 A 防洪库容变化对下游防洪对象造成的影响。可见,在对下游共同防洪对象的联合防洪调度作用中,水库 A 防洪库容的变化量 ΔV_A 与水库 B 防洪库容的变化量 ΔV_B 具有相同的防洪效果。为此,水库 A 相对于水库 B 的防洪效果系数 δ,定义为水库 B 防洪库容变化量与水库 A 防洪库容变化量的比值,计算公式为

$$\delta = \left| \frac{\Delta V_{B}}{\Delta V_{A}} \right| \tag{5.38}$$

而如果水库下游已分洪，对于水库 A 和水库 B，当水库 A 投入的防洪库容变化量为 ΔV_A 时，水库 B 投入的防洪库容变化量为 ΔV_B 且下游分洪量变化量为 ΔW，水库 A 相对于水库 B 的防洪效果系数 δ，为水库 B 防洪库容变化量以及下游分洪量变化量 ΔW 之和与水库 A 防洪库容变化量的比值，计算公式为

$$\delta = \left| \frac{\Delta V_{B} + \Delta W}{\Delta V_{A}} \right| \tag{5.39}$$

不失一般性，当分析不同梯级水库之间的防洪效果系数时，式 (5.39) 可进一步扩充为梯级水库投入防洪库容变化量及下游分洪量之和的比值。

长江上游水库群根据分布位置和拓扑关系，可以分为金沙江中游梯级、雅砻江梯级、金沙江下游梯级（进一步细分为乌白梯级、溪向梯级）、岷江梯级、嘉陵江梯级和乌江梯级水库，在配合三峡水库对长江中下游进行防洪调度时，产生的防洪作用是不一样的。本次研究通过比较不同梯级投入前后减少中下游超额洪量和三峡最高调洪水位降低值，来计算防洪效果系数，计算公式为

$$\delta = \left| \frac{V_{2} + \Delta W}{V_{1}} \right| \tag{5.40}$$

式中：δ 为防洪效果系数；V_1 为梯级水库配合三峡水库所投入的防洪库容，如金沙江下游梯级水库、雅砻江梯级水库等；ΔW 为中下游超额洪量减少值；V_2 为三峡水库防洪库容利用减少值。

如果整个比较过程中都没有超额洪量，则式 (5.40) 可进一步简化为

$$\delta = \left| \frac{V_{2}}{V_{1}} \right| \tag{5.41}$$

此时，防洪效果系数为水库防洪库容改变量的比值。

基于面向多区域防洪的长江上游水库群协同调度策略，对 1931 年、1935 年、1954 年、1968 年、1969 年、1980 年、1983 年、1986 年、1996 年、1998 年等 10 个典型年的实际洪水及频率为 1%、2%、3.3% 的洪水，进行联合调洪和洪流演进计算，分析对应于不同典型年梯级水库成灾时段的来水态势和拦蓄情况，计算不同来水条件下的各梯级相对于三峡水库的防洪效果系数，最终得到防洪效果系数的平均值，见表 5.9。

表 5.9　　长江上游各梯级水库的防洪效果系数（取典型洪水的平均值）

梯级水库		梯级水库防洪效果系数				备　注
		$P = 1\%$	$P = 2\%$	$P = 3.33\%$	实际	
金沙江中游梯级		0.60	0.58	0.54	0.52	成灾时段来水较为稳定
雅砻江梯级		0.69	0.64	0.62	0.61	成灾时段来水较为稳定
金沙江下游	乌白梯级	0.76	0.74	0.72	0.70	成灾时段来水较为稳定，拦蓄能力较强
	溪向梯级	0.85	0.79	0.78	0.87	成灾时段来水较为稳定，拦蓄能力较强
岷江梯级		0.69	0.68	0.61	0.47	受洪水地区组成影响较大，防洪效果系数在 0.25~0.90 之间

梯级水库	梯级水库防洪效果系数				备　注
	$P=1\%$	$P=2\%$	$P=3.33\%$	实际	
嘉陵江梯级	0.71	0.62	0.48	0.46	受洪水地区组成影响较大，防洪效果系数在 0.20～0.90 之间
乌江梯级	0.94	0.92	0.91	0.90	预留防洪库容小；距离三峡水库较近，调度条件较好

对金沙江中游梯级、雅砻江梯级、金沙江下游梯级、岷江梯级、嘉陵江梯级和乌江梯级水库的防洪效果进行比较，分析防洪效果系数的差异性，有以下结论：

（1）金沙江中游梯级和雅砻江梯级防洪效果系数较高，由于预留防洪库容较大、拦蓄作用稳定，在配合三峡水库防洪调度时防洪作用较为明显；但由于距离三峡水库较远，防洪作用稍差于金沙江下游梯级。

（2）金沙江下游梯级处于长江干流，是骨干水库，防洪库容较大，拦蓄能力较强，在配合三峡水库防洪调度时防洪作用明显，防洪效果系数高，特别是以金沙江来水为主时防洪作用显著。由于乌白梯级和溪向梯级启动时间不一样，拦蓄方式分别为同步拦蓄基流和错峰削峰调度，防洪效果有一定的差异。

（3）岷江梯级、嘉陵江梯级受洪水地区组成影响较大，防洪效果系数分别为 0.25～0.90 和 0.20～0.90，当来水以本河流为主时，拦蓄效果明显，可发挥一定的拦蓄作用。

（4）乌江梯级水库距离三峡水库较近，通过拦蓄基流方式直接作用于三峡入库，防洪效果系数较高，有些年份接近于 1，但其预留防洪库容为 2 亿 m³，拦蓄作用有限。

（5）遭遇不同量级洪水时，洪水量级越大，各梯级水库拦蓄时段越多，相对于三峡水库的防洪效果系数越大。

需要说明的是，随着长江上游更多水库群的投入运行，联合调度方式的优化研究，以及对于洪水类型规律的把握，梯级水库防洪效果系数将需进一步优化完善，从而为长江上游水库群防洪库容精准化运用提供定量决策依据。同时，梯级水库内容、各水库之间的防洪效果系数也值得细化研究。

因此，按照三峡以上的长江干支流水库群的防洪效果系数分析，可以将 30 座水库分为核心水库（三峡）、骨干水库（乌东德、白鹤滩、溪洛渡、向家坝）、5 个群组水库（金沙江中游梯级群、雅砻江梯级群、岷江梯级群、嘉陵江梯级群和乌江梯级群）。

5.3.2　水库群防洪优化调度的防洪效果系数计算

以上是针对梯级水库的防洪效果系数进行研究，如果要细分到梯级水库内部，由于水力联系更为紧密，计算过程将更为复杂。考虑到 30 座水库的计算过程非常庞大，本次选取锦屏一级、二滩、溪洛渡、向家坝和三峡水库作为研究对象水库，进行这一水库群的联合防洪调度，结合基于系统非线性安全度最大策略的水库群防洪优化调度模型，计算各水库相对于三峡水库防洪库容利用的防洪效果系数。

需要说明的是，如果选取的水库群对象不一样，上游水库对三峡水库的防洪效果系数会有所差别，但研究方法可以不变，适当进行研究水库的替换和增减，可获得上游水库对三峡水库的防洪效果系数。

首先对基于系统非线性安全度最大策略的水库群防洪优化调度模型进行调整，保持最小化控制站超标洪量和最大化系统非线性安全度两个目标不变，保持水库和控制站水量平衡、水库泄洪流量限制、防洪控制站安全过流流量限制、水库泄流变幅限制、河道洪水演进六个约束不变，将水库防洪库容使用约束作以下改变：

$$0 \leqslant V_{i,t} \leqslant V_i^{\lim} \qquad i \in \Gamma_2, t \in [1, T] \tag{5.42}$$

式中：$V_{i,t}$ 为水库 i 在时刻 t 时的使用防洪库容；$V_i^{\lim}$ 为水库 i 在整个调度期内的限制使用防洪库容。

以计算锦屏一级水库对三峡水库防洪库容利用的防洪效果系数为例，共同防洪控制对象为枝城防洪控制站，计算步骤如下。

步骤 1：确定洪水案例，设置锦屏一级、二滩、溪洛渡、向家坝和三峡 5 座水库在整个调度期内的限制使用防洪库容分别为其设计防洪库容 V_1^{des}、V_2^{des}、V_3^{des}、V_4^{des}、V_5^{des}，运用水库群防洪优化调度模型计算遭遇案例洪水时的各水库防洪库容使用情况。假设联合防洪优化调度后，锦屏一级、二滩、溪洛渡、向家坝和三峡 5 座水库最大使用防洪库容分别为 V_1、V_2、V_3、V_4、V_5，且枝城站没有出现超标洪量。

步骤 2：设置水库群防洪库容优化分配模型中二滩、溪洛渡、向家坝 3 座水库在整个调度期内的限制使用防洪库容分别为 V_2、V_3、V_4，减少三峡水库最大使用防洪库容 ΔV_{sx}，设置三峡水库在整个调度期内的限制使用防洪库容为 $V_5^{\lim} = V_5^{\text{des}} - \Delta V_{\text{sx}}$，保持锦屏一级水库在整个调度期内的限制使用防洪库容为其设计防洪库容。运用水库群防洪库容优化分配模型计算此工况下的水库群防洪库容使用情况，在保证枝城站没有超额洪量的情况下，统计锦屏一级水库最大使用防洪库容 V_1' 及其增加量 $\Delta V_{\text{jpyj}} = V_1' - V_1$。

步骤 3：根据水库防洪库容等效系数，计算此工况下锦屏一级水库对三峡水库防洪库容利用的效果系数 $\alpha_{\text{sx}}^{\text{jpyj}} = \Delta V_{\text{sx}} / \Delta V_{\text{jpyj}}$。改变三峡水库的使用防洪库容减少量或洪水类型，并重复步骤 2，可得到其他工况下锦屏一级水库对三峡水库防洪库容利用的效果系数。

5.3.3 上游水库对三峡水库的防洪效果系数分析

本次重点研究锦屏一级、二滩、溪向梯级（溪洛渡和向家坝）对三峡水库防洪库容的效果系数，共同防洪对象为枝城防洪控制站。

5.3.3.1 上游水库对三峡水库的防洪效果系数

以 1931 年 100 年一遇设计洪水为例，在减少三峡水库投入防洪库容时，计算各水库增加的库容，进而得到锦屏一级、二滩、溪向梯级对三峡水库的防洪效果系数，见表 5.10～表 5.12。

可见，当长江流域遭遇 1931 年 100 年一遇设计洪水时，锦屏一级、二滩、溪向梯级对三峡水库的防洪效果系数分别约为 0.8、0.8 和 0.9；当减少相同的三峡水库防洪库容投入量时，锦屏一级对其防洪效果系数最小，溪向梯级最大，表明对枝城站防洪作用从大到小依次为三峡、溪向梯级、二滩、锦屏一级；随着三峡水库不断减少防洪库容投入量，上游水库对三峡水库的防洪效果系数逐渐减小，三峡水库在防洪调度过程中一直起到主要防洪作用。

表 5.10 锦屏一级水库对三峡水库的防洪效果系数

三峡防洪库容投入减少量 /亿 m³	防洪效果系数	三峡防洪库容投入减少量 /亿 m³	防洪效果系数
1	0.79	6	0.76
2	0.79	7	0.75
3	0.78	8	0.75
4	0.78	9	0.73
5	0.77	10	0.72

表 5.11 二滩水库对三峡水库的防洪效果系数

三峡防洪库容投入减少量 /亿 m³	防洪效果系数	三峡防洪库容投入减少量 /亿 m³	防洪效果系数
1	0.81	4	0.79
2	0.81	5	0.78
3	0.80	6	0.78

表 5.12 溪向梯级水库对三峡水库的防洪效果系数

三峡防洪库容投入减少量 /亿 m³	防洪效果系数	三峡防洪库容投入减少量 /亿 m³	防洪效果系数
1	0.93	8	0.92
2	0.93	9	0.92
3	0.93	10	0.92
4	0.93	15	0.90
5	0.93	20	0.89
6	0.92	25	0.87
7	0.92	30	0.84

5.3.3.2 不同量级洪水下的防洪效果系数

1. 1931 年不同量级设计洪水

1931 年 30 年一遇、50 年一遇和 100 年一遇设计洪水下，锦屏一级水库对三峡水库的防洪效果系数见表 5.13。

表 5.13 锦屏一级水库对三峡水库的防洪效果系数 （1931 年）

三峡防洪库容投入减少量 /亿 m³	防 洪 效 果 系 数			三峡防洪库容投入减少量 /亿 m³	防 洪 效 果 系 数		
	30 年一遇	50 年一遇	100 年一遇		30 年一遇	50 年一遇	100 年一遇
1	0.68	0.72	0.79	7	0.48	0.53	0.75
2	0.64	0.69	0.79	8			0.75
3	0.60	0.67	0.78	9			0.73
4	0.57	0.63	0.78	10			0.72
5	0.55	0.60	0.77	平均值	0.57	0.63	0.76
6	0.52	0.56	0.76				

可见，在保证下游防洪控制站不出现超额洪量的情况下，锦屏一级水库相对于三峡水库的防洪效果系数有以下基本结论：

（1）洪水量级越大，锦屏一级水库对三峡水库的防洪效果系数越大，即当减少相同的三峡水库投入防洪库容时，锦屏一级水库对三峡水库的防洪效果系数随洪水量级逐渐增大，1‰洪水最大，2‰洪水次之，3.33‰洪水最小。

（2）对于同一场洪水，三峡水库投入防洪库容减少时，锦屏一级水库对三峡水库的防洪效果系数也呈减小趋势，三峡水库在防洪调度过程中一直起到主要防洪作用。

2. 其他典型年的不同量级设计洪水

类似的，对于1980年、1983年不同典型设计洪水，锦屏一级水库对三峡水库的防洪效果系数计算结果见表5.14和表5.15。

表5.14　　　　　锦屏一级水库对三峡水库的防洪效果系数（1980年）

三峡防洪库容投入减少量/亿 m³	防洪效果系数			三峡防洪库容投入减少量/亿 m³	防洪效果系数		
	30年一遇	50年一遇	100年一遇		30年一遇	50年一遇	100年一遇
1	0.67	0.71	0.84	7	0.63	0.71	0.83
2	0.66	0.73	0.84	8	0.62	0.70	0.82
3	0.66	0.73	0.83	9	0.62	0.70	0.82
4	0.65	0.72	0.83	10		0.69	0.81
5	0.65	0.71	0.83	平均值	0.64	0.71	0.83
6	0.64	0.71	0.83				

表5.15　　　　　锦屏一级水库对三峡水库的防洪效果系数（1983年）

三峡防洪库容投入减少量/亿 m³	防洪效果系数			三峡防洪库容投入减少量/亿 m³	防洪效果系数		
	30年一遇	50年一遇	100年一遇		30年一遇	50年一遇	100年一遇
1	0.65	0.65	0.66	5	0.57	0.57	0.58
2	0.64	0.64	0.64	6	0.52	0.53	0.55
3	0.63	0.63	0.64	7	0.46	0.48	0.51
4	0.60	0.60	0.61	平均值	0.58	0.59	0.65

可见，1980年和1983年不同量级洪水下锦屏一级对三峡水库防洪效果系数的变化规律，与1931年不同量级洪水下的结论一致：上游水库对三峡水库的防洪效果系数与洪水的量级有关，洪水量级越大，防洪效果系数越大。

5.3.3.3　不同类型洪水下的防洪效果系数

以不同年份的100年一遇设计洪水为例，分析不同设计洪水时上游水库对三峡水库防洪效果系数的变化情况。其中，按照控制站统计情况，将不同年份的设计洪水划分为三个类别：天然洪水超标历时不大于6d的设计洪水为短历时型洪水，包括1935年、1969年和 1983 年 100 年一遇设计洪水；天然洪水超标历时大于 6d 且小于等于 8d 的设计洪水为中历时型洪水，包括 1931 年、1968 年和 1980 年 100 年一遇设计洪水；天然洪水超标历时超过 8d 的设计洪水为长历时型洪水，包括 1988 年、1954 年和 1998 年 100 年一遇设计洪水。分别计算不同历时洪水的防洪效果系数。

1. 短历时洪水下的防洪效果系数

短历时洪水（1935 年、1969 年和 1983 年 100 年一遇设计洪水）时上游水库对三峡水库的防洪效果系数见表 5.16~表 5.18。由表可见，上游水库对三峡水库的防洪效果系数均较大。锦屏一级、二滩、溪向梯级水库对三峡水库的防洪效果系数依次增大；随着三峡水库不断减少投入的防洪库容，上游水库对三峡水库的防洪效果系数逐渐减小。

表 5.16 锦屏一级水库对三峡水库的防洪效果系数

三峡防洪库容投入减少量 /亿 m³	防 洪 效 果 系 数			三峡防洪库容投入减少量 /亿 m³	防 洪 效 果 系 数		
	1935 年	1969 年	1983 年		1935 年	1969 年	1983 年
1	0.56	0.56	0.66	5	0.52	0.55	0.58
2	0.55	0.56	0.64	6	0.49	0.55	0.55
3	0.55	0.56	0.64	7	0.46	0.54	0.51
4	0.53	0.56	0.61	平均值	0.52	0.55	0.51

表 5.17 二滩水库对三峡水库的防洪效果系数

三峡防洪库容投入减少量 /亿 m³	防 洪 效 果 系 数			三峡防洪库容投入减少量 /亿 m³	防 洪 效 果 系 数		
	1935 年	1969 年	1983 年		1935 年	1969 年	1983 年
1	0.57	0.58	0.68	4	0.56	0.58	0.62
2	0.57	0.57	0.67	5		0.57	0.59
3	0.57	0.58	0.64	平均值	0.57	0.58	0.64

表 5.18 溪向梯级水库对三峡水库的防洪效果系数

三峡防洪库容投入减少量 /亿 m³	防 洪 效 果 系 数			三峡防洪库容投入减少量 /亿 m³	防 洪 效 果 系 数		
	1935 年	1969 年	1983 年		1935 年	1969 年	1983 年
1	0.81	0.81	0.87	15	0.70	0.71	0.74
5	0.79	0.81	0.84	20	0.65	0.57	0.67
10	0.75	0.77	0.79	平均值	0.74	0.73	0.78

2. 中历时洪水下的防洪效果系数

中历时洪水（1931 年、1968 年和 1980 年 100 年一遇设计洪水）时上游水库对三峡水库的防洪效果系数见表 5.19~表 5.21。由表可见，与短历时洪水相比，中历时洪水时上游水库对三峡水库的防洪效果系数较大。锦屏一级、二滩、溪向梯级水库对三峡水库的防洪效果系数依次增大；随着三峡水库不断减少投入的防洪库容，上游水库对三峡水库的防洪效果系数逐渐减小，与短历史洪水的结论一致。

表 5.19　　　　　　　　　　锦屏一级水库对三峡水库的防洪效果系数

三峡防洪库容投入减少量 /亿 m³	防 洪 效 果 系 数			三峡防洪库容投入减少量 /亿 m³	防 洪 效 果 系 数		
	1931 年	1968 年	1980 年		1931 年	1968 年	1980 年
1	0.79	0.84	0.84	7	0.75	0.78	0.83
2	0.79	0.83	0.84	8	0.75	0.76	0.82
3	0.78	0.83	0.83	9	0.73	0.74	0.82
4	0.78	0.81	0.83	10	0.72	0.72	0.81
5	0.77	0.80	0.83	平均值	0.76	0.79	0.83
6	0.76	0.79	0.83				

表 5.20　　　　　　　　　　二滩水库对三峡水库的防洪效果系数

三峡防洪库容投入减少量 /亿 m³	防 洪 效 果 系 数			三峡防洪库容投入减少量 /亿 m³	防 洪 效 果 系 数		
	1931 年	1968 年	1980 年		1931 年	1968 年	1980 年
1	0.81	0.86	0.85	5	0.78	0.83	0.86
2	0.81	0.86	0.86	6	0.78	0.83	0.86
3	0.80	0.85	0.86	7		0.82	0.85
4	0.79	0.84	0.86	平均值	0.80	0.84	0.86

表 5.21　　　　　　　　　　溪向梯级水库对三峡水库的防洪效果系数

三峡防洪库容投入减少量 /亿 m³	防 洪 效 果 系 数			三峡防洪库容投入减少量 /亿 m³	防 洪 效 果 系 数		
	1931 年	1968 年	1980 年		1931 年	1968 年	1980 年
1	0.93	0.97	0.95	20	0.89	0.90	0.93
5	0.93	0.95	0.95	25	0.86	0.87	0.93
10	0.92	0.95	0.94	30	0.84	0.80	0.92
15	0.90	0.93	0.93	平均值	0.90	0.91	0.93

3. 长历时洪水下的防洪效果系数

长历时洪水（1988 年、1954 年和 1998 年）的 100 年一遇设计洪水时上游水库对三峡水库的防洪效果系数见表 5.22～表 5.24。由表可见，与短、中历时洪水相比，长历时洪水时上游水库对三峡水库防洪库容的效果系数更大，此时上游水库与三峡水库在多个时段均进行有效拦蓄。此外，随着三峡水库不断减少投入的防洪库容，上游水库对三峡水库的防洪效果系数逐渐减小。

表 5.22 锦屏一级水库对三峡水库的防洪效果系数

三峡防洪库容投入减少量/亿 m³	防洪效果系数			三峡防洪库容投入减少量/亿 m³	防洪效果系数		
	1988 年	1954 年	1998 年		1988 年	1954 年	1998 年
1	0.93	0.96	1.00	8	0.92	0.96	1.00
2	0.93	0.96	1.00	9	0.92	0.95	1.00
3	0.93	0.96	1.00	10	0.92	0.95	1.00
4	0.93	0.96	1.00	11	0.92	0.95	1.00
5	0.93	0.96	1.00	12	0.92	0.95	1.00
6	0.92	0.96	1.00	13	0.91	0.95	1.00
7	0.92	0.96	1.00	平均值	0.92	0.96	1.00

表 5.23 二滩水库对三峡水库的防洪效果系数

三峡防洪库容投入减少量/亿 m³	防洪效果系数			三峡防洪库容投入减少量/亿 m³	防洪效果系数		
	1988 年	1954 年	1998 年		1988 年	1954 年	1998 年
1	0.94	0.96	1.00	6	0.94	0.96	1.00
2	0.94	0.96	1.00	7	0.94	0.96	1.00
3	0.94	0.96	1.00	8	0.94	0.96	1.00
4	0.94	0.96	1.00	平均值	0.94	0.96	1.00
5	0.94	0.96	1.00				

表 5.24 溪向梯级水库对三峡水库的防洪效果系数

三峡防洪库容投入减少量/亿 m³	防洪效果系数			三峡防洪库容投入减少量/亿 m³	防洪效果系数		
	1988 年	1954 年	1998 年		1988 年	1954 年	1998 年
1	0.98	0.99	1.00	25	0.98	0.99	1.00
5	0.98	0.99	1.00	30	0.94	0.99	1.00
10	0.98	0.99	1.00	35	0.91	0.99	1.00
15	0.98	0.99	1.00	平均值	0.98	0.99	1.00
20	0.98	0.99	1.00				

5.4 面向多区域防洪的长江上游水库群协同调度策略

长江防洪安全事关流域广大地区人民生命财产安全，治理好长江不仅是长江流域 4 亿多人民的福祉所系，也关系到全国经济社会可持续发展的大局，具有十分重要的战略意义。然而，长江上游水库群规模巨大、关系复杂、防洪保护对象分散而众多，长江流域洪水峰高、量大、历时长，遭遇组成复杂。长江上游水库群联合防洪调度时，应首先确保各枢纽工程自身安全；对兼有所在河流防洪和承担长江中下游防洪任务的水库，应协调好所在河流防洪与长江中下游防洪的关系，在满足所在河流防洪要求的前提条件下，根据需要承担长江中下游防洪任务；防洪调度应兼顾综合利用要求；结合水文气象预报，在确保防洪安全的前提下，合理利用水资源。

长江上游水库的防洪任务一般分为三种情况：一是水库所在河流下游或库区防洪；二是兼顾川渝河段防洪；三是配合三峡水库对长江中下游防洪。水库群面向多区域防洪时，需统筹长江干支流、上下游防洪关系，协同本河段、干支流的多方面防洪要求，满足长江流域防洪保护对象众多且标准不一的需求。也就是说，长江上游水库群联合防洪调度的关键是协调好所在河流防洪与长江中下游防洪的关系，实现多区域协同防洪，既实现各水库防洪目标，又提高流域整体防洪效益。

为此，本次研究将长江上游水库群的防洪库容按照不同防洪任务进行优化分配，在分析主要防洪对象的防洪需求以及洪水遭遇组合和地区组成的基础上，结合长江上游水库群多区域协同防洪的客观实际，根据水库群防洪调度库容分配方式和重要防洪对象多区域分布属性，将 30 座水库分为核心水库、骨干水库、5 个群组水库，探讨了面向多区域、大范围、长距离、多目标的水库群协同防洪调度方式，并有机耦合固定泄量调度方式、等蓄量调度方式、补偿调度方式、错峰调度方式以及同步蓄水策略，提出了面向多区域防洪的长江上游水库群协同调度策略，包括调度节点、角色定位、拓扑关系、层级划分、功能结构等，进而建立了兼顾主要支流、川渝河段和长江中下游的水库群多区域协同防洪调度模型。

面向多区域防洪的长江上游水库群协同调度策略，旨在解决水库防洪库容应用不明确、大尺度流域空间多水系、多防洪对象需求下的库群多区域协同防洪调度等问题，科学调配水库群防洪库容，以挖掘长江上游水库群防洪调度潜力，有效拓展库群防洪效益，进而提升长江流域防洪调度管理水平。

5.4.1 调度节点

本次水库群研究对象为长江上游 30 座水库，包括金沙江中游的梨园、阿海、金安桥、龙开口、鲁地拉、观音岩，雅砻江的两河口、锦屏一级、二滩，金沙江下游的乌东德、白鹤滩、溪洛渡、向家坝，岷江的下尔呷、双江口、瀑布沟、紫坪铺，嘉陵江的碧口、宝珠寺、亭子口、草街，乌江的洪家渡、东风、乌江渡、构皮滩、思林、沙沱、彭水，以及长江三峡、葛洲坝。

本次研究上述 30 座控制性水库组成的巨型水库群为研究对象，探讨长江上游水库群多区域协同防洪调度模型的研究思路和示范应用。

防洪重点区域为长江川渝河段、荆江河段、城陵矶地区、武汉地区。具体而言，长江上游水库群联合防洪调度的主要防洪保护对象为干支流沿江重要城镇、重点河段及地区，主要包括川渝河段的宜宾市、泸州市、重庆市；嘉陵江中下游河段的苍溪、阆中、南充市、武胜、合川等沿江城镇；乌江流域的思南、沿河、彭水和武隆等县城；长江中下游的荆江河段、城陵矶河段、武汉河段等。

可见，在模型构建前首先要梳理水库节点、防洪对象、控制指标。为此，按照保障水库自身枢纽安全、水库下游河段防洪安全、兼顾长江中下游防洪调度等层次，完成防洪调度节点的梳理，包括控制站、防洪标准、控制条件等，其中水库对象节点为 30 座水库，防洪控制站对象节点 20 个，共计 50 个，相应防洪角度节点的控制流量和水位，详见表 5.25。

表 5.25　防洪调度节点及防洪控制条件

序号	水系	所在河流	调度节点	调度节点控制站	调度保障/防洪标准目标	控制条件水位或流量
1	金沙江	金沙江	梨园	水库	坝体安全	防洪高水位
2		金沙江	阿海			
3		金沙江	金安桥			
4		金沙江	龙开口			
5		金沙江	鲁地拉			
6		金沙江	观音岩			
7		金沙江	乌东德			
8		金沙江	白鹤滩			
9		金沙江	溪洛渡			
10		金沙江	向家坝			
11	雅砻江	雅砻江	两河口			
12		雅砻江	锦屏一级			
13		雅砻江	二滩			
14	岷江	大渡河	下尔呷			
15		大渡河	双江口			
16		大渡河	瀑布沟			
17		岷江	紫坪铺			
18	嘉陵江	白龙江	碧口			
19		白龙江	宝珠寺			
20		嘉陵江	亭子口			
21		嘉陵江	草街			
22	乌江	乌江	洪家渡			
23		乌江	东风			
24		乌江	乌江渡			
25		乌江	构皮滩			
26		乌江	彭水			
27		乌江	思林			
28		乌江	沙沱			
29	长江	长江	三峡			
30		长江	葛洲坝			
31	金沙江	金沙江	攀枝花市	攀枝花水文站	50 年	11700m³/s

序号	水系	所在河流	调度节点	调度节点	调度保障/防洪标准	控制条件
				控制站	目标	水位或流量
32		大渡河	成昆铁路	沙坪站	100 年	5810m³/s
33	岷江	大渡河	乐山市	五通桥	20 年	6000m³/s
34		岷江干流	金马河段	紫坪铺水库	100 年	6030m³/s
35			苍溪	亭子口	20 年	21100m³/s
36	嘉陵江	干流	阆中	亭子口	50 年	21100m³/s
37			南充市	南充站	50 年	25100m³/s
38			合川地区	高场站	20 年	28000m³/s
39			思南县城	思南站	20 年	9320m³/s
40	乌江	干流	沿河县城	沿河站	20 年	312mm³/s
41			彭水县城	彭水站	20 年	19900m³/s
42			武隆县城	武隆站	20 年	23700m³/s
43			柏溪镇	向家坝水库	20 年	28000m³/s
44		长江干流上游	宜宾市	李庄	50 年	51100m³/s
45			泸州市	朱沱	50 年	52600m³/s
46	长江		重庆主城区	寸滩	100 年	83100m³/s
47			荆江河段	沙市	100 年一遇，1000 年一遇或 1870 年同大洪水不溃堤	44.5m
48		中下游	城陵矶	七里山	减少洪灾	34.4m
49			汉口	汉口站	减少洪灾	29.73m
50			湖口	湖口站	减少洪灾	22.50m

同时，按照各水库的调度规程、调度方式、研究报告、批复方案、调度情况等成果综合对比和复核，并且结合长江流域干支流水文气象、洪水特性、洪水遭遇规律等，首先归纳了各水库的防洪库容预留时间，见表 5.26 和表 5.27。

表 5.26　　　　　　　　　　长江上游干支流水库群防洪库容预留时间

梯级	水库名称	防洪库容预留时间
金沙江中游梯级	梨园—鲁地拉	7 月 1—31 日
	观音岩	7 月 1 日—9 月 30 日
雅砻江梯级	两河口	7 月 1—31 日
	锦屏一级	
	二滩	
金沙江下游梯级	乌东德	7 月 1—31 日
	白鹤滩	
	溪洛渡	7 月 1 日—8 月 31 日
	向家坝	

续表

梯级	水库名称	防洪库容预留时间
岷江大渡河梯级	紫坪铺	6月1日—9月30日
	下尔呷	7月1—31日
	双江口	
	瀑布沟	6月1日—7月31日，8月1日—9月30日
嘉陵江	碧口	5月1日—6月14日，6月15日—9月30日
	宝珠寺	7月1日—9月30日
	亭子口	6月21日—8月31日
	草街	6月1日—8月31日
乌江	洪家渡	
	东风	
	乌江渡	
	构皮滩	6月1日—7月31日，8月1—31日
	思林	6月1日—8月31日
	沙沱	6月1日—8月31日
	彭水	5月21日—8月31日
长江干流	三峡	6月10日—8月31日；9月10日控制水位150～155m，9月10日起蓄
	葛洲坝	

表 5.27　　　　长江上游干支流水库群防洪库容动态预留情况

梯级名称	预留防洪库容/亿 m³											
	6月			7月			8月			9月		
	上旬	中旬	下旬	上旬	中旬	下旬	上旬	中旬	下旬	上旬	中旬	下旬
梨园				1.73	1.73	1.73						
阿海				2.15	2.15	2.15						
金安桥				1.58	1.58	1.58						
龙开口				1.26	1.26	1.26						
鲁地拉				5.64	5.64	5.64						
观音岩			2.53	5.42	5.42	5.42	2.53	2.53	2.53	2.53	2.53	2.53
两河口				20	20	20						
锦屏一级				16	16	16						
二滩	9	9	9	9	9	9						
乌东德			24.4	24.4	24.4	24.4						
白鹤滩			75	75	75	75						
溪洛渡			46.51	46.51	46.51	46.51	46.51	46.51	46.51	46.51		

梯级名称	预留防洪库容/亿m³											
	6月			7月			8月			9月		
	上旬	中旬	下旬	上旬	中旬	下旬	上旬	中旬	下旬	上旬	中旬	下旬
向家坝			9.03	9.03	9.03	9.03	9.03	9.03	9.03	9.03		
下尔呷				8.7	8.7	8.7						
双江口				6.63	6.63	6.63						
瀑布沟	11	11	11	11	11	11	7.3	7.3	7.3	7.3	7.3	7.3
紫坪铺	1.67	1.67	1.67	1.67	1.67	1.67	1.67	1.67	1.67	1.67	1.67	1.67
碧口	1.36	1.56	1.56	1.56	1.56	1.56	1.56	1.56	1.56	1.56	1.56	1.56
宝珠寺				2.8	2.8	2.8	2.8	2.8	2.8	2.8	2.8	2.8
亭子口			14.4	14.4	14.4	14.4	14.4	14.4	14.4			
草街	1.99	1.99	1.99	1.99	1.99	1.99	1.99	1.99	1.99			
洪家渡												
东风												
乌江渡												
构皮滩	4	4	4	4	4	4	2	2	2			
思林	1.84	1.84	1.84	1.84	1.84	1.84	1.84	1.84	1.84			
沙沱	2.09	2.09	2.09	2.09	2.09	2.09	2.09	2.09	2.09			
彭水	2.32	2.32	2.32	2.32	2.32	2.32	2.32	2.32	2.32			
三峡		221.5	221.5	221.5	221.5	221.5	221.5	221.5	221.5	196.1	165.0	92.8
葛洲坝												

5.4.2 角色定位

长江洪水来源广、组成十分复杂，在分析研究各防洪调度对象的洪水来源及其组成的基础上，提出了各重要防洪节点的典型设计洪水过程，逐个分析了各个水库的调节作用，并在梯级水库的基础上组合成多个水库群组，确定了各自的防洪调度任务及其调度方式。

根据水库群防洪调度库容分配方式和重要防洪对象多区域分布属性，可将 30 座水库分为核心水库（三峡水库）、骨干水库（乌东德、白鹤滩、溪洛渡、向家坝水库）、5 个群组水库（金沙江中游梯级群、雅砻江梯级群、岷江梯级群、嘉陵江梯级群和乌江梯级群）。核心-骨干-群组水库示意见图 5.6。

1 个核心水库（三峡水库）的防洪库容为 221.5 亿 m³，骨干水库（乌东德、白鹤滩、溪洛渡、向家坝水库）的防洪库容为 154.94 亿 m³，5 个群组水库（金沙江中游梯级群、雅砻江梯级群、岷江梯级群、嘉陵江梯级群和乌江梯级群）的防洪库容分别为 17.78 亿 m³、45 亿 m³、28 亿 m³、20.22 亿 m³、10.25 亿 m³，合计防洪库容 498 亿 m³。

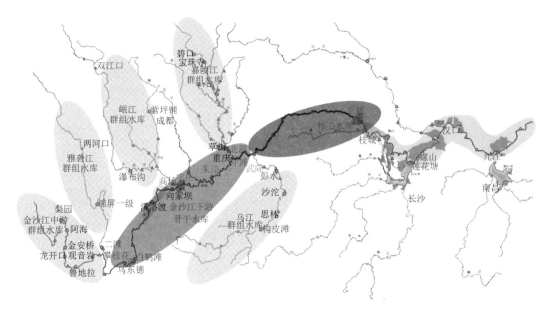

图 5.6 核心-骨干-群组水库示意图

通过各水库群组的防洪作用和调节能力，综合确定多区域协同防洪调度的总体格局：长江中下游地区的防洪主要由三峡水库承担，其他骨干水库和群组水库配合，其中乌东德、白鹤滩、两河口、双江口等 4 座水库依据"分期预留、逐步蓄水"的原则，以拦蓄基流的方式减少三峡水库入库洪量；川渝河段的防洪主要以骨干水库的溪洛渡、向家坝水库承担；金沙江中游、岷江、嘉陵江、乌江中下游的防洪由各群组水库承担；在以 1 座水库为主开始防洪调度时，其他水库根据实时水情及其预报承担起拦蓄洪量或削峰错峰任务。

按照水库群的防洪任务和重要防洪对象多区域分布属性，长江上游水库群在长江流域多区域协同防洪调度格局中的定位如下：

（1）群组水库通过自身河流的防洪调度，减轻本河流下游防洪压力，减少了进入三峡水库的洪量。

（2）骨干水库在支流水库群组配合下，保障干流沿程重要城市如宜宾、泸州、重庆等防洪安全，在减少三峡入库洪量的同时可进一步削减三峡水库的洪峰流量。

（3）核心水库为总阀门，控制进入长江中下游洪量。

5.4.3 拓扑关系

按照水库群角色定位，提出了水库群多区域协同防洪调度模型的拓扑关系，厘清干支流水库群之间的联系、水库群与各防洪对象之间的映射关系，拓扑关系见图5.7。

对于上述长江上游 30 座水库群多区域协同防洪调度模型，在梳理和完善川渝河段、荆江河段、城陵矶地区等重点区防洪需求的基础上，根据水库群防洪调度库容分配方式和重要防洪对象多区域分布属性，长江上游水库群多区域协同防洪调度包括本流域单一调度、不同防洪目标间的区域调度方式、保障长江流域整体防洪调度共三个方面。同时，按

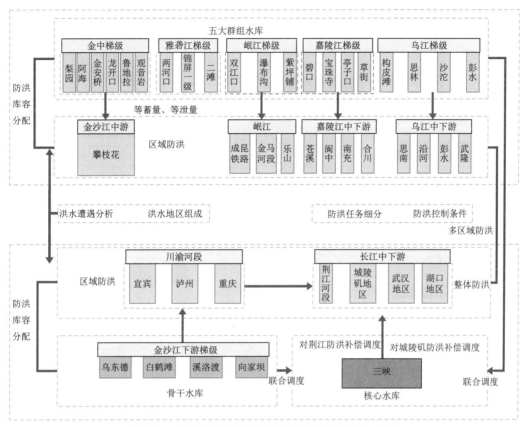

图 5.7 水库群多区域协同防洪调度模型的拓扑关系

照逻辑结构和计算功能，模型划分为需求层、协调层、目标层三个层面（图 5.8）：

（1）需求层为本流域单一调度层面，即调度需求、调度条件。

（2）协调层包括单一水库兼顾分布不同区域防洪目标间库容利用的区域调度方式协调层、多个水库针对同一区域防洪调度方式的协调层、多个水库针对多区域防洪调度方式的协调层，即调度方式和调度规则。这里，基于大系统分解协调和分区控制理论，通过水文情势、控制条件、调度作用等分析，梳理区域间洪水遭遇规律和关联性分析，寻求出区域防洪调度子模型间防洪库容共用空间，作为子模型间的协调变量；同时密切关注协调层区域防洪调度模型间（本河段、干支流之间的联合调度）和上层模型间（上游水库群配合三峡水库对长江中下游防洪）的耦合性。

（3）目标层为保障水库枢纽自身安全、干支流防洪安全、长江流域整体防洪安全或洪灾损失最小，即调度目标。

可见，基于面向多区域防洪的长江上游水库群协同调度策略，协调层为模型的关键要素，主要包括本流域单一调度层面、不同防洪目标间的区域调度方式协调层、保障长江流域整体防洪安全或洪灾损失最小协调层，进而提出上游水库配合三峡水库对长江中下游防洪调度方式。

（1）金沙江中游的梨园、阿海、金安桥、龙开口、鲁地拉、观音岩：①观音岩水库对攀枝花的调度；②6 座梯级水库配合三峡水库对长江中下游的防洪调度。

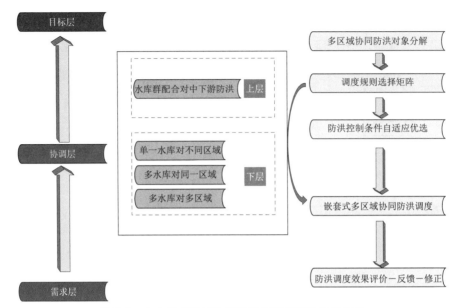

图 5.8　水库群多区域协同防洪调度模型的层级划分

（2）雅砻江的两河口、锦屏一级、二滩：本河流无重要防护对象，主要是配合三峡水库对长江中下游的防洪调度。

（3）金沙江下游的乌东德、白鹤滩、溪洛渡、向家坝：①溪洛渡、向家坝水库对宜宾的防洪调度；②溪洛渡、向家坝水库对泸州的防洪调度；③溪洛渡、向家坝水库对重庆的防洪调度；④乌东德、白鹤滩水库配合三峡水库对长江中下游的防洪调度；⑤溪洛渡、向家坝水库配合三峡水库对长江中下游的防洪调度。

（4）岷江的下尔呷、双江口、瀑布沟、紫坪铺：①紫坪铺水库对金马河段的防洪调度；②瀑布沟水库对成昆铁路沙坪段、乐山主城区的防洪调度；③双江口、瀑布沟水库配合三峡水库对长江中下游的防洪调度。

（5）嘉陵江的碧口、宝珠寺、亭子口、草街：①亭子口水库对苍溪、南充、武胜的防洪调度；②亭子口水库对合川、北碚的防洪调度；③亭子口水库配合溪洛渡、向家坝对重庆的防洪调度；④亭子口水库配合三峡水库对长江中下游的防洪调度。

（6）乌江的洪家渡、东风、乌江渡、构皮滩、思林、沙沱、彭水：①构皮滩、思林水库对思南县的防洪调度；②构皮滩、思林、沙沱水库对沿河的防洪调度；③构皮滩、思林、沙沱、彭水水库对武隆、彭水的防洪调度；④构皮滩水库配合三峡水库对长江中下游的防洪调度。

（7）长江三峡：①三峡水库对长江中下游（荆江河段和城陵矶地区）的防洪调度；②上游水库群配合三峡水库对长江中下游的防洪调度。

5.4.4　功能结构

5.4.4.1　调度模型的多维度属性

依据上述水库群防洪调度节点和拓扑关系，可见水库群多区域协同防洪调度模型涉及面广、影响因素多。在调度模型构建过程中，要充分结合长江上游水库调度特点，综合考虑"时、空、量、序、效"五个方面的多维度属性。

（1）时：是指水库群防洪库容动态预留时间。群组水库和骨干水库按照防洪要求，确定配合核心水库的启动时机和启动条件，有效利用防洪库容。

（2）空：是指水库群空间拓扑关系。各调度节点达到防洪标准所需的水库预留防洪库容，并在协同防洪调度过程中实时计算水库尚可配合的剩余防洪库容，充分利用防洪库容。

（3）量：是指水库群拦蓄流量。厘清各防洪目标发生的常遇洪水、标准洪水、超标准洪水等不同量级洪水，启动相应的调度方式和驱动模式，使得调度方式更有针对性和可操作性。

（4）序：是指水库群投入次序。依据水文预报和洪水地区组成，厘清上述骨干水库、各群组水库的调度次序，以及骨干水库、群组水库内部各水库的投入次序，实现骨干水库、群组水库库容利用最优。

（5）效：是指水库群防洪调度效果。在水库群协同防洪调度过程中不断优化和细化联合调度方案，评价反馈调度决策，滚动修正，形成以"以调测效，以效优策"的闭环，实现"科学合理利用防洪库容，确保多区域协同防洪安全，兼顾兴利效益，实现长江流域水资源高效利用"的整体防洪目标。

5.4.4.2 调度模型的功能结构

按照水库群防洪调度的"时-空-量-序-效"多维度属性，在保证模型的整体性、逻辑性、实用性的前提下，搭建水库群多区域协同防洪调度模型，并通过方案制定、效果评价、反馈修正，达到整体防洪目标。模型功能结构分为多区域协同防洪对象分解、调度规则选择矩阵、防洪控制条件自适应优选、嵌套式多区域协同防洪调度、防洪调度效果评价-反馈-修正，共计 5 个模块（图 5.9）。

1. 多区域协同防洪对象分解

基于大系统分解原理，按照长江上中游防洪对象位置和分布特性，将防洪对象分为水库本身、金沙江中游、岷江中下游、嘉陵江中下游、乌江中下游、川渝河段、长江中下游。

2. 调度规则选择矩阵

根据水库群调度运用方式构建防洪调度规则库，针对不同洪水量级和不同洪水地区组成，选取相应的水库针对该种洪水类型进行防洪调度，以保证防洪对象防洪安全。其中：

（1）水库总数（30 座水库群）记为 K，循环寻找参与水库，若该水库参与本次调度，则记相应的 θ_k 为 1，否则为 0。

（2）防洪对象总数记为 H，包括攀枝花市、成昆铁路等近 30 个防洪对象。

（3）洪水量级记为 M，包括 5 年一遇、20 年一遇、50 年一遇、100 年一遇、1000 年一遇等，分为常遇洪水、标准洪水、超标准洪水等不同量级洪水。

（4）洪水地区组成记为 N，包括长江上游来水、以嘉陵江来水为主、以川渝河段和嘉陵江两江遭遇来水为主等。

为此，可通过调度规则选择矩阵，给出防洪调度的控制手段，作为模型的输入。

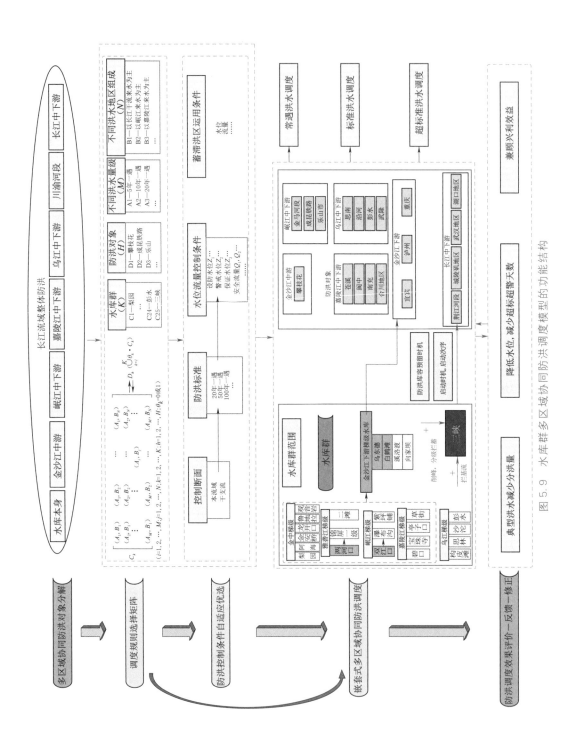

图 5.9 水库群多区域协同防洪调度模型的功能结构

3. 防洪控制条件自适应优选

对参与防洪调度的水库群的控制断面、防洪标准、水位流量控制条件以及判断是否启用蓄滞洪区配合运用，作为防洪调度的边界约束条件。

4. 嵌套式多区域协同防洪调度

依据水库群防洪调度方案，形成水库群防洪调度规则库，制定长江上游 30 座水库群的防洪调度的启用时机、调度方式，按照不同洪水类型开展常遇洪水调度、标准洪水调度、超标准洪水调度。这三种调度方式在局部区域时，按照区域洪水类型进行嵌套优选应用，例如：开展常遇洪水调度时，若乌江来水大，启用乌江防洪调度标准洪水调度规则库。

（1）常遇洪水调度目标函数：

$$f_1 = \max \sum_{k=1}^{K_1} E(C_k) \tag{5.43}$$

$$s.t. \begin{cases} A \leqslant 20 \\ \max(Z_s) \leqslant Z_1 \\ \vdots \\ \max(Q_p) \leqslant Q_0 \end{cases}$$

式中：K_1 为水库群总数，主要针对某条江河上的梯级水库而言；$E(C_k)$ 为第 k 个水库 C_k 的兴利效益；A 为洪水重现期；Z_s 为洪水调度过程防洪控制点最高水位，按不超过警戒水位 Z_1 进行控制；如果判断条件为流量约束，则按梯级水库下泄流量 Q_p 不超下游安全泄量 Q_0 进行控制，当然在调度过程尚需兼顾水位变幅、流量变幅、最小下泄流量等各种约束，此处不作赘述。

该调度方式主要针对 20 年一遇以下洪水进行常遇洪水调度，在确保防洪安全、满足水位流量约束条件的基础上，实现梯级水库群兴利效益最大。当然，如果两条及以上江河满足实施常遇洪水调度条件，该目标函数还需扩展。

（2）标准洪水调度目标函数：

$$f_2 = \begin{cases} \max \sum_{k=1}^{K} \varepsilon_k \cdot V'(C_k, \cdots, \mathbf{Q}) & Loss(A_i, B_j, \cdots, \mathbf{Q}) = 0 \\ \min Loss(A_i, B_j, \cdots, \mathbf{Q}) \end{cases} \tag{5.44}$$

$$s.t. \begin{cases} 20 < A_i \leqslant 100 \\ \max(Z_{h,s}) \leqslant Z_{h,2} & h = 1, 2, \cdots, H \\ \vdots \\ \max(Q_{h,p}) \leqslant Q_{h,0} & h = 1, 2, \cdots, H \end{cases}$$

式中：K 为水库群总数，本次取值为 30，即为研究对象中的所有水库；$V'(C_k, \cdots, \mathbf{Q})$ 为第 k 个水库 C_k 的剩余防洪库容；ε_k 为第 k 个水库 C_k 的防洪效果系数；在洪水重现期 A_i、洪水地区组成 B_j、来水过程 $\mathbf{Q}$ 下，水库群联合调度后分洪量记为 $Loss(A_i, B_j, \cdots, \mathbf{Q})$；$Z_{h,s}$ 为第 h 个防洪控制点的最高水位，按不超过相应安全水位 $Z_{h,2}$ 进行控制；如果考虑流量约束，$Q_{h,p}$ 为第 h 个防洪控制点的最大流量，按不超过安全流量 $Q_{h,0}$ 进行控制；H 为防洪对象总数，本次取值为 50，包括各水库本身和 20 个防洪控制站。

该调度方式主要针对 20 年一遇～100 年一遇洪水进行标准洪水调度，若有分洪量，则按分洪量最小进行调度；否则调度目标为水库群防洪能力 $\sum_{k=1}^{K} \varepsilon_k \cdot V'_k(C_k, \cdots, \mathbf{Q})$ 最大，即为水库群剩余防洪库容与防洪效果系数乘积之和最大，以提高对后续洪水的防洪能力。

（3）超标准洪水调度目标函数：

$$f_3 = \min Loss(A_i, B_j, \cdots, \mathbf{Q}) \tag{5.45}$$

$$s.t. \begin{cases} A_i > 100 \\ \max(Z_{h,s}) \leqslant Z_{h,2} \quad h = 1, 2, \cdots, H \\ \quad\vdots \\ \max(Q_{h,p}) \leqslant Q_{h,0} \quad h = 1, 2, \cdots, H \end{cases}$$

式中变量设置与式（5.44）中一致。此时已经出现分洪量，将针对超标准洪水进行防御调度，在有效运用分蓄洪区条件下保证流域洪灾损失最小。

5. 防洪调度效果评价-反馈-修正

在以上嵌套式多区域协同防洪调度的基础上，统计防洪调度效果，包括防洪库容使用、削峰量、降低水位等统计指标，进行各种方案的评价和比较，并依据评价结果对前述模块进行方案的修正和更新，以进一步完善长江上游水库群多区域协同防洪调度模型的适用性。

5.5 长江上游水库群配合三峡水库防洪补偿调度

5.5.1 上游水库群配合三峡水库防洪调度方式

以上对上游水库对本河段、多区域的防洪问题进行了研究，以下作出整体的归纳总结，以科学划分各水库防洪库容，并统筹协调长江上游各水库所在河流防洪调度与长江中下游防洪的关系，提出上游水库群配合三峡水库防洪调度方式。

5.5.1.1 金沙江中游梯级

金沙江中游梨园、阿海、金安桥、龙开口、鲁地拉、观音岩水库的预留防洪库容分别为 1.73 亿 m^3、2.15 亿 m^3、1.58 亿 m^3、1.26 亿 m^3、5.64 亿 m^3、5.42 亿 m^3，共计 17.78 亿 m^3。其中，考虑到攀枝花市防洪，观音岩水库汛期需预留防洪库容 2.53 亿 m^3 为本河段防洪，因此金沙江中游梯级水库可用于配合三峡水库对长江中下游防洪库容总计 15.25 亿 m^3，防洪库容投入使用时机与三峡水库同步。

金沙江中游梯级水库配合三峡水库的防洪调度方式为：

（1）当三峡水库拦蓄时，若金沙江中游梯级入库流量小于 5000m^3/s，水库拦蓄速率为 1500m^3/s；若金沙江中游梯级入库流量超过 5000m^3/s，水库拦蓄速率为 2000m^3/s。

（2）当三峡水库不拦蓄时，控制金沙江中游梯级水库下泄流量不小于 3100m^3/s。

5.5.1.2 雅砻江梯级

雅砻江梯级纳入本次水库群联合调度范畴的有两河口、锦屏一级和二滩共 3 座水库，其中锦屏一级水库和二滩水库已建成投运。

结合长江流域上游干支流扩大预留防洪库容的主要目的，本次雅砻江梯级水库防洪库容投入使用阶段为三峡水库对城陵矶防洪补偿调度阶段，即：三峡库水位 145m，枝城洪水超过 56700m³/s 或城陵矶水位超过 34.4m，则雅砻江流域梯级水库投入使用。具体调度方式为：

当入库流量小于 4000m³/s 时，雅砻江梯级水库拦蓄速率 1500m³/s；入库流量超过 4000m³/s 时，雅砻江梯级水库拦蓄速率为 2000m³/s；拦蓄时机与三峡水库同步。

考虑到城陵矶成灾时段的非连续性特点及雅砻江口至宜昌间的洪水演进时滞，从兼顾发电效益的角度出发，在三峡水库不拦蓄的时段（下游不成灾时），对雅砻江口出流按 2350m³/s（相当于二滩水电站的满发流量）进行控泄，多余流量则拦蓄在库中。

5.5.1.3 金沙江下游梯级

1. 乌东德和白鹤滩水库

依据《长江流域防洪规划》"分期预留、逐步蓄水"的原则，以拦蓄基流的方式配合减少三峡水库入库洪量。

2. 溪洛渡水库和向家坝水库

溪洛渡水库、向家坝水库是长江流域防洪体系中的重要工程，肩负着川渝河段和配合三峡水库对长江中下游防洪的双重任务，两库防洪库容共计 55.53 亿 m³。根据川渝河段防洪要求，结合近期研究成果，溪洛渡、向家坝应预留 14.6 亿 m³ 为本流域防洪，剩余 40.93 亿 m³ 用来配合三峡水库。

按照"大水多拦、小水少拦"的原则，当三峡水库水位在对城陵矶防洪补偿控制水位及以上时，溪洛渡、向家坝水库按三峡水库 2d 预报来水流量，以分级拦蓄的方式配合三峡水库对长江中下游进行防洪补偿调度，具体拦蓄方式如下：

（1）当预报 2d 后枝城流量将超过 56700m³/s 时，金沙江溪洛渡、向家坝梯级水库拦蓄速率为 2000m³/s。

（2）当预报 2d 后枝城流量将超过 56700m³/s 时，三峡入库流量超过 55000m³/s，金沙江溪洛渡、向家坝梯级水库拦蓄速率为 4000m³/s。

（3）当预报 2d 后枝城流量将超过 56700m³/s 时，三峡入库流量超过 60000m³/s 时，金沙江溪洛渡、向家坝梯级水库拦蓄速率为 6000m³/s。

（4）当预报 2d 后枝城流量将超过 56700m³/s 时，三峡入库将达到 70000m³/s 以上时，金沙江溪洛渡、向家坝梯级水库拦蓄速率为 10000m³/s。

5.5.1.4 岷江（大渡河）梯级

双江口水库与瀑布沟水库一起考虑，采取与三峡水库同步拦蓄的方式，对长江中下游进行防洪调度，具体调度方式为：①拦蓄时机与三峡水库同步；②当流量 $Q<3000$m³/s 时，拦蓄 500m³/s；当流量 3000m³/s$<Q<8230$m³/s 时，在拦蓄超过 3000m³/s 流量一半的基础上，再增加拦蓄 1000m³/s；拦蓄过程中最小下泄流量不低于 1400m³/s；③在长江中下游成灾不连续段，瀑布沟水库按方式②保持持续拦蓄；④当按上述方式拦蓄洪水瀑布沟水库水位达到 841m 后，瀑布沟水库按对本流域防洪调度方式进行拦洪；⑤预报长江中下游未来无大洪水发生，停止拦蓄。

5.5.1.5 嘉陵江梯级

考虑到亭子口水库无专门库容对长江中下游防洪，为协调亭子口水库针对多区域防洪的矛盾及风险，在长江流域洪水发生历时的不同阶段动态设置亭子口水库防洪库容的投入量，即根据三峡水库对长江中下游防洪时的不同水位拟定亭子口水库相应的防洪库容投入量。本阶段推荐亭子口水库按电站满发流量持续拦蓄洪水，兼顾发电兴利调度。具体投入时机为：三峡库水位 145~155m，枝城洪水超过 56700m³/s 或城陵矶水位超过 34.4m，亭子口水库可投入使用 447~450m 之间的防洪库容（约 2.6 亿 m³）；三峡库水位 155~171m，亭子口水库可投入使用 450~458m 之间的防洪库容（约 8 亿 m³）；三峡库水位 171~175m，亭子口水库可投入使用 458~461.3m 之间的防洪库容（约 3.8 亿 m³）。

5.5.1.6 乌江梯级

构皮滩水库防洪库容在三峡水库对城陵矶补偿阶段投入，与三峡水库同步拦蓄，减少汇入三峡水库的洪量。具体拦蓄方式为：当入库流量小于 3000m³/s 时，构皮滩水库拦蓄速率为 1000m³/s；入库流量大于 3000m³/s，构皮滩水库拦蓄速率为 2000m³/s。

5.5.1.7 上游水库配合三峡水库对长江中下游防洪

当长江中下游发生大洪水时，以沙市、城陵矶等防洪控制站水位为主要控制目标，三峡水库联合上中游水库群实施防洪补偿调度。当三峡水库拦蓄洪水时，上游水库群配合拦蓄洪水，减少三峡水库的入库洪量。

一般情况下，梨园、阿海、金安桥、龙开口、鲁地拉、观音岩、锦屏一级、二滩等水库实施与三峡水库同步拦蓄洪水的调度方式。溪洛渡、向家坝水库在留足川渝河段所需防洪库容前提下，采用削峰的方式配合三峡水库承担长江中下游防洪任务。瀑布沟、亭子口、构皮滩、思林、沙沱、彭水等水库，当所在河流发生较大洪水时，结合所在河流防洪任务，实施防洪调度；当所在河流来水量不大且预报短时期内不会发生大洪水，而长江中下游需要防洪时，适当拦蓄来水，减少三峡水库入库洪量。

对于在建的乌东德、白鹤滩、两河口、双江口等水库，本次研究采用与三峡水库同步拦蓄洪水的调度方式。

1. 上游各水库预留防洪库容

承担所在河流防洪和配合三峡水库承担长江中下游双重防洪任务的水库，为本河流预留防洪库容安排情况：

（1）溪洛渡、向家坝水库为宜宾、泸州等城区预留防洪库容 14.6 亿 m³。

（2）观音岩水库为攀枝花市城区预留防洪库容 2.53 亿 m³。

（3）碧口水库、宝珠寺水库分别为枢纽自身防洪安全预留防洪库容 0.7 亿 m³、2.8 亿 m³。亭子口水库、草街水库分别为嘉陵江中下游沿江城镇预留防洪库容 14.4 亿 m³、1.99 亿 m³。

（4）构皮滩、思林、沙沱、彭水等水库分别为乌江中下游沿江城镇分别预留防洪库容 2 亿 m³、1.84 亿 m³、2.09 亿 m³、2.32 亿 m³。

（5）瀑布沟水库为下游河段预留防洪库容 5.0 亿 m³。

2. 上游各水库配合三峡水库投入时机和投入库容

结合长江上游各梯级水库基本情况，上游控制性水库配合三峡水库对长江中下游防洪时，大致可归为三类：

第①类水库，无本流域防洪任务，仅承担配合三峡水库对长江中下游防洪任务。例如：金沙江中游梨园、阿海、金安桥、龙开口、鲁地拉等水库，以及雅砻江锦屏一级、二滩等水库。

第②类水库，既承担本流域防洪又承担配合三峡水库对长江中下游防洪任务。例如：金沙江中游观音岩水库为攀枝花市城区预留防洪库容 2.53 亿 m³，金沙江下游溪洛渡、向家坝水库为宜宾、泸州等城区预留防洪库容 14.6 亿 m³，大渡河瀑布沟水库为下游河段预留防洪库容 5.0 亿 m³，乌江构皮滩水库为乌江中下游沿江城镇预留防洪库容 2 亿 m³。

第③类水库，紧急情况下承担配合三峡水库对长江中下游防洪任务。例如：岷江紫坪铺水库为本流域防洪安全预留防洪库容 1.67 亿 m³，嘉陵江碧口水库、宝珠寺水库为枢纽自身防洪安全分别预留防洪库容 0.7 亿 m³、2.8 亿 m³，亭子口水库、草街水库为嘉陵江中下游沿江城镇分别预留防洪库容 14.4 亿 m³、1.99 亿 m³，乌江思林、沙沱、彭水等水库为乌江中下游沿江城镇分别预留防洪库容 1.84 亿 m³、2.09 亿 m³、2.32 亿 m³。

对于在建的乌东德、白鹤滩、两河口、双江口等水库，本次研究按乌白为第②类、两河口为第①类、双江口为第②类考虑。

上游控制性水库配合三峡水库投入时机和投入库容情况见表 5.28。其中，阶段一指三峡水位即将超过 145m 且枝城站洪水超过 56700m³/s 或城陵矶站水位超过 34.4m 时；阶段二指三峡水位超过对城陵矶防洪补偿水位且枝城站洪水超过 56700m³/s 或城陵矶站水位超过 34.4m 时。

表 5.28　　　　　　　上游控制性水库配合三峡水库投入时机和投入库容情况

水系名称	水库名称	规划防洪库容/亿 m³	投入时机及最多投入防洪库容/亿 m³		是否承担所在河流防洪任务	水库类别
			阶段一	阶段二		
金沙江	梨园	1.73	1.73		否	①
	阿海	2.15	2.15			
	金安桥	1.58	1.58			
	龙开口	1.26	1.26			
	鲁地拉	5.64	5.64			
	观音岩	5.42	2.89		是	②
	乌东德	24.4	24.4		是	
	白鹤滩	75	75		是	
	溪洛渡	46.51		40.93	是	
	向家坝	9.03			是	
雅砻江	两河口	20	20		否	①
	锦屏一级	16	16			
	二滩	9	9			
岷江	紫坪铺	1.67			是	③
	双江口	6.63	6.63		是	②
	瀑布沟	11	6		是	②

续表

水系名称	水库名称	规划防洪库容/亿 m³	投入时机及最多投入防洪库容/亿 m³		是否承担所在河流防洪任务	水库类别
			阶段一	阶段二		
乌江	构皮滩	4	2		是	②
	思林	1.84			是	
	沙沱	2.09			是	
	彭水	2.32			是	
嘉陵江	碧口	1.03			否	③
	宝珠寺	2.8				
	亭子口	14.4			是	
	草街	1.99			是	

3. 对荆江河段防洪补偿调度方式

(1) 对荆江河段进行防洪补偿调度适用于长江上游发生大洪水的情况，主要由三峡水库承担，上游其他水库配合，枝城流量与沙市站水位为控制目标。

(2) 当三峡库水位低于 171m，依据水情预报分析，当沙市站水位达到或超过 44.5m 时，控制水库下泄流量，与坝址—沙市区间来水叠加后，使沙市站水位不高于 44.5m。

(3) 当三峡库水位为 171~175m 时，控制枝城站流量不超过 80000m³/s，同时在配合采取分蓄洪措施条件下控制沙市站水位不高于 45m。

4. 对城陵矶地区防洪补偿调度方式

(1) 对城陵矶地区进行防洪补偿调度适用于全流域性或长江中下游发生大洪水的情况。三峡水库对城陵矶地区进行防洪补偿控制水位为 155m。当三峡水库水位超过 155m 后，一般不再单独对城陵矶地区实施防洪补偿调度，转为按对荆江河段防洪补偿方式运用。如城陵矶附近地区防汛形势依然严峻，可考虑在上游水库群配合运用下，三峡水库继续对城陵矶地区进行防洪补偿调度，缓解城陵矶附近地区防洪压力。

(2) 在三峡水库对城陵矶地区进行防洪补偿调度过程中，当预报 48h 内城陵矶水位超过 34.4m 时，控制水库下泄流量，与坝址—城陵矶区间来水叠加后，使 48h 内城陵矶水位不高于 34.4m，其中，三峡水库当日下泄量为当日荆江河段防洪补偿的允许水库泄量和第三日城陵矶地区防洪补偿的允许水库泄量二者中的较小值。

(3) 当三峡水库对长江中下游防洪调度时，上游水库群拦洪次序可根据当时的雨情水情确定，原则上先用金沙江中游梯级水库、锦屏一级水库，再用二滩、溪洛渡、向家坝水库，最后使用岷江、嘉陵江、乌江等梯级水库。

(4) 金沙江中游梨园、阿海、金安桥、龙开口、鲁地拉和雅砻江两河口、锦屏一级、二滩等水库实施与三峡水库同步拦蓄洪水，依据预报来水量级，按照"大水多拦，小水少蓄"的原则，适当控制水库下泄。

(5) 当三峡库水位在对城陵矶防洪补偿水位以下时，溪洛渡、向家坝水库不投入使用，按出入库平衡方式调度；当三峡水库水位在对城陵矶防洪补偿水位及以上时，溪洛渡、向家坝水库按三峡水库来水流量，以分级拦蓄的方式配合三峡水库对城陵矶地区进行防洪补偿调度。若三峡水库预报来水可能出现 20 年一遇及以上洪水时，相机启用溪洛渡、向家坝水库，削减三峡入库峰值，以降低三峡库区回水高程，提高三峡水库对城陵矶地区防洪调度的调控能力和灵活性，必要时二滩、瀑布沟、亭子口水库配合运用。

（6）当长江中下游防洪形势严峻时，各水库中为所在河流防洪保护对象安全而预留的防洪库容，包括观音岩、溪洛渡、向家坝、瀑布沟、碧口、宝珠寺、亭子口、草街、构皮滩、思林、沙沱、彭水等水库；当所在河流来水量不大且预报短时期内不会发生较大洪水时，可配合三峡水库拦蓄洪水，削减汇入三峡水库的洪量。拦洪流量应兼顾发电兴利需求，并根据预报情况及时调整。

5.5.2 上游水库群配合三峡水库联合防洪调度模型

根据水库群多区域协同防洪调度模型上层协调层的需要，建立上游水库群联合防洪调度的模拟计算模型，形成集上游干支流梯级水库、三峡水库、河道于一体的具有调洪计算、洪水演进等功能的数学模型集（图 5.10）。

图 5.10　上游水库群配合三峡水库联合防洪调度模型图

针对不同的防洪对象和防洪要求，本次上游水库群配合三峡水库联合防洪调度模型主要针对以螺山为整体的不同典型洪水的方案计算，实现长江上游水库防洪调度及河道洪水演进的快速计算以及多种模拟方案的评价和比选，反映长江上游控制性水库群防洪调度方案的成果。

5.5.2.1 三峡水库调洪模型

三峡水库的防洪对象主要为荆江地区和城陵矶地区，水库调度遵循满发流量限制条件和保坝安全限制条件，针对三峡水库分级防洪库容对城陵矶、荆江实施防洪补偿调度。当三峡水库开始拦蓄时，上游水库群适时配合拦蓄。

（1）防洪任务为确保三峡和葛洲坝水利枢纽防洪安全；对长江上游洪水进行调控，使荆江河段防洪标准达到 100 年一遇，遇 100 年一遇～1000 年一遇洪水，包括类似 1870 年洪水时，控制枝城站流量不大于 80000m³/s，配合蓄滞洪区的运用，保证荆江河段行洪安全，避免两岸干堤漫溃发生毁灭性灾害；根据城陵矶地区防洪要求，考虑长江上游来水情况和水文气象预报，适度调控洪水，减少城陵矶地区分蓄洪量。

（2）防洪调度方式包括对荆江河段进行防洪补偿的调度方式以及兼顾对城陵矶地区进行防洪补偿的调度方式两种。

1）对荆江河段进行防洪补偿的调度方式。主要适用于长江上游发生大洪水的情况。汛期在实施防洪调度时，如三峡水库水位低于 171m，则按沙市站水位不高于 44.5m 控制水库下泄流量；当水库水位为 171～175m 时，控制补偿枝城站流量不超过 80000m³/s，在配合采取分蓄洪措施条件下控制沙市站水位不高于 45m，水库水位达到 175m 后，按保枢纽安全方式进行调度。

2）兼顾对城陵矶地区进行防洪补偿的调度方式。主要适用于长江上游洪水不大，三峡水库尚不需为荆江河段防洪大量蓄水，而城陵矶（莲花塘站，下同）水位将超过堤防设计水位，需要三峡水库拦蓄洪水以减轻该地区防洪及分蓄洪压力的情况。汛期在因调控城陵矶地区洪水而需要三峡水库拦蓄洪水时，如三峡库水位不高于155m，则按控制城陵矶水位34.4m进行补偿调节；当三峡库水位高于155m之后，一般情况下不再对城陵矶地区进行防洪补偿调度，转为对荆江河段进行防洪补偿调度。如城陵矶附近地区防汛形势依然严峻，视实时雨情水情工情和来水预报情况，可在保证荆江地区和库区防洪安全的前提下，加强溪洛渡、向家坝等上游水库群与三峡水库联合调度，进一步减轻城陵矶附近地区防洪压力，为城陵矶防洪补偿调度，三峡库水位原则上不超过158m。

将三峡水库防洪库容自下而上分为3部分：第一部分库容直接用于以城陵矶地区防洪为目标；第二部分库容用于荆江地区防洪补偿；第三部分库容用于防御上游特大洪水。三峡水库的调度也将遵循满发流量限制条件、保坝安全限制条件，以及三峡水库防洪库容分级对城陵矶、枝城防洪补偿调度。

三峡水库下泄流量计算方法为

$$q_{s,t} = \begin{cases} \max(\min(Q_z-(1+e_1)\cdot r_{z,t}, Q_c-(1+e_1)\cdot r_{z,t}-(1+e_2)\cdot r_{c,t+2}, \min(p_{s,t}, Q_s)) & 0 \leqslant w_{s,t} \leqslant W_{s1} \\ \max(Q_z-(1+e_1)r_{z,t}, \min(p_{s,t}, Q_s)) & W_{s1} < w_{s,t} \leqslant W_{s2} \\ 80000-(1+e_1)\cdot r_{z,t} & W_{s2} < w_{s,t} < W_{s3} \\ \max(p_{s,t}, 80000-(1+e_1)\cdot r_{z,t}) & w_{s,t} \geqslant W_{s3} \end{cases}$$

(5.46)

式中：$q_{s,t}$ 为三峡水库 t 时刻的出库流量；Q_z 为枝城站流量限制；$r_{z,t}$ 为枝城站 t 时刻的区间入流；e_1 为枝城站区间入流预报误差；e_2 为城陵矶区间入流预报误差；Q_c 为城陵矶流量限制；$r_{c,t+2}$ 为城陵矶 $t+2$ 时刻的区间入流；Q_s 为三峡水库的满发流量；$p_{s,t}$ 为三峡水库的入库流量；W_{s1}，W_{s2}，W_{s3} 为可调参数。

三峡水库下泄流量计算流程如图5.11所示。

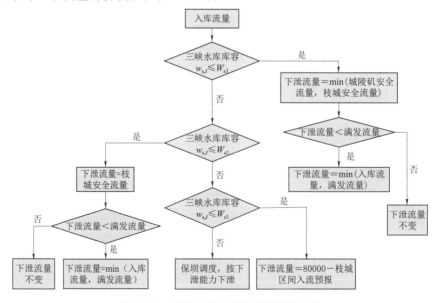

图5.11　三峡水库下泄流量计算流程图

5.5.2.2　库区回水推算模型

水库兴建后，库区沿程水位壅高，并因流速变缓，更抬高了水库的沿程水位，为确定库区淹没范围、淹没损失与浸没影响，需进行水库回水计算推算出不同坝前水位库区沿程的水面线。对于建成后的水库，在遭遇洪水时也可根据水情预报，预测水库沿程可能的淹没水位，为库区防洪调度提供参考。

回水计算主要采用非恒定流计算法和简化计算法：

（1）库区水流形态受入库洪水和坝址下泄量变化的影响，属于非恒定流范畴，可通过圣维南方程组求解，严格推求不同时间库区沿程各断面的水位变化。为进行某一洪水标准下的水库回水计算，通常可采用入库洪水过程线为其上边界条件，采用由调度方式规定的坝前水位和泄量过程，或水位与泄量关系为其下边界条件，并取调洪开始时的入库流量与坝址泄量相等，即库区沿程处于恒定流状态下的流量及水位为初始条件，求出整个洪水过程中水库库区的流态，然后连接各断面的最高水位，即得水库库区回水线。

（2）简化计算法将库区水流状态近似假定为渐变恒定流，先通过推求各种极限条件的同时水面线，再取它们的包线作为所求回水线的近似解，具体计算可采用试算法，自下而上逐河段计算，即可求得整个库区的回水线。

计算河段的划分原则为：①在选取的计算河段内落差不宜过大，一般在1～2m以内，因此在近坝区计算河段长度可取大些，越接近回水末端，计算河段长度宜越小一些；②计算河段两端断面的水力要素应大致代表河段平均情况，在断面变化大的河段，计算断面宜加密，在突然扩展和突然收缩段的上下端一般应布置计算断面；③在较大支流入汇处的上下游，或在较大城镇及重要防护点附近，一般均应布置计算断面；④若采用水文资料绘制控制曲线，相邻两站亦应满足上述原则，否则应采用地形资料增加计算断面。

在设计阶段，回水推算成果缺乏实测资料验证，一般可按实测和调查洪水推算建库前天然水面线，以比较所用资料及计算方法的合理性，并根据回水推算成果，点绘水面线，分析各种坝前水位及库区流量组合条件下的回水曲线变化趋势的合理性，其规律大致如下：

（1）建库后，库区回水位应高于天然情况下同一流量的水位，而水面线则较为平缓。

（2）同一坝前水位，较小的库区流量的水面线应低于较大的库区流量的水面线，流量越大，坡降越大，回水末端越近；流量越小，坡降越小，回水末端越远。

（3）同一库区流量，坝前水位较低的水面线应低于较高坝前水位的水面线，坝前水位越高，坡降越小，回水末端越远。

（4）库区同一断面以不同坝前水位的两个设计流量的水位差比较时，较高坝前水位的水位差，应小于较低坝前水位的水位差。库区两个断面在同一流量的两个不同坝前水位时，上端面的水位差应小于或等于下断面的水位差。

（5）在同一坝前水位和流量时，一般回水水面线离坝址越近越平缓，越远越急陡，并以坝前水位水平线和同一流量天然水面线相交线为其渐近线。

三峡水库库区回水的计算，根据三峡库区回水计算的设计成果，从三峡坝前演算至距坝685km的朱沱水文站，整个河道被划分为140个断面。干流流量断面分别选用三峡出库、清溪场、寸滩、朱沱四个控制点的流量，库区有乌江和嘉陵江两个流量较大的支流，分别用北碚和武隆水文站的流量数据，见图5.12。

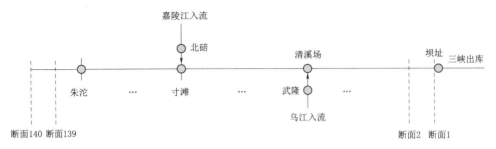

图 5.12　三峡回水计算示意图

模型输入信息：起始边界条件〔水库坝前水位、水库入库流量（洪水调节计算成果或指定边界）〕、库区河道断面地形数据。

模型输出信息：水库库区沿程水位。

5.5.2.3　上游水库群调度模型

将长江上游划分为若干个单元，根据各单元各梯级水库的防洪任务，分别拟定各梯级水库对本流域的防洪调度方式和配合三峡水库对长江中下游的防洪调度方式，在洪水遭遇分析的基础上，提出防洪统一调度方式。水库及重要控制节点之间采用马斯京根演算模型进行河道洪水演进。

根据流域洪水的传播特性，长江上游水库群联合防洪调度计算采取从上游到下游，从支流到干流的计算流序，各水库根据拟定的防洪调度方案采用相应的调度计算模型，各河段根据其特性及所掌握数据资料采用相应的洪水演算模型，逐时段地进行防洪调度计算。通过长江中下游荆江地区和城陵矶地区的防洪效果和防洪风险评估，对上游水库群的联合防洪调度决策进行反馈，如有需要，分析洪水来源地区组成情况，修改相应干支流控制性水库洪水拦蓄时机和速率等方式，再次逐时段进行洪水演算和防洪调度计算，直至满足长江中下游防洪调度决策目标，计算模型数据流见图5.13。

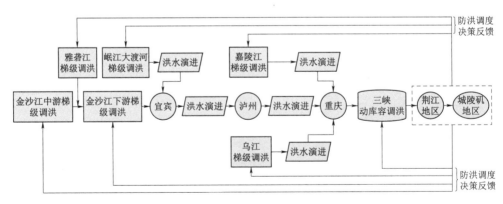

图 5.13　计算模型数据流

水库调度模型主要是对水库防洪目标和承担防洪任务进行分析，按设计拟定的调度方案数字化，并将库区淹没情况、大坝安全情况和下游防洪对象需求数字化，集成上下游洪水演进和水库调洪演算模型，分别拟定各梯级水库的防洪调度方式。

水库群防洪调度的目标是使流域内各防洪控制对象的超额洪量最小，根据确定的防洪调度目标及约束条件，按照各水库在防洪统一调度体系中的重要程度，建立长江中上游水库群防洪调度优化数学模型。目标函数表达为

$$\min \sum_{i=1}^{N} \left\{ k_i \sum_{t=1}^{T} \left[q(t) - q_s \right] \Delta t \right\} \tag{5.47}$$

式中：i 为水库序号；N 为水库数量；t 为水库下泄流量超过安全泄量的时段号；k_i 为在水库群防洪统一调度决策时各水库 i 对防洪控制对象所起作用所占权重系数，$\sum_{i=1}^{N} k_i = 1$；T 为时段数；$q(t)$ 为下泄流量；q_s 为防洪控制对象的安全泄量；Δt 为时段长。约束条件包含以下 8 点。

（1）水量平衡：

$$v_{i,t+1} = v_{i,t} + (Q_{i,t}^{\text{in}} - Q_{i,t}) \cdot \Delta t \tag{5.48}$$

$$q_{i,t} + Q_{i,t} = Q_{i,t}^{\text{in}} \tag{5.49}$$

$$Q_{i,t}^{\text{in}} = I_{i,t} + \sum_{k \in \Phi(i)} Q_{k,t-\tau(k)} \tag{5.50}$$

式中：$v_{i,t}$ 为 i 水库 t 时段初蓄水量；$I_{i,t}$ 为 i 水库（分洪点）t 时段区间流量；$Q_{i,t}$ 为 i 水库（分洪点）t 时段泄洪/出断面流量；$q_{i,t}$ 为 i 分洪点 t 时段的分洪流量；$Q_{i,t}^{\text{in}}$ 为 i 水库（分洪点）t 时段来水流量；$\tau(k)$ 为 k 水库（分洪点）到其下游链接水库（分洪点）的水流滞时；$\Phi(i)$ 为 i 水库的上游链接水库/分洪点集合。

（2）防洪库容限制：

$$v_{i,t} \leqslant v_i^{\max} \tag{5.51}$$

式中：$v_i^{\max}$ 为 i 水库防洪库容。

（3）防洪库容不重复利用限制：

$$v_{i,t+1} \geqslant v_{i,t} \quad (i \in \mathbf{K}) \tag{5.52}$$

式中：$\mathbf{K}$ 为不可重复利用防洪库容的水库集合。

（4）各水库拦蓄速率。采用平行补偿调度的原则，拟定各水库防洪库容投入使用比例与三峡水库防洪库容使用比例保持同步，i 水库 t 时刻蓄水库容应达到比例为

$$\frac{w_{i,t}}{W_i} = \begin{cases} k \cdot \dfrac{w_{s,t}}{W_{s1}} & 0 \leqslant w_{s,t} \leqslant W_{s1} \\[2ex] k + (1-k) \dfrac{w_{s,t} - W_{s1}}{W_{s2} - W_{s1}} & W_{s1} < w_{s,t} \leqslant W_{s2} \\[2ex] 1 & w_{s,t} > W_{s2} \end{cases} \tag{5.53}$$

式中：$w_{i,t}$ 为 i 水库 t 时刻已使用防洪库容；$w_{s,t}$ 为三峡水库 t 时刻已使用的防洪库容；W_i 为 i 水库的防洪库容；W_s 为三峡水库的防洪库容；k 为比例系数。

（5）水库泄洪流量限制：

$$Q_i^{\min} \leqslant Q_{i,t} \leqslant Q_i^{\max} \quad i \in \Omega_{\mathrm{R}} \tag{5.54}$$

式中：$Q_i^{\min}$ 和 $Q_i^{\max}$ 分别为 i 水库最小和最大泄洪流量。

（6）来水大于满发电流量时，水库泄洪流量不小于满发电流量；否则，泄洪流量不小

于来水，即

$$Q_{i,t} \geqslant \min\{Q_{i,t}^{\text{in}}, G_i^{\max}\} \quad i \in \Omega_R \tag{5.55}$$

式中：$G_i^{\max}$ 为 i 水库最大发电流量。

（7）分洪点安全过洪能力限制：

$$Q_{i,t} \leqslant Q_i^{\max} \quad i \in \Omega_F \tag{5.56}$$

（8）流量变幅：

$$|Q_{i,t+1} - Q_{i,t}| \leqslant x_{i,t} \quad i \in \Omega_R \tag{5.57}$$

5.6 本章小结

（1）梳理了水库防洪方式和优化调度策略，针对不同的防洪需求，提出了多种水库群防洪调度优化策略，并建立了相应的水库群防洪库容优化分配模型。

（2）建立了基于剩余防洪库容最大策略、变权重剩余防洪库容最大策略、同步拦蓄策略、系统线性安全度最大策略和系统非线性安全度最大策略的5种水库群防洪库容优化分配模型。实例应用结果表明：这5种水库群防洪库容优化分配模型具有很好的防洪效果，同时能根据相应的水库群防洪库容优化分配准则，控制各水库防洪库容的使用。

（3）首次定义了水库群防洪效果系数，对金沙江中游梯级、雅砻江梯级、金沙江下游梯级、岷江梯级、嘉陵江梯级和乌江梯级水库的防洪效果进行了比较，分析了防洪效果系数的差异性：

1）金沙江中游梯级和雅砻江梯级防洪效果系数较高，由于预留防洪库容较大、拦蓄作用稳定，在配合三峡水库防洪调度时防洪作用较为明显。但由于距离三峡水库较远，防洪作用稍差于金沙江下游梯级。

2）金沙江下游梯级处于长江干流，是骨干水库，防洪库容较大，拦蓄能力较强，在配合三峡水库防洪调度时防洪作用明显。

3）岷江梯级、嘉陵江梯级受洪水地区组成影响较大，防洪效果系数分别为 0.25～0.90 和 0.20～0.90。

4）乌江梯级水库距离三峡水库较近，防洪效果系数较高，但其预留防洪库容小，拦蓄作用有限。

5）遭遇不同量级洪水时，洪水量级越大，各梯级水库拦蓄时段更多，相对于三峡水库的防洪效果系数越大。

（4）基于系统非线性安全度最大策略的水库群防洪优化调度模型，计算了多场洪水时上游水库对三峡水库的防洪效果系数，结果表明：

1）遭遇同一场洪水时，各水库对枝城防洪控制站的防洪效益从大到小依次为三峡水库、溪向梯级水库、二滩水库、锦屏一级。

2）遭遇同一场洪水时，三峡水库使用防洪库容越少，上游水库对三峡水库的防洪效果系数越小，水库群整体防洪效益越差。

3）遭遇相同类型、不同量级洪水时，洪水量级越大，上游水库对三峡水库的防洪效果系数越大。

4）遭遇不同类型、相同量级洪水时，上游水库对三峡水库的防洪效果系数与枝城站天然洪水超标历时成正相关趋势。

（5）根据防洪对象的相关性和差异性，考虑长江流域防洪需求，建立了长江上游水库群多区域协同防洪调度模型，提出了兼顾"时-空-量-序-效"多维度属性的模型功能结构。

（6）提出了面向多区域防洪的长江上游水库群协同调度策略，主要包括：

1）根据防洪对象的相关性和差异性，考虑长江流域防洪需求，建立了长江上游水库群多区域协同防洪调度模型，提出了兼顾"时-空-量-序-效"多维度属性的模型功能结构。

2）通过多区域协同防洪对象分解、调度规则选择矩阵、防洪控制条件自适应优选、嵌套式多区域协同防洪调度、防洪调度效果评价-反馈-修正的调度模式，达到"科学合理利用防洪库容，确保多区域协同防洪安全，兼顾兴利效益，实现长江流域水资源高效利用"的整体防洪目标。

（7）为统筹考虑长江上游水库群防洪库容总量在各区域的科学调配，探索了多区域协同防洪的水库群防洪库容分配优化组合，提出了上游水库群配合三峡水库对长江中下游防洪调度方式，可为水库群联合调度方案编制提供技术支撑，进而有效提高长江流域防洪减灾决策支持能力。

第 6 章

面向不同洪水类型的水库群
实时防洪补偿调度

在实时防洪调度中，为了细化对不同洪水类型的防洪作用，需要在考虑长江上游水库群配合三峡水库联合防洪调度的基础上，面向实际防洪调度需求，开展上游水库群配合三峡水库的防洪补偿调度方式优化研究，以细化长江上游水库配合三峡水库联合调度对不同类型、不同量级洪水的防洪补偿调度方式，以合理调配长江上游水库群防洪库容，科学调度，运筹帷幄，达到防洪风险可控。

6.1 上游型洪水

6.1.1 减压控制水位的提出

三峡水库对城陵矶防洪补偿调度，是考虑下游来水较大时，为了在保证遇特大洪水时荆江河段防洪安全的前提下，尽可能提高三峡工程对中下游的防洪作用，减少城陵矶地区的分洪量。但是，在发生上游型洪水时，下游来水不大，但此时沙市站、城陵矶站也会出现超过警戒水位的情况，有必要针对此种类型洪水对水库群防洪补偿调度方式进行优化。

在发生上游型洪水时，调度方式调整的思路为：当沙市站及城陵矶站低于警戒水位时，按不超警戒水位进行控制，直至三峡库水位调洪到减压控制水位；当三峡水库达到减压控制水位或者沙市站及城陵矶站高于警戒水位时，按不超保证水位进行控制，进行对城陵矶防洪补偿调度。

减压控制水位定义为三峡水库对城陵矶防洪补偿调度，按不超警戒水位和不超保证水位进行控制的防洪库容协调控制水位。

为此，在三峡水库水位低于对城陵矶防洪补偿控制水位时，对水库当日泄量的计算方式进行优化调整：

（1）当三峡水库在减压控制水位以下时，当日荆江补偿的允许泄量及第三日城陵矶补偿的允许泄量二者中的小值（在一般情况下，城陵矶补偿的允许泄量均小于荆江补偿的允许泄量），按不超沙市和城陵矶警戒水位进行控制；

（2）当三峡水库在减压控制水位与对城陵矶防洪补偿控制水位之间时，当日荆江补偿的允许泄量及第三日城陵矶补偿的允许泄量二者中的小值（在一般情况下，城陵矶补偿的允许泄量均小于荆江补偿的允许泄量），按不超沙市和城陵矶保证水位进行控制。

此种对城陵矶补偿调度优化方式仅是细化三峡水库对城陵矶补偿调度方式，研究结果均不致影响对荆江防洪标准，也不致增加库区回水淹没风险。也就是说，其实质是细化对城陵矶防洪补偿调度库容的使用空间，推动实时洪水条件下三峡水库对城陵矶防洪补偿的精细调度。

6.1.2　针对上游型洪水的水库群联合防洪补偿调度方式优化

针对上游型洪水，考虑上游水库联合调度模式下，三峡水库对城陵矶防洪补偿调度控制水位（145～158m）进行空间内深入挖掘，尽可能提高三峡工程对一般洪水的防洪作用，减少城陵矶地区的分洪量。

应用 1958 年、1961 年、1962 年、1964 年、1966 年、1981 年、1982 年、1987 这 8 年作为上游型洪水典型年份，开展上游水库群配合三峡水库实时防洪补偿调度。选用三峡水库不同的减压控制水位（147m、148m、149m、150m、151m、152m、153m、154m、155m），开展水库群联合防洪调度的防洪影响和效益分析，见表 6.1。

表 6.1　　　　　　　　　　　不同减压控制水位的防洪影响分析

控制水位 /m	场次最高水位 /m	平均最高水位 /m	水位超 158m 年数	水位超 158m 年份	沙　市		城　陵　矶		回水淹没年数
					年均超警洪量 /亿 m³	年均超保洪量 /亿 m³	年均超警洪量 /亿 m³	年均超保洪量 /亿 m³	
不考虑	151.73	148.80	0		15.27	0	62.80	0	0
147	151.77	150.01	0		14.79	0	53.10	0	0
148	152.28	150.56	0		12.45	0	45.85	0	0
149	153.02	151.13	0		10.13	0	38.48	0	0
150	153.86	151.47	0		9.77	0	33.76	0	0
151	155.59	152.54	0		7.58	0	27.09	0	0
152	155.10	152.83	0		7.48	0	25.07	0	0
153	156.24	153.33	0		4.61	0	18.63	0	0
154	157.87	153.94	0		3.10	0	13.78	0	0
155	157.87	154.20	0		3.10	0	12.84	0	0
156	158.00	154.48	0		2.17	0	10.20	0	0
157	158.00	154.53	0		1.23	0	8.64	0	0
158	159.10	154.75	2	1962、1964	1.58	0	3.72	0.81	0

根据表 6.1，针对上游型洪水，如果三峡水库的库水位在 157m 以内一直按超警进行控制，1958 年、1961 年、1962 年、1964 年、1966 年、1981 年、1982 年、1987 年等上游型洪水典型年份的调洪高水位分别为 153.75m、149.17m、157.91m、158.00m、157.31m、155.42m、152.68m、152.81m。三峡水库最高调洪高水位为 158.00m，可确保城陵矶地区不分洪，基本可在三峡库水位 157m 以内对中下游实施按警戒水位进行控制调度。

如果三峡水库在库水位 158m 以内一直按超警进行控制，1962 年、1964 年洪水的三峡水库调洪高水位分别为 159.03m 和 158.51m。分析表明，此时长江上游乌东德、白鹤滩梯级剩余防洪库容较大，在解决好各水库所在区域防洪需求的前提下，如果在一些调度时段，上游水库加大拦蓄，是可以确保三峡水库水位不超过 158m 的。

以上游型洪水开展计算，统计了三峡水库在不同减压控制水位时，长江中下游沙市和城陵矶超警、超保的天数，见表 6.2。由表可知，通过设置三峡水库减压控制水位，可有效降低长江中下游超警的洪量，减少超警的天数，从而减轻长江中下游防洪压力。

表 6.2　　上游水库群配合三峡水库调度时不同减压控制水位的超警、超保天数

减压控制水位/m	沙市超警天数	沙市超保天数	城陵矶超警天数	城陵矶超保天数
不考虑	38	0	98	0
147	35	0	61	0
148	30	0	52	0
149	26	0	43	0
150	23	0	37	0
151	20	0	31	0
152	18	0	27	0
153	12	0	20	0
154	9	0	15	0
155	9	0	14	0
156	7	0	10	0
157	5	0	8	0
158	3	0	3	2

当然，在实际调度过程中需总结经验、分类评价，除加强长江上游水库群实时滚动预报，尽量提高预报精度，逐步修正预报误差对水库群联合防洪调度带来的影响外，还可以针对长江流域不同水情、区间来水情势和长江中下游控制站水位情况，适时调整三峡水库的减压控制水位，以使长江上游水库群联合调度对城陵矶防洪作用具有更好的容错性和操作性。

6.2　中下游型洪水

针对中下游型洪水，在不改变长江上游 5 个群组水库配合三峡水库拦蓄方式的基础上，开展溪洛渡、向家坝骨干水库拦蓄方式研究，研究进一步抬高三峡水库对城陵矶防洪补偿控制水位的可行性及其风险，以扩大对中下游洪水的防洪调度作用。

从另一个角度来看，抬高三峡水库对城陵矶防洪补偿控制水位，可进一步延长上游水库配合三峡水库联合调度对城陵矶的补偿时间，无论是对于骨干水库群还是 5 个群组，都会一定程度上扩大对城陵矶防洪作用，可产生较好的防洪效果。

6.2.1　溪洛渡、向家坝水库拦蓄方式优化

6.2.1.1　寸滩站与屏山站流量相关关系

根据流量分布规律来优化溪洛渡、向家坝水库配合三峡水库的拦蓄方式，在减轻库区

移民淹没影响、保证荆江地区 100 年一遇防洪标准的前提下，扩大三峡水库对城陵矶防洪补偿库容，从而扩大对城陵矶的防洪作用。

首先，根据寸滩站洪水样本分类，分析金沙江单一区域来水为主的洪水样本中屏山站与寸滩站的流量相关关系（图 6.1）。

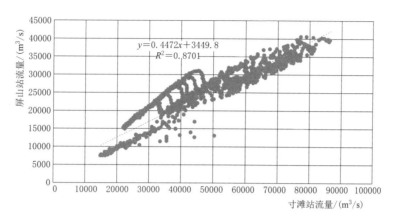

图 6.1　屏山站与寸滩站对应流量相关图
（金沙江单一区域来水为主的洪水）

由图 6.1 可知，若寸滩洪水仅以金沙江单一区域来水为主时：

当寸滩站流量在 $50000 \sim 55000 \mathrm{m^3/s}$ 区间时，金沙江屏山站相应流量为 $23300 \sim 32000 \mathrm{m^3/s}$；考虑溪洛渡水电站 $7500 \mathrm{m^3/s}$ 的满发流量需求，当遭遇此类型的洪水时，金沙江梯级水库可拦蓄流量为 $15800 \sim 24500 \mathrm{m^3/s}$。

当寸滩站流量在 $55000 \sim 60000 \mathrm{m^3/s}$ 区间时，金沙江屏山站相应流量为 $25000 \sim 35000 \mathrm{m^3/s}$；考虑溪洛渡水电站 $7500 \mathrm{m^3/s}$ 的满发流量需求，当遭遇此类型的洪水时，金沙江梯级水库可拦蓄流量为 $17500 \sim 27500 \mathrm{m^3/s}$。

当寸滩站流量在 $60000 \sim 65000 \mathrm{m^3/s}$ 区间时，金沙江屏山站相应流量为 $27000 \sim 37000 \mathrm{m^3/s}$，考虑溪洛渡水电站 $7500 \mathrm{m^3/s}$ 的满发流量需求，当遭遇此类型的洪水时，金沙江梯级水库可拦蓄流量为 $19500 \sim 29500 \mathrm{m^3/s}$。

当寸滩站流量在 $65000 \sim 70000 \mathrm{m^3/s}$ 区间时，金沙江屏山站相应流量为 $30000 \sim 38000 \mathrm{m^3/s}$，考虑溪洛渡水电站 $7500 \mathrm{m^3/s}$ 的满发流量需求，当遭遇此类型的洪水时，金沙江梯级水库可拦蓄流量为 $22500 \sim 30500 \mathrm{m^3/s}$。

当寸滩站流量大于 $70000 \mathrm{m^3/s}$ 时，金沙江屏山站相应流量为 $32000 \sim 40000 \mathrm{m^3/s}$，考虑溪洛渡水电站 $7500 \mathrm{m^3/s}$ 的满发流量需求，当遭遇此类型的洪水时，金沙江梯级水库可拦蓄流量为 $24500 \sim 32500 \mathrm{m^3/s}$。

总体来看，若寸滩洪水仅以金沙江单一区域来水为主时，对于寸滩站不同来水流量，梯级可拦蓄流量见表 6.3。

同时，多区域洪水遭遇时金沙江来水较大的洪水样本中，分析屏山站与寸滩站的流量相关关系，见图 6.2。

表 6.3　　　　　　　　　　金沙江单一区域来水为主洪水时梯级水库拦蓄空间　　　　　　　单位：m³/s

寸滩站流量	金沙江屏山站流量	梯级可拦蓄流量	寸滩站流量	金沙江屏山站流量	梯级可拦蓄流量
50000～55000	23300～32000	15800～24500	65000～70000	30000～38000	22500～30500
55000～60000	25000～35000	17500～27500	70000 以上	32000～40000	24500～32500
60000～65000	27000～37000	19500～29500			

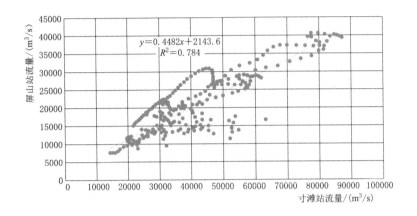

图 6.2　屏山站与寸滩站对应流量相关图（多区域洪水
遭遇时金沙江来水较大的洪水）

由图 6.2 可知，若寸滩洪水由多区域洪水遭遇形成且金沙江来水较大时：

当寸滩站流量在 50000～55000m³/s 区间时，金沙江屏山站相应流量为 24000～31000m³/s；考虑溪洛渡水电站 7500m³/s 的满发流量需求，当遭遇此类型的洪水时，金沙江梯级水库可拦蓄流量为 16500～23500m³/s。

当寸滩站流量在 55000～60000m³/s 区间时，金沙江相应流量为 25000～32000m³/s；考虑溪洛渡水电站 7500m³/s 的满发流量需求，当遭遇此类型的洪水时，金沙江梯级水库可拦蓄流量为 17500～24500m³/s。

当寸滩站流量在 60000～65000m³/s 区间时，金沙江相应流量为 28000～35000m³/s；考虑溪洛渡水电站 7500m³/s 的满发流量需求，当遭遇此类型的洪水时，金沙江梯级水库可拦蓄流量为 20500～27500m³/s。

当寸滩站流量在 65000～70000m³/s 区间时，金沙江相应流量为 32000～37000m³/s；考虑溪洛渡水电站 7500m³/s 的满发流量需求，当遭遇此类型的洪水时，金沙江梯级水库可拦蓄流量为 24500～29500m³/s。

当寸滩站流量在 70000m³/s 以上时，金沙江相应流量为 25000～41500m³/s；考虑溪洛渡水电站 7500m³/s 的满发流量需求，当遭遇此类型的洪水时，金沙江梯级水库可拦蓄流量为 25000～34000m³/s。

总体来看，当寸滩洪水由多区域洪水遭遇形成且金沙江来水较大时，梯级可拦蓄流量见表 6.4。

表 6.4　　　　　多区域洪水遭遇时金沙江来水较大洪水时梯级水库拦蓄空间　　　　单位：m³/s

寸滩站流量	金沙江屏山站流量	梯级可拦蓄流量	寸滩站流量	金沙江屏山站流量	梯级可拦蓄流量
50000～55000	24000～31000	16500～23500	65000～70000	31500～37000	24000～29500
55000～60000	25000～32000	17500～24500	70000 以上	32500～41500	25000～34000
60000～65000	28000～35000	20500～27500			

由表 6.3 和表 6.4 可知，无论是金沙江单一区域来水，还是多区域洪水遭遇形成且金沙江来水较大时，寸滩站流量为 50000～55000m³/s、55000～60000m³/s、60000～65000m³/s、65000～70000m³/s、70000m³/s 以上时，梯级可拦蓄流量基本相同，大致分别在 16000～24000m³/s、17500～25000m³/s、20000～28000m³/s、24000～30000m³/s、25000～34000m³/s。

6.2.1.2　宜昌站与寸滩站流量相关关系

寸滩站集水面积为 86 万 km²，占宜昌站集水面积 86.1%，且根据多年水量统计，寸滩站 7d、15d、30d 多年平均水量占宜昌站比重达 80% 以上，见表 6.5，可见寸滩站控制着宜昌站大部分来水。

表 6.5　　　　　　　　　宜昌站 7d、15d 和 30d 洪量组成

河名	站名	7d 洪量		15d 洪量		30d 洪量	
		多年平均水量/亿 m³	占宜昌站的比例/%	多年平均水量/亿 m³	占宜昌站的比例/%	多年平均水量/亿 m³	占宜昌站的比例/%
长江	寸滩	219.3	82.54	409.8	81.38	736.2	81.77
乌江	武隆	24.5	9.22	51.7	10.26	97.4	10.82
寸滩—宜昌	区间	21.9	8.24	42.1	8.36	66.7	7.41
长江	宜昌	265.7	100	503.6	100	900.3	100

表 6.6 分别统计了寸滩站与宜昌站前 10 位年最大日平均流量系列，可知在宜昌站前 10 位大洪水中，有 6 个年份寸滩和宜昌两站出现洪峰日期都是相应的，是同属于年最大的一次洪水所造成，而且寸滩流量均大于宜昌流量，说明宜昌较大洪峰多来自寸滩站；其他 4 年宜昌、寸滩两站的年份不相同，虽然寸滩以上来水不大，但由于受寸—宜区间发生大洪水的影响，从而进入最大前 10 位。

表 6.6　　　　　寸滩站、宜昌站年最大日平均流量系列前 10 位统计表

序号	寸滩站流量/(m³/s)	出现日期	宜昌站流量/(m³/s)	出现日期
1	84300	1981－07－16	71100	1896－09－04
2	83100	1905－05－11	69500	1981－07－19
3	76400	1898－08－06	67500	1945－09－06
4	76400	1921－07－14	66100	1954－08－06
5	73300	1892－07－13	64800	1931－07－17
6	71700	1945－09－03	64600	1892－07－15

续表

序号	寸滩站流量 /(m³/s)	出现日期	宜昌站流量 /(m³/s)	出现日期
7	71500	1920 - 07 - 22	64600	1931 - 08 - 10
8	71000	1937 - 07 - 18	64400	1905 - 08 - 14
9	69800	1903 - 08 - 02	63000	1922 - 08 - 12
10	68600	1936 - 08 - 04	62300	1936 - 08 - 07

　　从以上分析可知,寸滩站与宜昌站洪水的正向关联性较好,由于荆江地区集水面积与宜昌集水面积相近(相差 3%),依次类推,故寸滩洪水与宜昌洪水、枝城洪水关联性均较好。并且,从长系列典型洪水系列中发现,一般在下游(荆江)成灾时,金沙江屏山站流量均在 10000m³/s 以上。

6.2.1.3　宜昌站流量级别分布规律

　　本次研究针对拦蓄方式的优化,主要是更好地解决坝址 20 年一遇设计洪水的库区回水淹没问题和坝址 100 年一遇设计洪水的荆江防洪标准问题。另外,在实际防洪调度中,也要保证溪洛渡、向家坝水库有水可拦。

　　首先,开展了三峡水库 1954 年、1981 年、1982 年、1998 年 20 年一遇坝址设计洪水的排频分析,如图 6.3 所示,可见,三峡水库坝址 20 年一遇设计洪水中,55000～60000m³/s 这一流量分布区间占比较多;而 60000～65000m³/s、65000～70000m³/s、70000m³/s 以上流量区间占比也不容忽视,需要溪洛渡、向家坝水库进行有效地拦蓄,以减轻三峡库区回水淹没风险,减少三峡下泄流量。

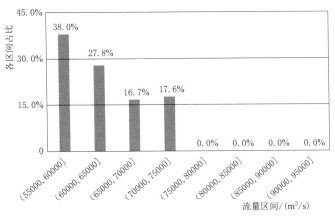

图 6.3　宜昌站 20 年一遇洪水流量分布

　　同时,开展了三峡水库 1954 年、1981 年、1982 年、1998 年 100 年一遇坝址设计洪水的排频分析,分布图见 6.4。分析可知,三峡水库坝址 100 年一遇设计洪水时 55000～75000m³/s 这一流量分布区间占比,与 20 年一遇坝址设计洪水流量分布区间基本相当,而 75000m³/s 以上流量区间占比也不容忽视,需要溪洛渡、向家坝水库进行有效加大拦蓄,以降低三峡水库调洪高水位,并保证三峡水库遇 100 年一遇洪水时荆江不分洪在可控范围内。

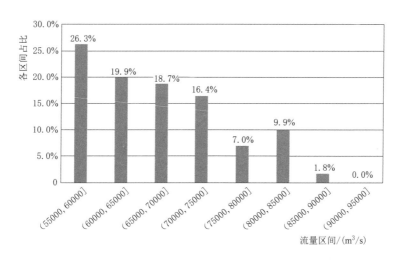

图 6.4　宜昌站 100 年一遇洪水流量分布情况图

6.2.1.4　溪洛渡、向家坝水库加大拦蓄方式

在上述不同站点流量相关关系分析和宜昌不同类型洪水流量级别分析的基础上，本次研究优化溪洛渡、向家坝水库拦蓄方式时，主要考虑以下几个方面：

（1）枝城、宜昌、寸滩、屏山流量具有一定的相关性，根据上述流量相关关系，并结合表6.3和表6.4的金沙江下游梯级水库的可拦蓄流量，确定枝城流量超过56700m³/s且宜昌流量不同分布级别时的梯级水库可拦蓄流量范围，按梯级可拦蓄的最大流量25000～34000m³/s进行分级控制，以充分利用溪洛渡、向家坝水库配合三峡水库的拦洪错峰作用。这样，对三峡入库流量75000m³/s以上的来水多拦蓄，控制为25000m³/s；对75000m³/s以下的来水采用逐级拦蓄，按5000m³/s递减。

（2）为了提升溪洛渡、向家坝水库的削峰能力，对宜昌流量在60000m³/s以上进行5000m³/s一档的细分，以更好地识别洪水发生过程和细化溪洛渡、向家坝水库拦蓄作用，实现"大水多拦、小水少拦"，充分利用为长江中下游预留的40.93亿m³防洪库容。

最后，仍以分级拦蓄的方式配合三峡水库对长江中下游进行防洪补偿调度，考虑到汛期不影响发电和经济合理使用水库防洪库容，根据流量分布规律和梯级水库可拦蓄流量规律分析，通过多组拦蓄流量方案比较，优化后的拦蓄方式具体如下：

1）当预报 2d 后枝城流量超过56700m³/s，三峡入库流量超过60000m³/s时，金沙江溪洛渡、向家坝梯级水库拦蓄速率为10000m³/s。

2）当预报 2d 后枝城流量超过56700m³/s，三峡入库流量超过65000m³/s时，金沙江溪洛渡、向家坝梯级水库拦蓄速率为15000m³/s。

3）当预报 2d 后枝城流量超过56700m³/s，三峡入库流量超过70000m³/s时，金沙江溪洛渡、向家坝梯级水库拦蓄速率为20000m³/s。

4）当预报 2d 后枝城流量超过56700m³/s，三峡入库流量达到75000m³/s以上时，金沙江溪洛渡、向家坝梯级水库拦蓄速率为25000m³/s。

相比于基本拦蓄方案，本次研究加大的拦蓄方案具体如下：

1）拦蓄启动方式在三峡入库流量 $60000\mathrm{m}^3/\mathrm{s}$ 以上时，尽量对洪峰流量进行拦蓄，以保证溪洛渡、向家坝库容的利用率。

2）在三峡入库流量在 $60000\sim65000\mathrm{m}^3/\mathrm{s}$ 时，溪洛渡、向家坝水库拦蓄速率为 $10000\mathrm{m}^3/\mathrm{s}$，即刻达到之前拦蓄方式的最大拦蓄流量。

3）在三峡入库流量在 $65000\sim70000\mathrm{m}^3/\mathrm{s}$ 时，加大拦蓄至拦蓄速率 $15000\mathrm{m}^3/\mathrm{s}$，为后续 $70000\mathrm{m}^3/\mathrm{s}$ 以上洪水保留一定的拦蓄能力。

4）在入库流量在 $70000\sim75000\mathrm{m}^3/\mathrm{s}$ 时，进一步加大拦蓄至拦蓄速率 $20000\mathrm{m}^3/\mathrm{s}$。

5）在三峡入库流量在 $75000\mathrm{m}^3/\mathrm{s}$ 以上时，进一步加大拦蓄至拦蓄速率 $25000\mathrm{m}^3/\mathrm{s}$，达到上述分析得到的梯级可拦蓄最大流量。

6.2.2 溪洛渡、向家坝水库加大拦蓄方式的防洪风险分析

6.2.2.1 对库区回水淹没影响分析

三峡水库的移民标准为 20 年一遇洪水，相应的库区回水推算条件是按对荆江补偿调度方式进行水库调洪计算拟定，库区回水线为汛期水库按 145m 起调的不同蓄洪状态及汛后水库蓄满状态的回水外包线，其中汛期洪峰时的蓄洪状态决定水库回水末端位置。

根据提出的溪洛渡、向家坝水库配合三峡水库加大拦蓄方式，三峡水库对城陵矶补偿调度控制水位为 $156\sim162\mathrm{m}$，每隔 1m 分别结合上游水库的拦蓄方式，作相应的调洪演算与库区回水推算，计算成果见表 6.7。

表 6.7 三峡水库不同起调水位遇坝址 5%频率设计洪水的回水水位（加大拦蓄方式）

断面名称	距坝里程/km	移民迁移线/m	计算方案回水水位/m						
			156m起调	157m起调	158m起调	159m起调	160m起调	161m起调	162m起调
令牌丘	507.86	177.0	173.14	173.49	173.86	174.24	174.60	175.03	175.46
石沱	514.41	177.0	174.32	174.63	174.96	175.30	175.63	176.01	176.41
周家院子	518.20	177.3	174.86	175.16	175.47	175.80	176.10	176.47	176.85
瓦罐	522.76	177.4	175.45	175.73	176.03	176.34	176.63	176.98	177.34
长寿县	527.00	177.6	175.98	176.26	176.54	176.84	177.12	177.45	177.80
杨家湾	544.70	180.3	178.20	178.41	178.64	178.87	179.10	179.37	179.66
木洞	565.70	183.5	181.05	181.21	181.39	181.57	181.75	181.96	182.19
温家沱	570.00	184.2	181.67	181.83	182.00	182.17	182.34	182.54	182.76
大塘坎	573.90	184.9	182.35	182.50	182.66	182.82	182.98	183.18	183.39
弹子田	579.60	186.0	183.42	183.56	183.71	183.85	184.00	184.18	184.37

由表 6.7 可知，在 161m 及以下水位起调时，遇坝址 20 年一遇洪水，回水均于移民迁移线末端弹子田断面以下尖灭，且各区间回水水位也均在移民迁移线以下。而从 162m 起调时，遇坝址 20 年一遇洪水，回水均于移民迁移线末端弹子田断面以下尖灭，仅在长寿县附近高出 0.2m。

实际调度中，按照不高于库区移民迁移线的要求，结合本次提出的溪洛渡、向家坝配

合三峡水库调度方式，三峡水库对城陵矶防洪补偿控制水位可抬升至 158~161m；若结合实际回水水面超过后相应工程措施适当处理，可进一步抬升至 162m，仅在长寿县附近高出 0.2m。

6.2.2.2 对荆江地区 100 年一遇防洪标准影响分析

三峡工程建成后，可使荆江地区防洪标准由 10 年一遇提高到 100 年一遇。虽然上游建库后，流域对遭遇大洪水调蓄能力提高，但如果抬高对城陵矶防洪补偿控制水位、扩大对城陵矶防洪调度库容，会在一定程度上压缩三峡水库对荆江河段防护预留的防洪库容空间。因此，在考虑上游溪洛渡、向家坝水库配合三峡水库对荆江防洪调度中，要选取不同的三峡水库对城陵矶防洪补偿控制水位，作为计算起调水位，对坝址 100 年一遇洪水进行调洪。

三峡水库坝址洪水典型年共有 4 年，分别是 1954 年、1998 年全流域大洪水，1981 年上游偏大型洪水，以及 1982 年上游区间偏大型洪水。表 6.8~表 6.10 分别了给出了三种计算情况的起调水位和拦蓄方式，来对坝址 100 年一遇洪水进行调洪：①依据三峡水库优化调度方案，三峡水库对城陵矶防洪补偿控制水位为 155m；②依据金沙江溪洛渡、向家坝水库与三峡水库联合调度研究，考虑了 157~161m 等 5 个不同三峡水库对城陵矶防洪补偿控制水位，并推荐在上游水库配合运用下，三峡水库对城陵矶防洪补偿控制水位为 158m；③依据本次溪洛渡、向家坝水库加大拦蓄方式，考虑了 156~163m 等 8 个不同三峡水库对城陵矶防洪补偿控制水位，并与上述①、②种情况进行分析比较。

表 6.8   三峡对城陵矶控制水位 155m 时遇 1% 频率洪水最高调洪水位

典型年	1954	1981	1982	1998
最高调洪水位/m	170.27	168.51	173.11	169.25

表 6.9   考虑溪洛渡、向家坝配合的三峡不同起调水位遇 1% 频率
设计洪水调洪成果（基本调度方式）

典型年	最 高 调 洪 水 位/m				
	起调水位 157m	起调水位 158m	起调水位 159m	起调水位 160m	起调水位 161m
1954	168.2	169.0	169.8	170.2	170.9
1981	165.5	166.3	167.1	167.9	168.8
1982	170.1	171.0	171.5	172.1	172.9
1998	166.4	167.2	168.0	168.8	169.6

表 6.10   考虑溪洛渡、向家坝配合的三峡不同起调水位遇 1% 频率
设计洪水调洪成果（加大拦蓄方式）

典型年	最 高 调 洪 水 位/m						
	起调水位 157m	起调水位 158m	起调水位 159m	起调水位 160m	起调水位 161m	起调水位 162m	起调水位 163m
1954	167.25	168.02	168.80	169.57	170.40	171.02	171.15
1981	165.39	166.16	166.94	167.71	168.59	169.46	170.30

典型年	最高调洪水位/m						
	起调水位 157m	起调水位 158m	起调水位 159m	起调水位 160m	起调水位 161m	起调水位 162m	起调水位 163m
1982	170.34	171.02	171.04	171.06	171.43	171.23	171.49
1998	166.61	167.39	168.17	168.94	169.82	170.61	171.04

对比可知，加大拦蓄方式对应的调洪成果在 1954 年、1981 年 1‰ 洪水时，均低于基本拦蓄方式；在 1998 年 1‰ 洪水时，略高于基本拦蓄方式，但也不致高于 171m。除 1982年典型外，对于起调典型年，在起调水位在 161m 以下时，各起调水位对应的最高调洪水位均低于 171m。因此，对于不同起调水位，可在一定程度上降低对荆江防洪风险，是一种大洪水时上游水库群对荆江河段联合防洪调度风险的有效对策措施。

1982 年洪水为上游区间偏大型洪水，且具有两个洪峰过程，三峡来量在短期预报期（1～3d）内激增至 80000m³/s 左右，对于这样的来水态势，三峡水库会提前启用对荆江防洪补偿调度方式。考虑到本次计算为不考虑先后进行的对城陵矶、对荆江两种补偿调度方式重叠的拦蓄量，实际上，对于发生洪水过程，水库一般在兼顾城陵矶防洪调度期间，同时也可拦蓄一定的荆江超额流量；且本次调洪并未考虑三峡泄水过程，如果在1982 年第一个波峰过后三峡预泄一定水量来降低库水位，可在迎接第二个洪峰时适当降低三峡调洪高水位。而且，本次在考虑水库群配合三峡水库联合调度过程中，仅是考虑溪洛渡、向家坝配合三峡在荆江防洪补偿阶段调洪，如果其他上游水库在对城陵矶防洪补偿阶段后尚有防洪库容，可在本阶段继续拦蓄来减少三峡入库洪量，对于降低三峡水库水位具有积极作用。

总之，综合考虑防洪调度技术、上游干支流建库、下游泄洪能力提高、堤防加高加固等有利因素，流域对洪水的调蓄能力在现有基础上会更强。在上游水库配合作用下，结合本次提出的加大拦蓄方式，对于中下游型洪水，三峡水库从 161m 起调，对荆江遇 100 年一遇大水不分洪是在可控范围内，总体风险不大。

6.2.3　针对中下游型洪水的水库群联合防洪补偿调度方式优化

以下针对 1973 年、1980 年、1983 年、1988 年、1995 年、1996 年、2002 年、2016年、2017 年等 9 年的中下游型洪水开展研究，考虑上游水库群配合三峡水库联合调度。

如果仍然将对城陵矶防洪补偿控制水位设定为 158m，对上述 9 个典型年研究表明，即便是在上游水库群配合下，三峡水库从 145m 开始对城陵矶进行防洪补偿调度，三峡水库最高调洪高水位为 155.84m，尚离 158m 有一定的距离，可进行防洪补偿调度方式优化。此时，当减压控制水位为 148m 时，可控制三峡水库最高的调洪高水位为 158m。

结合上游溪洛渡、向家坝水库配合三峡水库的加大拦蓄方式，本次研究了上游水库群配合下，三峡水库对城陵矶防洪补偿控制水位为 161m 时的防洪作用。当优化对城陵矶防洪调度方式后，将对城陵矶防洪补偿控制水位设定为 161m，如果不考虑减压水位时，1973 年、1980 年、1983 年、1988 年、1995 年、1996 年、2002 年、2016 年、2017 年等 9年洪水的调洪高水位分别为 146.66m、146.86m、147.06m、147.99m、145.00m、

147.02m、155.84m、145.69m、145.00m，与按照 158m 时对城陵矶防洪补偿控制水位时一样，但 2002 年调洪最高水位仅为 155.84m，距离 161m 尚有较大空间，城陵矶地区不会有超保洪量，不需启用蓄滞洪区。

按照三峡水库的不同减压控制水位对中下游型洪水实施防洪补偿调度，计算结果见表 6.11。可见，当选用减压控制水位后，可进一步减少中下游超警洪量，对于减轻中下游防洪压力十分有利。

表 6.11　　　　　　针对中下游型洪水的不同调度情景防洪影响分析

控制水位/m	场次最高水位/m	平均最高水位/m	水位超161m年数	水位超161m年份	年均沙市超警洪量/亿 m³	年均沙市超保洪量/亿 m³	年均城陵矶超警洪量/亿 m³	年均城陵矶超保洪量/亿 m³	回水淹没年数
不考虑	156.57	148.79	0		2.42	0	80.18	0	0
148	158.86	151.13	0		2.16	0	53.60	0	0
149	158.86	151.56	0		2.03	0	49.21	0	0
150	158.86	152.17	0		1.29	0	41.09	0	0
151	160	153.19	0		1.14	0	35.43	0	0
152	160	153.35	0		0.57	0	30.70	0	0
153	160	153.94	0		0.20	0	26.53	0	0
154	161	154.25	0		0.20	0	22.71	0	0
155	161	154.43	0		0.20	0	21.65	0	0
156	161	154.71	0		0.34	0	19.01	0	0
157	161	154.71	0		0.20	0	18.14	0	0
158	161	154.71	0		0.12	0	16.42	0	0
159	161	154.96	0		0.12	0	14.38	0	0
160	161	154.96	0		0.02	0	12.65	0	0
161	161.59	155.07	1	2002	0.48	0	2.85	1.12	0

由于中下游型洪水来源多、范围广，有干流区间、清江、沮漳河、洞庭湖四水等干支流区间来水，较为复杂。本次研究为稳妥起见，留有裕度，三峡水库对中下游防洪调度时，从按超警戒到按超保证的减压控制水位可拟定为 154m。

当然，在实际调度过程中需实时滚动预报，提高预报精度，根据上游型洪水发展趋势，针对中下游洪水的来水情势和控制站水位情况，适当调整三峡水库这一减压控制水位，以使对城陵矶防洪作用具有更好的容错性和操作性。从分析计算来看，除了 2002 年，对于其他典型的中下游型洪水，即便是一直按照警戒水位进行控制，都不会使三峡水库调洪高水位超过 161m。

本次针对中下游型洪水计算，在不同调度情景模式下，选取了三峡水库的不同减压控制水位，统计了长江中下游沙市和城陵矶超警、超保的天数，见表 6.12。与表 6.11 对照可见，在上游水库群配合下，当采用加大拦蓄方式，三峡水库对城陵矶防洪补偿控制水位由 158m 调整为 161m 后，使用减压控制水位为 154m 时，相比不考虑减压控制水位，可有效减少中下游超警的天数，分别为10d和87d，可进一步减轻长江中下游防洪压力。

表 6.12　　　　　　　　针对中下游型洪水时不同减压控制水位的超警超保天数

对城陵矶防洪补偿控制水位/m	减压控制水位/m	沙市超警天数	沙市超保天数	城陵矶超警天数	城陵矶超保天数
161	不考虑	13	0	105	0
	148	10	0	49	0
	149	10	0	43	0
	150	6	0	35	0
	151	7	0	31	0
	152	4	0	24	0
	153	3	0	21	0
	154	3	0	18	0
	155	3	0	18	0
	156	4	0	14	0
	157	3	0	13	0
	158	2	0	11	0
	159	2	0	10	0
	160	1	0	8	0
	161	1	0	2	2

6.3　上中游型洪水

由洪水组成分析，1968年和1999年典型上中游型洪水发生在长江上游和中游，来水丰富、量级较大，结合宜昌站及洞庭湖湘潭（湘江）、桃江（资水）、桃源（沅江）、石门（澧水）汛期径流资料，并通过宜昌站、宜枝区间、四水总入流来水通过错时叠加得到城陵矶来水过程，详见图6.5和图6.6。1999年城陵矶水位过程见图6.7。

由图6.7可知，1999年城陵矶水位持续偏高，7月2日至8月7日一直在警戒水位32.5m以上，甚至7月18—31日水位在保证水位34.4m以上。可见，对于上中游型洪水，应该与全流域型洪水类似，显然需结合水文预报和中下游过程，提早开始从三峡汛限水位145m开始，进行对城陵矶防洪补偿调度，以减少城陵矶超额洪量，该类型洪水不能采用减压控制水位。

针对1968年和1999年洪水，从145m起调，在上游水库群配合下，当考虑30座水库时，三峡水库调洪高水位分别为153.43m和156.28m，距离158m尚有一定距离。

由于上中游型洪水类型样本较少，在实际调度过程中还是应该结合来水情势进行相机调度。当面临形势较为严峻时，建议从145m转入防洪调度，开展水库群联合防洪实时补偿调度。如果形势良好时，可在开始阶段按警戒水位进行相机控制。

　　然而，对于 1954 年和 1998 年全流域型洪水，由于峰高量大，通过减压控制水位，按照警戒水位进行防洪补偿调度肯定是不合适的。为此，在实际调度过程中，需重点针对全流域型洪水，开展长江上游水库群联合防洪补偿调度的模拟计算和效果推演。

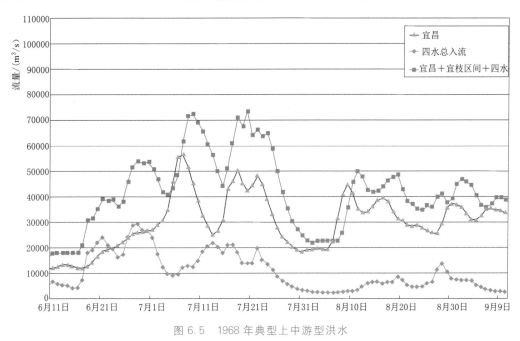

图 6.5　1968 年典型上中游型洪水

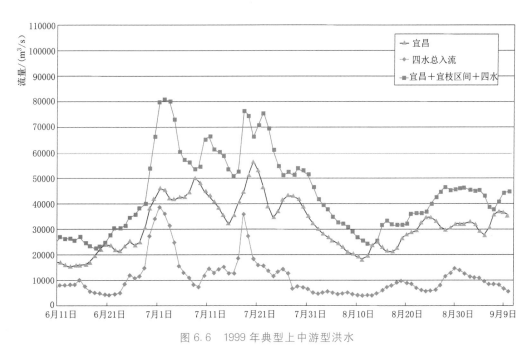

图 6.6　1999 年典型上中游型洪水

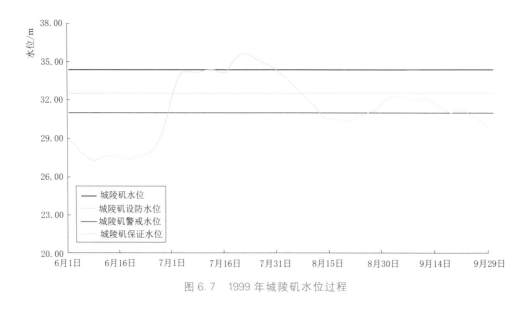

图 6.7　1999 年城陵矶水位过程

6.4　1954 年全流域型洪水调度及优化调度策略

6.4.1　1954 年洪水特性

6.4.1.1　汛期天气异常

1954 年汛期天气异常，主要表现在以下几个方面：

（1）夏季东亚上空的西风环流，向北撤退较常年约延迟 20～30d，长江流域的梅雨期较常年约长了 1 个月的时间；再加上北方冷空气和南方暖空气冲突激烈，因而造成了长江流域历时长、雨日多、覆盖面广的特大降水。

（2）苏联滨海和鄂霍次克海上空，长期存在强大的阻塞高压，北方冷空气不断南下，造成流域连续不断的阴雨天气。

（3）西南太平洋上的赤道气流辐合带进入北半球较常年晚 1 个月左右，因而台风少，助长了南北气流在长江流域交绥的稳定性，使降水带长期徘徊在长江流域。

（4）6 月、7 月太平洋东南季风势力较弱，而来自印度洋和南海的热带气流即西南季风势力却很强，所以南北暖冷气交绥的锋面常与纬线成平行趋势，使暴雨区多呈东西向的带状，徘徊在长江南北，暴雨特多，致使长江流域产生了近百年未有的特大洪水。

6.4.1.2　高洪水位创历史纪录

1954 年汛期开始时间早，延续时间长，水位高，长江干流上自枝江下至镇江均超过历年有记录的最高水位。自 4 月开始到 6 月中旬，鄱阳湖、洞庭湖水系频繁出现洪峰，湖区水位持续上升，长江中下游河道的水位也随之持续上涨。监利至镇江间各站即先后超过防汛水位，6 月上旬江湖已成满槽之势。7 月全流域又普降暴雨，平均降雨深约 300mm，致使长江水位续涨不已，上游嘉陵江 7 月下旬水位创全年最大高峰；乌江 7 月 27 日洪峰水位超过历史纪录；金沙江、岷江 7 月水位也数度上涨。长江干流水位在各支流交互上涨下，洪峰频发，寸滩 7 月 22 日发生 182.57m 的峰顶水位；宜昌 8 月 7 日峰顶水位达54.73m，为近 60 年以来的最高纪录。中下游河道，当时预报沙市站 7 月下旬将超过保证水位，达到 45.03m，经运用荆江分洪工程后，将沙市水位保持在 44.40m 以下。洞庭湖的资水、沅江 7 月下旬超过保证水位，创全年最高纪录。5 月上旬至 6 月上旬，鄱阳湖的信江、饶河、抚河均接连出现全年最高水位。干流汉口站水位自 6 月中旬以后持续上涨，7 月 2 日超过 1949 年最高水位，19 日突破 1931 年的历史最高纪录 28.28m，汉江下游汉川、新沟等站在上游来洪及长江顶托影响下，7 月 10 日汉川创 30.84m 历史纪录。

7 月，各地水位达到或超过保证水位后，仍继续高涨；8 月，金沙江、四川盆地及汉江上游仍为暴雨覆盖，且中下游及两湖 8 月上中旬水情达到最高潮；期间上游嘉陵江、乌江洪峰迭起，致使干流万县 8 月 4 日水位达 138.29m，为 20 年最高纪录；再加上三峡区间清江暴雨，致使宜昌 8 月 7 日水位达 55.73m，为近 60 年以来的最高水位；在荆江采取分洪措施后，沙市 7 日最高水位仍达 44.67m，汉口 8 月 18 日达最高峰，水位为 29.73m，超过 1931 年的最高水位 1.45m，为有水位记载以来的新纪录；黄石港、九江、安庆以及南京市，在此前后出现全年最高水位。

8 月以后，水位即转稳降趋势，至 9 月、10 月间，中下游干流各站开始先后退至警戒水位，统计长江中下游各站在警戒水位以上的持续时间为 69~135d，其中汉口站自 6 月25 日—10 月 3 日，持续 100d，武穴持续最长达 135d，汛期紧张阶段从开始至结束历时之长实为历史罕见。

6.4.1.3 上中下游洪水遭遇严重

1954 年雨带长期徘徊于长江流域，两湖雨季延长，川东、川西、汉江雨季提前，上游洪水到来之前，下游湖泊洼地均已满盈，且中下游又连续不断发生洪水遭遇，甚为恶劣，洪水集中来量大大超过河道安全泄量，超额洪量大。宜昌自 6 月 25 日起至 9 月 6 日共发生 4 次连续性洪水（图 6.8），每场洪水洪量组成见表 6.13。

表 6.13 1954 年实测洪水洪量分析表

洪水	洪量/亿 m³						
	金沙江	岷江	嘉陵江	川渝河段	乌江	三峡库区	洞庭四水
第 1 场	181	143	50	122	137	27	445
第 2 场	106	81	94	61	32	22	121
第 3 场	295	136	113	117	172	137	313
第 4 场	320	145	115	88	50	67	88

（1）6 月 25 日—7 月 15 日第 1 场洪水。中游洞庭湖来水丰盈，江槽底水丰满。6 月下旬，湘江、澧水出现本年最大洪峰，城陵矶超警戒水位。上游控制站宜昌洪峰达 50500m³/s，以金沙江、乌江来水为主，此时乌江中下游尚未成灾。第 1 场洪水组成关系见图 6.9。

（2）7 月 16 日—7 月 25 日第 2 场洪水。长江中游洞庭四水来水不大，洪水来源以上游为主；金沙江来水占宜昌洪量较大比重，嘉陵江及岷江来水紧随其后。第 2 场洪水组成关系见图 6.10。

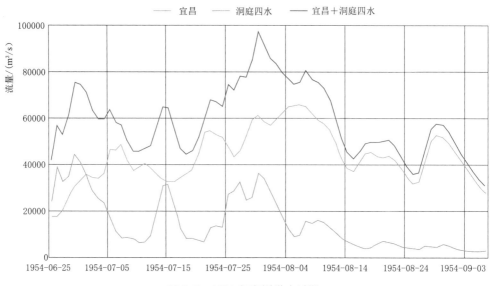

图 6.8 1954 年实测洪水过程

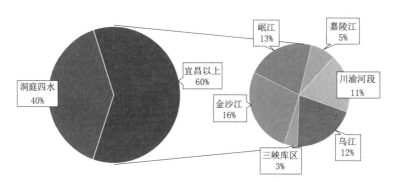

图 6.9 1954 年第 1 场洪水来源组成

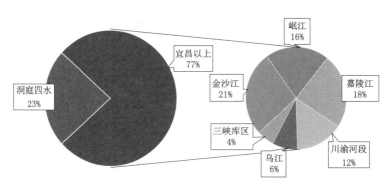

图 6.10 1954 年第 2 场洪水来源组成

（3）7 月 26 日—8 月 15 日第 3 场洪水。暴雨普及全江，长江上游洪水与中游洪水全面遭遇，形成长江流域第 3 场洪水，防洪形势严峻。洞庭湖沅江桃源站出现本年最大洪峰 23900m³/s，螺山站水位扶摇直升。长江上游金沙江和乌江来水占据宜昌洪水总量一半，

8 月 7 日，宜昌站出现本年最大洪峰 66800m³/s。第 3 场洪水组成关系见图 6.11。

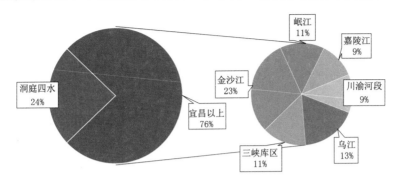

图 6.11 1954 年第 3 场洪水来源组成

（4）8 月 16 日—9 月 6 日第 4 场洪水。中游洞庭四水总入流已处于退水阶段，荆江河段与城陵矶地区均不成灾。宜昌上游来水仍偏多，形成宜昌站第 4 场洪水，本场洪水以金沙江、岷江来水为主，屏山、高场二站先后出现最大流量，但两江洪水未遭遇，寸滩虽未形成高大洪峰，但洪量较大。第 4 场洪水组成关系见图 6.12。

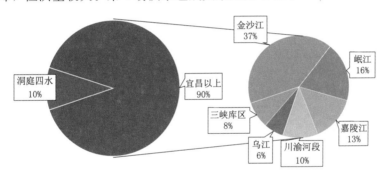

图 6.12 1954 年第 4 场洪水来源组成

6.4.2 1954 年洪水调度

6.4.2.1 调度应对措施

针对 1954 年典型洪水，基于搭建完成的水库群多区域协同防洪调度模型，考虑本次研究的 30 座水库联合实时防洪调度，开展上游水库群配合三峡水库对长江中下游的防洪调度，三峡水库调洪过程及下游主要控制站水位过程对比见图 6.13 和图 6.14。

（1）第 1 场洪水以金沙江和乌江来水为主，主要启用金沙江中游梯级（梨园、阿海、金安桥、龙开口、鲁地拉、观音岩）和雅砻江梯级（两河口、锦屏一级、二滩）拦蓄基流，金沙江下游（乌东德、白鹤滩）、岷江（双江口、瀑布沟）、嘉陵江（亭子口）同时也配合拦蓄，减少三峡水库入库洪量；由于乌江来水占据宜昌洪水较大比重但乌江中下游并未成灾，启用构皮滩水库 2 亿 m³ 防洪库容配合三峡为长江中下游防洪。三峡水库从 145m 开始起调，对城陵矶防洪补偿调度，控制城陵矶水位不超过 34.4m。

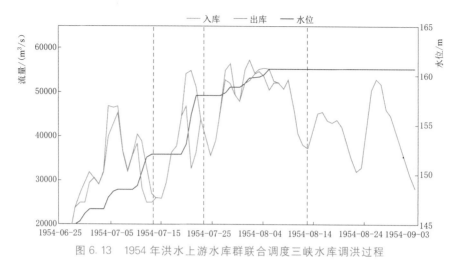

图 6.13 1954 年洪水上游水库群联合调度三峡水库调洪过程

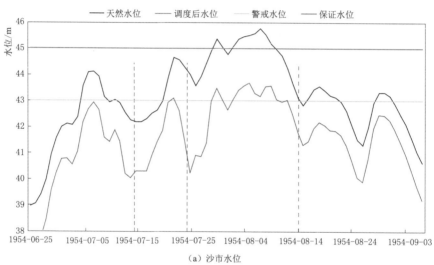

（a）沙市水位

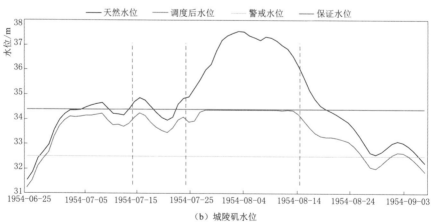

（b）城陵矶水位

图 6.14 （一） 1954 年洪水上游水库群联合调度时的各站水位过程对比

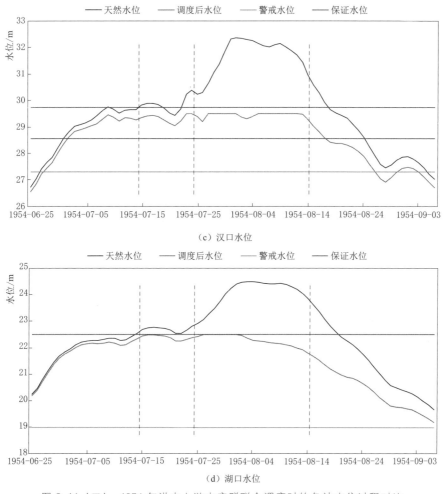

（c）汉口水位

（d）湖口水位

图 6.14（二）　1954 年洪水上游水库群联合调度时的各站水位过程对比

本轮洪水过后，三峡以上的上游水库群总计拦蓄洪量 24.43 亿 m³，三峡水库拦蓄洪量 55.66 亿 m³，三峡水位上涨至 149.81m。本轮洪水过程中，沙市站最高洪水位 43.61m，城陵矶站最高洪水位 34.19m，汉口站最高洪水位 29.38m，湖口站最高洪水位 22.35m，均接近保证水位但不超过保证水位。

（2）第 2 场洪水岷江、嘉陵江来水占据较大比重，启用岷江（双江口、瀑布沟）、嘉陵江（亭子口）梯级水库拦蓄洪水，金沙江下游（乌东德、白鹤滩）、金沙江中游（梨园、阿海、金安桥、龙开口、鲁地拉、观音岩）和雅砻江梯级（两河口、锦屏一级、二滩）拦蓄基流减少三峡入库洪量，三峡水库对城陵矶防洪补偿调度。三峡水库水位涨至 158m 后转入对荆江防洪补偿调度，控制沙市水位不超过 44.5m，与此同时，增加启用溪洛渡、向家坝梯级水库拦洪，削减三峡入库洪量。

本轮洪水过后，三峡以上的上游水库群总计拦蓄洪量 32.22 亿 m³，三峡水库拦蓄洪量 52.47 亿 m³，三峡水库水位上涨至 158m。本轮洪水过程中，沙市站最高洪水位 43.33m，城陵矶站最高洪水位 34.28m，汉口站最高洪水位 29.50m，湖口站最高洪水位

22.41m，有效抑制中下游水位的快速上涨，但防洪形势紧张态势凸显。

（3）第3场洪水，暴雨普及全江，上下游洪水、干支流洪水全面遭遇，金沙江和乌江来水占据宜昌洪水总量一半。金沙江溪洛渡、向家坝分级拦蓄配合三峡水库对长江中下游防洪，乌江、金沙江中游、岷江梯级剩余防洪库容均为本流域预留，此阶段暂不配合三峡防洪使用，雅砻江（两河口、锦屏一级、二滩）、嘉陵江（亭子口）梯级仍以拦蓄基流的方式投入运用以减少三峡水库入库洪量。经过前两次洪水拦蓄，三峡水库水位已达158m，转为对荆江防洪调度方式。

由于中游河湖槽蓄能力不堪承受巨大的洪水来量，城陵矶水位超过保证水位（34.4m），此时须启动附近分蓄洪区参与分洪，分担中游河道行洪压力。

本轮洪水过后，三峡以上的上游水库群拦蓄洪量约98.69亿 m³，三峡水库拦蓄洪量17.01亿 m³，最高水位上涨至160.45m。本轮洪水过程中，沙市站最高洪水位44.36m，城陵矶附近地区分洪量约231亿 m³，分洪后控制城陵矶站最高洪水位不超过34.40m，武汉附近地区分洪量约33亿 m³，分洪后汉口站最高洪水位29.50m，湖口附近地区分洪量约28亿 m³，分洪后控制湖口站最高洪水位不超过22.50m，有效保证了中下游河道的行洪安全。

（4）第4场洪水，荆江河段与城陵矶地区均不成灾，洞庭湖四水呈退水趋势，上游以金沙江、岷江来水为主，但两江洪水未遭遇，未给川江河段带来太大压力。此时，上游水库群可结合汛末蓄水需求适当拦蓄洪水，使中下游河段尽快降低至警戒水位以下。

6.4.2.2　调度效果分析

基于上游水库群联合调度方案，遇1954年洪水，三峡以上的上游水库群在保证自身防洪库容预留需求的前提下，拦蓄洪量189.16亿 m³，显著减少了三峡入库洪量。对于三峡水库，其最高调洪水位160.45m，累计拦蓄洪量93.91亿 m³（其中兼顾城陵矶防洪消耗库容约76.9亿 m³），且剩余防洪库容127.59亿 m³，对荆江洪水具有较大的抗洪能力。遇1954年洪水，上游水库群拦蓄洪量和超额洪量分别见表6.14、表6.15和图6.15。

表6.14　　　　　　　1954年洪水上游水库群联合调度库容统计　　　　　　单位：亿 m³

项目	洪水场次	金沙江中游梯级	雅砻江梯级	金沙江下游梯级	岷江梯级	嘉陵江梯级	乌江梯级	上游梯级小计	三峡	总计
设计防洪库容		17.78	45	154.93	19.3	20.22	10.25	267.48	221.50	488.98
配合三峡防洪库容		15.25	45	140.33	12.63	14.4	2	229.61		
拦蓄洪量	第1场	5.61	13.83	24.19	7.95	2.08	2.00	55.66	24.43	80.09
	第2场	9.64	7.95	8.64	4.69	1.31	0	32.22	52.47	84.69
	第3场	0	23.22	68.26	0.00	7.21	0	98.69	17.01	115.70
	第4场	0	0	2.59	0	0	0	2.59	0	2.59
	小计	15.25	45	103.68	12.63	10.6	2	189.16	93.91	283.07
剩余防洪库容	小计	2.53	0	51.25	6.67	9.62	8.25	78.32	127.59	205.91
剩余可配合三峡的防洪库容	小计	0	0	36.65	0	3.8	0	40.45	127.59	168.04

表 6.15　　　　不同工况遇 1954 年洪水长江中下游超额洪量变化（30 座水库）

工况	分洪控制水位/m				超额洪量/亿 m³				
	沙市	城陵矶	汉口	湖口	荆江	城陵矶	武汉	湖口	总量
三峡水库运行前					15	448	40	40	547
21 座水库	45	34.4	29.5	22.5	0	279	35	33	347
30 座水库	45	34.4	29.5	22.5	0	231	33	28	292

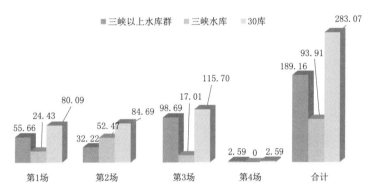

图 6.15　1954 年洪水上游水库群联合调度库容统计（单位：亿 m³）

在长江上游水库群和蓄滞洪区对洪水的调蓄作用下，各站点水位统计见表 6.16。可见，长江中下游重要站点沙市站、城陵矶站、汉口站、湖口站最高洪水位分别为44.36m、34.40m、29.50m、22.50m，均有效控制在保证水位之下，确保长江中下游河道行洪安全。

表 6.16　　　　1954 年洪水水库群联合调度后站点最高水位统计（30 座水库）　　　　单位：m

项　　目		三峡	沙市	城陵矶	汉口	湖口
最高水位	第 1 场	149.81	43.61	34.19	29.38	22.35
	第 2 场	158.00	43.33	34.28	29.50	22.41
	第 3 场	160.45	44.36	34.40	29.50	22.50
	第 4 场	160.45	43.21	33.71	28.78	21.48
水位降幅	第 1 场		0.50	0.59	0.50	0.34
	第 2 场		1.34	1.10	0.89	0.67
	第 3 场		1.41	3.14	2.86	1.98
	第 4 场		0.34	1.46	1.49	1.86

1954 年洪水，长江上游 30 座水库群联合调度，与三峡等梯级水库投入运行前相比，减少长江中下游超额洪量约 255 亿 m³，减幅达 47%；本次研究相比于与 21 座水库联合调度，减少长江中下游超额洪量约 55 亿 m³，减幅达 16%。在水位对比上，与三峡等梯级水库投入运行前相比，有效降低沙市水位约 1.41m，降低城陵矶水位约 3.14m，降低武汉水位约 2.86m，降低湖口水位约 1.98m。

6.4.3 1954 年洪水实时调度优化策略

6.4.3.1 优化调度的思路

以上针对 1954 年洪水的水库群联合防洪补偿调度，都是基于常规的长江上游水库群配合三峡水库防洪调度方式，三峡水库调洪高水位为 160.45m，已经超过了 158m，此时对城陵矶防洪补偿库容已用完而转入对荆江防洪调度，城陵矶附近已出现超额洪量，上游水库群和三峡水库可继续投入的防洪库容见表 6.17。

表 6.17　　　　　　1954 年洪水上游水库群防洪调度统计表（30 座水库）　　　　单位：亿 m³

项　　目	金沙江中游梯级	雅砻江梯级	金沙江下游梯级	岷江梯级	嘉陵江梯级	乌江梯级	上游梯级小计	三峡	总计
设计防洪库容	17.78	45	154.93	19.3	20.22	10.25	267.48	221.50	488.98
配合三峡防洪库容	15.25	45	140.33	12.63	14.4	2	229.61		
拦蓄洪量	15.25	45	103.68	12.63	10.6	2	189.16	93.91	283.07
剩余防洪库容	2.53	0	51.25	6.67	9.62	8.25	78.32	127.59	205.91
剩余可配合三峡的防洪库容	0	0	36.65	0	3.8	0	40.45		

可见，在留有对本区域防洪库容的前提下，上游水库群还可用于配合三峡水库对长江中下游防洪，剩余防洪库容 36.65 亿 m³；三峡水库自身剩余防洪库容 127.59 亿 m³，后续仍有较大的防洪能力。而三峡库水位在 7 月 29 日超过 158m 后，转入对荆江防洪补偿调度，此时城陵矶地区将会出现超额洪量，有必要针对 1954 年洪水，优化上游水库群配合条件下三峡水库对城陵矶防洪补偿调度方式，以便更好地利用防洪库容，进一步减少长江中下游超额洪量。

基于流域防洪需求和调度方式梳理，为进一步减少长江中下游分洪量，本次提出了三种优化调度策略，主要基于以下原因考虑：

（1）继续对城陵矶防洪补偿的策略。根据上游水库群配合三峡水库联合调度方式，在三峡水库水位在 158m 后转入对荆江防洪调度时，1954 年上游水库和三峡水库都有较大的剩余防洪库容，可进一步配合三峡水库对中下游防洪调度。而此时如果城陵矶地区来水较大，防洪形势依然较为严峻，且结合来水预报，预判后续不会发生坝址 100 年一遇洪水甚至特大洪水的前提下，三峡水库有可能、也有条件在 158m 以上继续对城陵矶实施防洪补偿调度。

（2）优化对荆江防洪补偿的调度策略。由于 1954 年上下游来水均较大，且中下游区间来水大、水位高，通过长江上游水库群配合三峡水库联合调度的计算分析表明，三峡库水位在 158m 以下，基本是按照对城陵矶不超保证水位进行控制；在三峡水库水位达到 158m 后，按对沙市不超 44.5m 进行控制。为了减少三峡库水位 158m 以上的中下游地区（城陵矶地区、武汉附近区、湖口附近区）分洪量，考虑按沙市不超 44m 进行控制，通过减小三峡水库出库流量，来减少中下游分洪量。

（3）考虑库区回水淹没影响的调度策略。以上继续对城陵矶防洪补偿的策略和减小三峡水库出库流量的调度策略，都会逐步抬升库水位，因为所设置的继续对城陵矶防洪补偿调度控制水位、按对沙市不超 44m 控制的库水位都需结合实际调度工况进行科学选取。随着三峡库水位的抬升，将面临库区回水淹没的问题，需要对三峡库区回水淹没风险和中下游超额洪量作出决策。为此，本次还考虑一定的库区回水淹没影响，来计算可进一步减少的中下游超额洪量。

6.4.3.2 继续对城陵矶防洪补偿的调度策略研究

首先，在上游水库群配合下，考虑在三峡库水位超过 158m 以后，继续实施对城陵矶防洪补偿调度，三峡水库对城陵矶防洪补偿调度控制水位分别设置为 161m、163m、164m。考虑 4 种调度情形：

（1）常规防洪调度方案。当三峡水库在 158m 以上时维持原调度方式，转为对荆江防洪补偿调度。

（2）继续对城陵矶防洪补偿 161m 控制水位方案。当三峡水库在 161m 以上时，转为对荆江防洪补偿调度。

（3）继续对城陵矶防洪补偿 163m 控制水位方案。当三峡水库在 163m 以上时，转为对荆江防洪补偿调度。

（4）继续对城陵矶防洪补偿 164m 控制水位方案。当三峡水库在 164m 以上时，转为对荆江防洪补偿调度。

不同调度情形的三峡水库水位过程见图 6.16。由调度过程分析可知，如果三峡水库继续对城陵矶防洪补偿且控制水位按照 164m 控制，此时在 1954 年 8 月 3 日和 8 月 8 日将会出现库区回水淹没，因此本次三峡水库继续对城陵矶防洪补偿调度的控制水位为 163m。

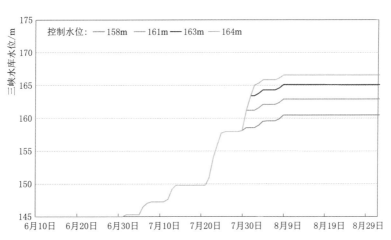

图 6.16 1954 年洪水上游水库群联合调度继续对城陵矶防洪
补偿调度（30 座水库）

以下针对不同的对城陵矶防洪补偿控制水位，分别统计了上游水库群配合三峡水库投入防洪库容和长江中下游超额洪量，分别见表 6.18 和图 6.17。当三峡水库继续对城陵矶防洪补偿调度的控制水位为 163m 时，三峡调洪高水位为 165.12m，长江中下游超额洪量为 256 亿 m³，相比 158m 时的超额洪量 292 亿 m³，减幅为 12.3%。

表 6.18　　上游梯级水库配合三峡投入防洪库容（1954 年洪水继续对城陵矶防洪）

继续对城陵矶防洪补偿的控制水位/m	防 洪 库 容/亿 m³						
	金沙江中游	雅砻江	金沙江下游	岷江	嘉陵江	乌江	三峡
158	15.25	45	103.68	12.63	10.6	2	93.91
161	15.25	45	103.68	12.63	10.6	2	112.91
163	15.25	45	103.68	12.63	10.6	2	129.78

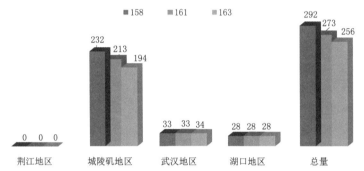

图 6.17　1954 年洪水继续对城陵矶防洪补偿方案的超额洪量（单位：亿 m³）

6.4.3.3　优化对荆江防洪补偿的调度策略研究

以下考虑优化三峡水库对荆江防洪补偿调度方式，在三峡库水位 158m 以上按沙市站不超 44m 进行控制，对应的枝城流量为 51700m³/s。考虑区间防洪补偿，此时三峡水库下泄流量将减少，可减少汇入中下游的来水，进而减少中下游超额洪量。考虑三种调度情形：

（1）常规防洪调度方案。当三峡水库水位在 158m 以上时维持原调度方式，转为对荆江防洪补偿调度，按沙市站不超 44.5m 进行控制。

（2）158m 优化荆江方案。当三峡水库水位在 158m 以上时调整调度方式，按沙市站不超 44m 进行控制。

（3）161m 优化荆江方案。当三峡水库水位在 158m 以上时维持原调度方式，按沙市站不超 44.5m 进行控制；当三峡水库超过 161m 以上时调整调度方式，按沙市站不超 44m 进行控制。

不同调度情形的三峡水库水位过程见图 6.18。上游水库群配合三峡水库投入防洪库容和长江中下游超额洪量分别见表 6.19 和图 6.19。

表 6.19　　上游水库群配合三峡投入防洪库容（优化荆江防洪调度方式）

优化荆江防洪调度方式	防 洪 库 容/亿 m³						
	金沙江中游	雅砻江	金沙江下游	岷江	嘉陵江	乌江	三峡
158m 基础方案	15.25	45	103.68	12.63	10.6	2	93.91
158m 优化荆江方案	15.25	45	103.68	12.63	10.6	2	139.01

由调度过程分析比较可知，水库群联合调度条件下，三峡库水位于 7 月 28 日超过 158m，而后期中下游来水仍然较大，特别是洞庭湖区间来水大，可考虑按沙市站水位不

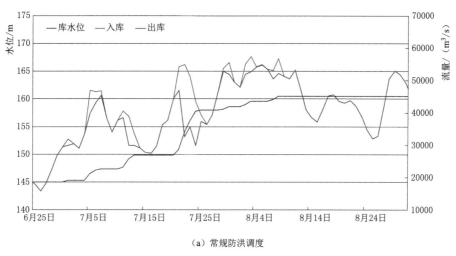

（a）常规防洪调度

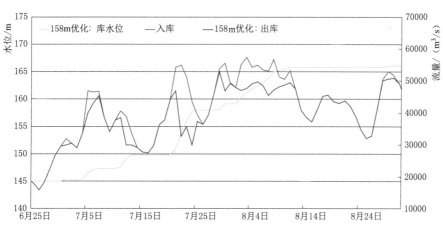

（b）158m优化荆江方案

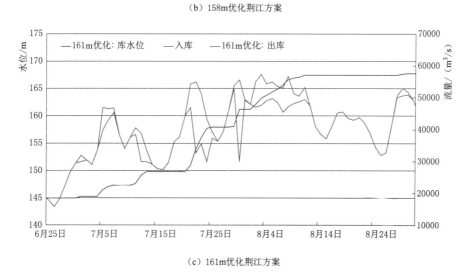

（c）161m优化荆江方案

图 6.18　1954 年洪水时优化对荆江防洪补偿的调度过程（30 座水库）

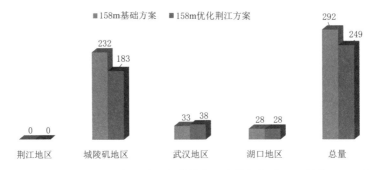

图 6.19　1954 年洪水优化荆江防洪补偿调度的超额洪量（单位：亿 m^3）

超 44m 进行控制，减小下泄流量。

但如果选用 161m 优化荆江方案，8 月 8 日库水位为 166.66m，此时会出现库区回水淹没。即便是选取 159m 减少方案、160m 减少方案，也会出现库区回水淹没，因此本次考虑针对荆江河段减小三峡水库出库流量的调度策略时，选取 158m 优化荆江方案。

当 158m 以上优化荆江防洪调度方式，按沙市不超 44m 减少三峡下泄流量时，三峡调洪高水位为 166.18m，库区没有回水淹没，长江中下游超额洪量为 249 亿 m^3，相比 158m 时的超额洪量 292 亿 m^3，减幅为 14.7%。

6.4.3.4　考虑库区回水淹没影响的调度策略研究

上述两种调度策略，分别结合荆江和城陵矶不同防洪对象的防洪调度方式，进行三峡水库调度方式优化，且方案选择时尽量不影响库区回水。但如果结合一定的工程处理措施，在库区回水断面可能受到影响时进行有效处置，可为水库调度提供更大的裕度。

本次按照防洪对象重要层次，将三峡库区防洪控制条件优先排序为：库区弹子田＞库区长寿县，其中前者一般为库区回水淹没末端附近，后者是库区最可能淹没的断面。而当需要在库区防洪安全和中下游防洪安全之间作出权衡和决策时，本次设置两种调度情形：①维持拟定的调度方式，对库区回水采取工程处置措施以减少库区淹没损失；②当判断库区将可能发生回水淹没时，适时加大出库流量，避免库区回水淹没风险。

本次考虑 6 种调度方案：

（1）常规防洪调度方案（简称"158 基础方案"）。当三峡水库在 158m 以上时维持原调度方式，转为对荆江防洪补偿调度。

（2）继续对城陵矶防洪补偿，控制水位为 167m、考虑库区回水淹没影响方案（简称"167 -考虑库区"）。当三峡水库水位在 167m 以上时，转为对荆江防洪补偿调度；在调度过程中考虑库区回水淹没影响，在判断库区将可能发生淹没时，适时加大出库流量，确保库容防洪安全。

（3）继续对城陵矶防洪补偿，控制水位为 167m、不考虑库区回水淹没影响方案（简称"167 -不考虑库区"）。当三峡水库水位在 167m 以上时，转为对荆江防洪补偿调度；在调度过程中为减少中下游分洪量，不考虑库区回水淹没影响而采取一定的库区回水淹没工程措施。

（4）继续对城陵矶防洪补偿，控制水位为 168m、考虑库区回水淹没影响方案（简称

"168 -考虑库区")。当三峡水库水位在 168m 以上时，转为对荆江防洪补偿调度；在调度过程中考虑库区回水淹没影响，在判断库区将可能发生淹没时，适时加大出库流量，确保库容防洪安全。

（5）继续对城陵矶防洪补偿，控制水位为 168m、不考虑库区回水淹没影响方案（简称"168 -不考虑库区"）。当三峡水库水位在 168m 以上时，转为对荆江防洪补偿调度；在调度过程中为减少中下游分洪量，不考虑库区回水淹没影响而采取一定的库区回水淹没工程措施。

（6）161m 优化荆江方案、不考虑库区回水淹没影响方案（简称"161 优化-不考虑库区"）。当三峡水库水位在 158m 以上时维持原调度方式，按沙市站不超 44.5m 进行控制；当三峡水库超过 161m 以上时调整调度方式，按沙市站不超 44m 进行控制。需要说明的是，此种方案时，由于库区回水淹没发生在库水位高于 161m，此时按照荆江防洪优先级别，不会加大出库流量，以确保荆江防洪安全；也不推荐进一步抬高 161m，否则三峡库水位会高于 169m，影响对后续大洪水的防洪能力。

不同调度方案的三峡水库水位过程如图 6.20 所示。可知，6 种方案的三峡水库调洪高水位分别为 160.45m、168.06m、169m、168.87m、169m、167.85m。除了基本方案外，其他 5 个方案都进一步充分利用了三峡水库防洪库容。

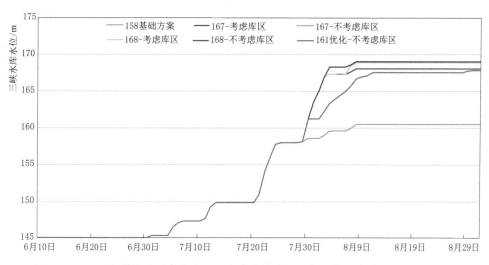

图 6.20 1954 年洪水是否考虑库区回水淹没影响不同方案的调度过程（30 座水库）

上游水库群配合三峡水库投入防洪库容和长江中下游超额洪量见表 6.19 和图 6.21。

表 6.19 上游水库群配合三峡投入防洪库容（1954 年洪水继续对城陵矶防洪）

是否考虑库区回水淹没 影响方案	防 洪 库 容/亿 m³						
	金沙江中游	雅砻江	金沙江下游	岷江	嘉陵江	乌江	三峡
158 基础方案	15.25	45	103.68	12.63	10.6	2	93.91
167 -考虑库区	15.25	45	103.68	12.63	10.6	2	155.42
167 -不考虑库区	15.25	45	103.68	12.63	10.6	2	163.71

续表

是否考虑库区回水淹没影响方案	防 洪 库 容/亿 m³						
	金沙江中游	雅砻江	金沙江下游	岷江	嘉陵江	乌江	三峡
168-考虑库区	15.25	45	103.68	12.63	10.6	2	162.22
168-不考虑库区	15.25	45	103.68	12.63	10.6	2	163.71
161 优化-不考虑库区	15.25	45	103.68	12.63	10.6	2	153.70

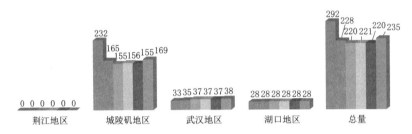

图 6.21　1954 年洪水是否考虑库区回水淹没影响不同方案的超额洪量（单位：亿 m³）

由图 6.21 可知，当进一步抬高对城陵矶防洪补偿控制水位时，可有效减少长江中下游超额洪量，上述方案减少超额洪量分别为 64 亿 m³、73 亿 m³、71 亿 m³、73 亿 m³ 和 58 亿 m³，减幅分别为 22.0%、24.8%、24.3%、24.8% 和 19.7%，可有效减少长江中下游的洪灾损失。

6.5　1998 年全流域型洪水调度

6.5.1　1998 年洪水特性

6.5.1.1　天气特征

1998 年夏季，高空大气经向环流盛行，中高纬地区出现了较长时间的双阻形势，冷空气活动较频繁；副高强大，其活动的阶段性分明；热带风暴活动异常偏弱。1998 年长江大洪水的暴雨都发生在副高外围西北侧的西南气流区。由于副高异常强大，且在每一阶段都相对稳定，在冷暖空气的共同作用下，形成了稳定的强雨带。副高在盛夏季节大幅南撤且稳定，造成了江南北部罕见的连续暴雨。这与热带风暴极不活跃、不能在副高南侧形成足够的顶托力有关。经统计，1998 年 6—8 月流域面雨量为 670mm，比正常值偏多 37.5%，较 1954 年同期雨量仅少了 36mm；而长江上游为 677mm，较 1954 年多了 28mm。1998 年暴雨主要特点如下：

（1）暴雨频繁。从 6 月 11 日长江流域进入梅雨季节后，各地暴雨频繁。6—8 月，长江流域共出现 74 个暴雨日，其中大暴雨日有 64d，占暴雨日总数的 86%，特大暴雨日有 18d，占暴雨日总数的 24%。

（2）暴雨笼罩面积大、范围广。日降雨大于 100mm、笼罩面积最大的为 6 月 13 日发生在两湖的大暴雨，笼罩面积为 50560km²。日暴雨笼罩面积大、范围广是 1998 年暴雨的一大特点。

（3）暴雨稳定维持、历时长。6 月 11—26 日，强降雨带稳定维持在洞庭湖、鄱阳湖两水系，滞留时间长达 16d 之久。6 月 27 日—7 月 16 日，强降雨带推移到长江上游广大地区，维持 20d。7 月 20—31 日，强降雨带又回到两湖地区，历时 15d。8 月 1—29 日，长江上游再次出现稳定的强降水，暴雨至大暴雨长时间徘徊于上游及汉水流域，时间长达 29d，历时最长。

（4）暴雨强度大、雨量集中。6—8 月，日降雨在 50～99mm 之间的有 1683 站（次），降雨在 100～199mm 之间的有 488 站（次），大于 200mm 以上的有 39 站（次），其中日雨量超过 300mm 以上的有 2 站（次）。

（5）雨带南北拉锯、上下游摆动。6 月中下旬，雨带主要在中下游地区，特别是鄱阳、洞庭两湖水系；7 月上半月，雨带推移到上游地区；7 月下半月，雨带再次回到中下游地区；8 月上半月，雨带又推移到上游地区；16—18 日，雨带又推到中下游及江南地区；19—25 日，雨带回到嘉岷流域及汉水；26—29 日，雨带再次推到中下游及江南。这种雨带南北拉锯、上下游摆动造成了 1998 年长江上中下游洪水的恶劣遭遇。

6.5.1.2 洪水特征

1998 年入夏，受厄尔尼诺影响，气候异常，长江发生了自 1954 年以来又一次全流域性大洪水，洪水位高，持续时间长，洪水遭遇恶劣。分析 1998 年长江洪水过程，有以下特征：

（1）洪水遭遇险恶，上中游洪水叠加。6 月中旬至 6 月底，鄱阳湖、洞庭湖地区的强降雨，使得鄱阳湖、洞庭湖水位迅速上涨。受两湖出流的影响，长江中下游干流水位随之上涨，于 6 月 28 日监利以下超警戒水位。7 月 2 日宜昌出现 1998 年的第 1 次洪峰，沙市水位也于当日开始超警戒水位。至此，宜昌以下全线超警戒水位，长江中下游干流呈上压下顶之势，且四川仍处于暴雨笼罩之中。由于上游降雨区的东移，7 月 18 日宜昌又出现了 1998 年的第 2 次洪峰，在其向中下游推进的过程中，与中游洞庭湖水系的澧水、沅江、鄱阳湖水系的昌江等河流及区间洪水叠加，随后宜昌又接连出现了 6 次洪峰，且包含了大于 60000m³/s 的 3 次洪峰，形成了自 1954 年以来的又一次全流域性洪水，长江中下游洪水位长时间居高不下。

（2）洪水位上涨迅猛。受两湖强降雨影响，长江中下游干流水位上涨迅速。莲花塘、螺山、汉口、大通水位等主要站点自 6 月 13 日开始上涨，至相应警戒水位只有 15d 左右，平均日涨率为 0.40～0.43m，最大日涨率高达 0.76～0.83m。

（3）水位高、持续时间长。长江中下游主要站中，除汉口、黄石、大通站外，其余站均超历史最高洪水位，其中大部分站超过设计水位。长江中游干流主要站最高洪水位超过历史最高水位天数达 10～42d。中下游干流主要站超警戒水位的天数与 1954 年比较，沙市站、监利站超过 1954 年，其他站接近 1954 年。

（4）洪量大。宜昌洪峰流量 63300m³/s，按频率算仅为 6 年一遇～8 年一遇，略小于 1954 年洪峰；最大 30d 洪量 1379 亿 m³，与 1954 年的 1386 亿 m³ 相当；最大 60d 洪量比

1954 年约大 100 亿 m³。汉口、大通两站最大 30d 洪量分别为 1754 亿 m³、2027 亿 m³，小于 1954 年的还原同期水量 2087 亿 m³、2338 亿 m³。汉口站最大 30d 洪量经验频率约为 30 年一遇。1998 年长江中下游分洪溃口水量不到 100 亿 m³，大约相当于 1954 年分洪溃口水量（1023 亿 m³）的 1/10。

6.5.1.3 洪水过程

1998 年洪水，长江干流宜昌先后出现 8 次洪峰（图 6.22），中下游干流沙市至螺山、武穴至九江河段以及洞庭湖、鄱阳湖水位多次突破历史最高纪录。干流荆江河段洪水位超过 1954 年最高洪水位 0.55～1.25m，持续时间超过 40d，沙市曾 3 次超过实测历史最高水位。

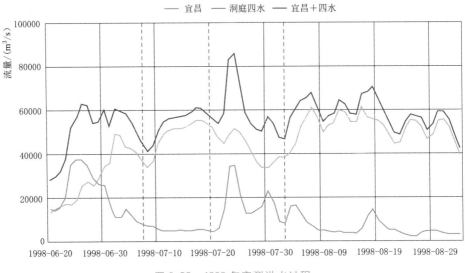

图 6.22 1998 年实测洪水过程

根据宜昌和洞庭四水来水特点，1998 年洪水过程可划分为四场洪水，每场洪水洪量组成见表 6.20。

表 6.20   1998 年实测洪水洪量分析表

洪水	洪 量/亿 m³						
	金沙江	岷江	嘉陵江	川渝河段	乌江	三峡库区	洞庭四水
第 1 场	164	83	65	70	67	43	330
第 2 场	213	89	123	85	31	25	60
第 3 场	161	61	49	45	69	46	189
第 4 场	536	176	218	190	143	187	168

（1）6 月 20 日—7 月 8 日第 1 场洪水。6 月下旬降雨主要集中在鄱阳湖水系的昌江、乐安河、信江、赣江和洞庭湖水系的湘江、资水、沅江等，鄱阳湖、洞庭湖水位猛涨，受两湖出流的影响，长江中下游干流水位随之上涨，沙市水位达 43.93m，突破警戒水位，监利水位达 37.09m，超过保证水位。上游以金沙江、岷江来水为主，乌江、嘉陵江紧随

其后，7 月 2 日，宜昌出现第 1 次洪峰 53000m³/s。第 1 场洪水组成关系见图 6.23。

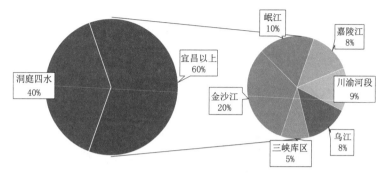

图 6.23　1998 年第 1 场洪水来源组成

（2）7 月 9—20 日第 2 场洪水。长江中游洞庭四水来水减弱，降雨集中在长江及汉江上游，洪水来源以长江上游为主，金沙江来水占宜昌洪量较大比重，嘉陵江、岷江次之。7 月 18 日，宜昌出现第 2 次洪峰 56400m³/s。第 2 场洪水组成关系见图 6.24。

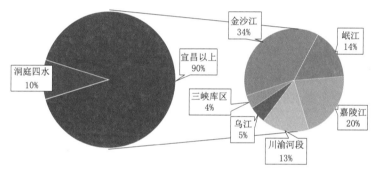

图 6.24　1998 年第 2 场洪水来源组成

（3）7 月 21 日—8 月 2 日第 3 场洪水。长江上游洪水与洞庭湖洪峰遭遇，乌江、沅江、澧水、武汉、鄂东北和鄱阳湖水系相继普降暴雨。洞庭湖沅江桃源站出现本年最大洪峰 22100m³/s，澧水石门站出现本年最大洪峰 17300m³/s，螺山站出现本年最大洪峰 68600m³/s，武汉市从 7 月 21 日凌晨起，暴雨狂泻 40h，三日雨量占全年平均降雨量的 1/3，创有水文记载以来最高纪录。受降雨影响，长江上游乌江来水增加，7 月 24 日，宜昌站出现第 3 次洪峰 51600m³/s。第 3 场洪水组成关系见图 6.25。

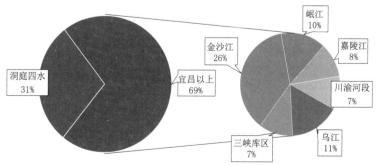

图 6.25　1998 年第 3 场洪水来源组成

（4）8月3日—9月3日第4场洪水。长江中游洞庭四水总入流除8月中旬出现一小波洪峰外，已基本处于退水阶段，降雨以长江上游为主，金沙江、嘉陵江来水占宜昌洪量较大比重，乌江、岷江来水减少。宜昌接连出现5次洪峰，且3次洪峰流量超过60000m³/s，8月16日出现年最大洪峰流量61700m³/s。第4场洪水组成关系见图6.26。

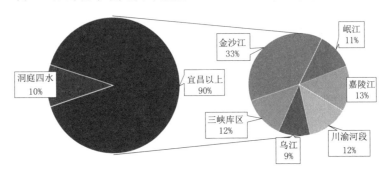

图 6.26　1998 年第 4 场洪水来源组成

6.5.2　1998 年洪水调度

6.5.2.1　调度应对措施

考虑30座水库，基于上游水库群联合调度方案，对1998年洪水进行调度推演计算，三峡水库调洪过程及下游主要控制站水位过程对比见图6.27和图6.28。

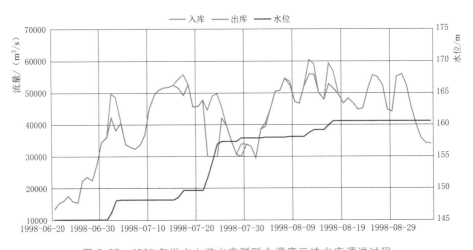

图 6.27　1998 年洪水上游水库群联合调度三峡水库调洪过程

（1）第1场洪水以金沙江和岷江来水为主，乌江、嘉陵江紧随其后。主要启用金沙江中游（梨园、阿海、金安桥、龙开口、鲁地拉、观音岩）、雅砻江梯级（两河口、锦屏一级、二滩）和乌东德、白鹤滩梯级水库拦蓄基流，岷江（双江口、瀑布沟）、嘉陵江（亭子口）同时也配合拦蓄，减少三峡水库入库洪量。由于乌江来水占据宜昌洪水一定比重但乌江中下游并未成灾，启用构皮滩水库2亿 m³ 防洪库容配合三峡为长江中下游防洪。三峡水库从145m开始起调，对城陵矶防洪补偿调度，控制城陵矶水位不超过34.4m。

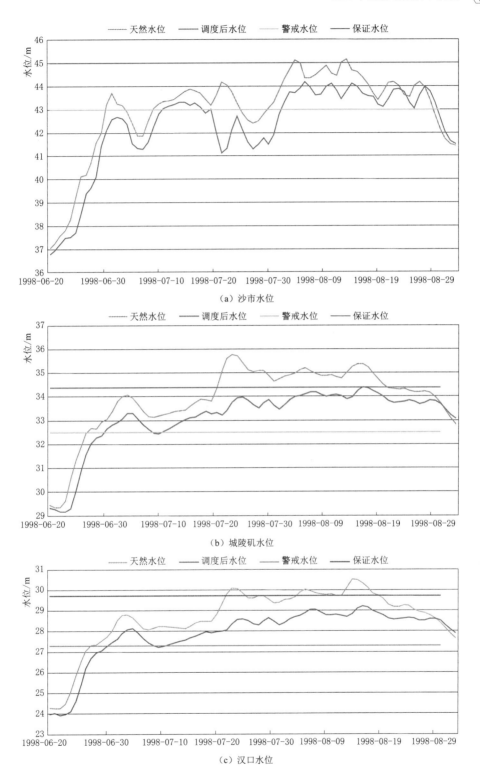

图 6.28 （一）　1998 年洪水上游水库群联合调度时的各站水位过程对比

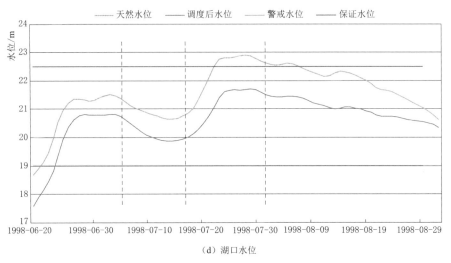

图 6.28（二）　1998 年洪水上游水库群联合调度时的各站水位过程对比

本轮洪水过后，三峡以上的上游水库群总计拦蓄洪量 33.37 亿 m³，三峡水库拦蓄洪量 15.98 亿 m³，最高水位 148.15m，此时乌江梯级配合三峡为长江中下游防洪预留库容已用完。本轮洪水过程中，沙市站最高洪水位 42.66m，城陵矶站最高洪水位 33.31m，汉口站最高洪水位 28.13m，湖口站最高洪水位 20.80m。

（2）第 2 场洪水，金沙江来水增加，嘉陵江占据较大比重，启用相应梯级水库拦蓄洪水；岷江来水较大，启用双江口、瀑布沟水库继续拦蓄基流减少三峡入库洪量；金沙江中游、雅砻江梯级和乌白梯级拦蓄基流，减少三峡入库洪量；三峡水库继续对城陵矶防洪补偿调度。

本轮洪水过后，三峡以上的水库群总计拦蓄洪量 14.51 亿 m³，三峡水库拦蓄洪量 7.69 亿 m³，最高水位 149.66m。本轮洪水过程中，沙市站最高洪水位 43.33m，城陵矶站最高洪水位 33.37m，汉口站最高洪水位 27.96m，湖口站最高洪水位 20.49m。

（3）第 3 场洪水，上游洪水与中游洞庭湖洪峰遭遇，金沙江中游、雅砻江、乌白梯级、岷江、嘉陵江梯级继续以拦蓄基流的方式投入运用以减少三峡水库入库洪量，三峡水库继续对城陵矶防洪补偿调度。乌江剩余防洪库容均为本流域预留，此阶段暂不配合三峡防洪使用。

本轮洪水过后，三峡以上的上游水库群拦蓄洪量约 30.94 亿 m³，三峡水库拦蓄洪量 52.28 亿 m³，最高水位 157.86m。本轮洪水过程中，沙市站最高洪水位 43.02m，城陵矶站最高洪水位 33.97m，汉口站最高洪水位 28.65m，湖口站最高洪水位 21.70m。

（4）第 4 场洪水，上游洪水量高位震荡，长江中下游基本呈现退水趋势，洪水来源以上游为主。三峡水库水位涨至 158m 后转入对荆江防洪补偿调度，控制沙市水位不超过 44.5m。金沙江溪洛渡、向家坝开始参与拦蓄，采用分级拦蓄配合三峡水库对长江中下游防洪；雅砻江、乌白梯级、岷江、嘉陵江梯级仍以拦蓄基流的方式投入运用以减少三峡水库入库洪量。金沙江中游、乌江梯级剩余防洪库容均为本流域预留，此阶段暂不配合三峡防洪使用。

由于上游洪水持续维持较大来量，城陵矶水位一直维持在保证水位 34.40m 以下，没有产生分蓄洪量。本轮洪水过后，三峡以上的上游水库群拦蓄洪量约 62.49 亿 m³，三峡水库拦蓄洪量 18.68 亿 m³，最高水位 160.54m。本轮洪水过程中，沙市站最高洪水位 44.17m，城陵矶站最高洪水位 34.40m，汉口站最高洪水位 29.22m，湖口站最高洪水位 21.59m。

6.5.2.2 调度效果分析

基于 30 座上游水库群联合调度方案，遇 1998 年洪水，三峡以上的上游水库群在保证自身防洪库容预留需求的前提下，拦蓄洪量 141.31 亿 m³，显著减少三峡入库洪量。三峡最高调洪水位为 160.54m，累计拦蓄洪量 94.62 亿 m³，占水库群总拦蓄量的 40%，防洪作用显著，且剩余防洪库容 126.88 亿 m³，对荆江洪水仍具有一定的抗御能力。1998 年各场洪水梯级水库群拦蓄洪量统计见图 6.29 和图 6.30。

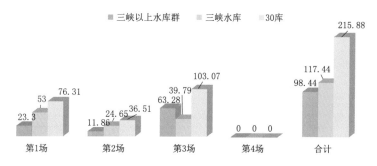

图 6.29　1998 年洪水梯级水库群拦蓄洪量（单位：亿 m³）

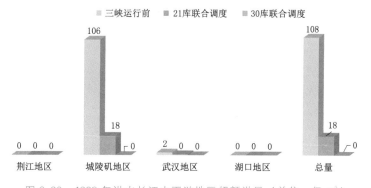

图 6.30　1998 年洪水长江中下游地区超额洪量（单位：亿 m³）

遇 1998 年洪水，不同工况下长江中下游超额洪量变化见表 6.21。可见，三峡工程运用前，遇 1998 年洪水，长江中游超额洪量 108 亿 m³，其中城陵矶附近区 106 亿 m³，武汉附近区 2 亿 m³。在以三峡为核心的 30 座上游水库群联合防洪作用下，遇 1998 年洪水，长江中下游没有超额洪量，可确保长江流域防洪安全。

在长江上游水库群调蓄作用下，长江中下游重要站点沙市站、城陵矶站、汉口站、湖口站最高洪水位分别为 44.17m、34.40m、29.22m、21.70m，均有效控制在保证水位之下，确保河道行洪安全。1998 年 4 场洪水模拟调度成果见表 6.22 和表 6.23。

表 6.21　　　　　　　　　不同工况遇 1998 年洪水长江中下游超额洪量变化

工况	分洪控制水位/m				超额洪量/亿 m³				
	沙市	城陵矶	汉口	湖口	荆江	城陵矶	武汉	湖口	总量
三峡水库运行前					0	106	2	0	108
21 座水库	45	34.4	29.5	22.5	0	18	0	0	18
本次研究的 30 座水库	45	34.4	29.5	22.5	0	0	0	0	0

表 6.22　　　　1998 年洪水上游水库群联合调度后三峡及重要站点最高水位统计

项　　目		三峡	沙市	城陵矶	汉口	湖口
最高水位 /m	第 1 场	148.15	42.66	33.31	28.13	20.80
	第 2 场	149.66	43.33	33.37	27.96	20.49
	第 3 场	157.86	43.02	33.97	28.65	21.70
	第 4 场	160.54	44.17	34.40	29.22	21.59
水位降幅 /m	第 1 场		1.07	0.78	0.67	0.71
	第 2 场		0.55	0.52	0.51	0.62
	第 3 场		1.16	1.80	1.44	1.21
	第 4 场		0.99	0.96	1.29	1.09

表 6.23　　　　　　　1998 年洪水上游水库群模拟调度统计　　　　　　　　单位：亿 m³

项目	洪水场次	金中游	雅砻江梯级	乌东德白鹤滩	溪洛渡向家坝	金沙江梯级	岷江梯级	嘉陵江梯级	乌江梯级	上游梯级小计	三峡	总计
设计防洪库容		17.78	99.40	45.00	55.53	154.93	19.30	20.22	10.25	267.48	221.50	488.98
配合三峡防洪库容		15.25	99.40	45.00	40.93	140.33	12.63	14.40	2.00	229.61		
拦蓄洪量	第 1 场	6.65	10.02	11.79	0.00	11.79	2.91	0.01	2.00	33.37	15.98	49.35
	第 2 场	4.70	2.74	3.89	0.00	3.89	2.17	1.02	0.00	14.51	7.69	22.19
	第 3 场	3.91	10.91	9.07	0.00	9.07	4.94	2.11	0.00	30.94	52.28	83.22
	第 4 场	0.00	20.93	21.60	12.10	33.70	2.61	5.26	0.00	62.49	18.68	81.17
	小计	15.25	44.59	46.35	12.10	58.44	12.63	8.40	2.00	141.31	94.62	235.93
剩余防洪库容	第 1 场	11.13	34.98	87.61	55.53	143.14	16.39	20.21	8.25	234.11	205.52	439.63
	第 2 场	6.43	32.24	83.73	55.53	139.26	14.22	19.19	8.25	219.60	197.84	417.44
	第 3 场	2.53	21.34	74.65	55.53	130.18	9.28	17.08	8.25	188.66	145.56	334.22
	第 4 场	2.53	0.41	53.05	43.43	96.49	6.67	11.82	8.25	126.17	126.88	253.05

6.6　其他类型洪水

　　以上各节内容分别针对上游型洪水、中下游型洪水、上中游型洪水、全流域型洪水等开展了具体研究。除了以上洪水类型外，长江流域也经常发生一些其他类型洪水，按一般洪水类型来进行处理分析，虽然没有实质的区域性表现，但沙市、城陵矶也出现了超警戒水位的情况。针对此种类型的洪水也应该进行研究,以提高三峡水库对中下游的防洪能力。

本次对 1955 年、1956 年、1957 年、1959 年、1965 年、1974 年、1976 年、1984 年、1989 年、1990 年、1991 年、1993 年、1997 年、2000 年、2003 年、2004 年、2007 年、2010 年、2012 年、2014 年等共 20 个年份的洪水,按一般洪水类型进行研究。考虑了以下几种调度情景:①考虑上游水库群配合,按三峡水库 145m 起调,对城陵矶进行防洪补偿调度;②考虑上游水库群配合,选取不同的三峡水库减压控制水位,如 154m、155m、156m、157m、158m,进行三峡水库对城陵矶防洪补偿调度;③考虑上游水库群配合,溪洛渡、向家坝水库采用加大拦蓄方式(此时三峡水库对城陵矶防洪补偿控制水位为 161m),选取不同的三峡水库减压控制水位,如 155m、156m、157m、158m 等,进行三峡水库对城陵矶防洪补偿调度。

各种调度情景的计算结果见表 6.24。

表 6.24　　　　　　　　　　　其他类型洪水的防洪影响分析

减压控制水位/m	场次最高水位/m	年均最高水位/m	水位超158m年数	水位超158m年份	年均沙市超警洪量/亿 m³	年均沙市超保洪量/亿 m³	年均城陵矶超警洪量/亿 m³	年均城陵矶超保洪量/亿 m³	回水淹没年数
不考虑	151.51	147.64	0		7.25	0	44.95	0	0
155	155.74	151.55	0		0.12	0	1.06	0	0
156	156.44	151.59	0		0.12	0	0.71	0	0
157	157.58	151.64	0		0.12	0	0.35	0	0
158	157.58	151.64	0		0	0	0	0	0

对于情景①,当三峡水库直接从 145m 对城陵矶采用防洪补偿调度时,上述其他类型洪水年份的调洪高水位分别为 149.74m、147.63m、145.00m、145.00m、145.00m、145.69m、145.00m、149.64m、145.20m、145.53m、148.76m、145.00m、145.42m、146.57m、145.00m、145.50m、145.78m、146.40m、145.27m、149.89m、149.74m、146.59m。可见,三峡水库调洪高水位都较低,表明其他类型洪水时长江流域洪水都不大,但沙市、城陵矶超警戒水位还是较多,可实现减压的目的。因此,在三峡水库对城陵矶防洪补偿调度方式中,考虑按警戒水位进行控制,以进一步降低中下游的水位。

为此,在情景①的基础上,结合前述对减压控制水位的定义,研究了三峡水库不同减压控制水位的调度结果。对于情景②,分析了先用警戒水位进行控制的调度方式,选取的三峡水库减压控制水位分别为 154m、155m、156m、157m、158m,其他类型洪水的三峡水库调洪高水位为 157.58m,均不超过 158m。特别的,对于情景③,如果考虑提出的溪洛渡、向家坝配合三峡水库加大拦蓄方式,三峡水库对城陵矶防洪补偿控制水位可为 161m。此时,当三峡水库减压控制水位为 161m 时,可保证下游不超警,有效减少防洪库容的投入。

综上分析,对于其他类型洪水,在上游水库群配合作用下,三峡水库基本可按对城陵矶防洪补偿控制水位进行超警控制，对于中下游减压是十分有利的。

以下仍以其他类型洪水开展计算，统计了不同调度情景模式下选取不同减压控制水位时，中下游沙市和城陵矶超警、超保的天数（表6.25），与表6.24对照可见，相比对于中下游直接按照保证水位进行控制，在上游水库群配合下，三峡水库基本可按对城陵矶防洪补偿控制水位进行超警控制，可大幅度降低沙市、城陵矶超警天数，基本不会出现超保的情况。沙市和城陵矶超警的天数由65d和209d减少到0，基本可控制在警戒水位以下，这在实际防汛工作中是很有用的。

表6.25　　　　　　针对其他类型洪水时不同减压控制水位的超警超保天数

减压控制水位	沙市超警天数	沙市超保天数	城陵矶超警天数	城陵矶超保天数
不考虑	65	0	209	0
154m	3	0	6	0
155m	1	0	3	0
156m	1	0	2	0
157m	1	0	1	0
158m	0	0	0	0

6.7　不同洪水类型下水库群实时防洪补偿调度风险措施

本次对不同洪水类型下的上游水库群配合三峡水库实时联合防洪补偿调度研究，主要是深入挖掘三峡水库对城陵矶防洪库容预留空间的利用条件、调度方式、防洪效益，以加强对不同洪水类型下上游水库群配合三峡水库对中下游的防洪作用。

为此，从洪水典型认知、洪水预报误差、三峡水库运行态势、上游水库运行态势、中下游防洪形势分析等方面来进行风险分析，为三峡水库减压控制水位的使用提供科学合理的条件，从而为面临不同洪水类型时合理调配长江上中游水库群防洪库容，科学调度，运筹帷幄，进而实现对长江中下游防洪"减压""减灾"，达到防洪风险可控。

（1）洪水典型认知。由分析可知，在上游水库群配合三峡水库联合调度运用情况下，不同洪水类型采取的三峡水库对城陵矶防洪补偿调度方式优化是不同的。

1）对于1968年、1999年等上中游型洪水，或者1954年、1998年等全流域型洪水，即便是三峡水库从145m起调，调洪最高水位都将达到甚至超过158m，有一定的风险，因此，应提早转入对城陵矶防洪补偿调度，并密切关注上游水库群配合作用，看是否在后期还有条件在城陵矶防洪补偿控制水位以上继续开展。为此，需针对1954年、1998年等流域型大洪水和1968年、1999年等上中游型洪水的来水过程进行经验总结、分类评价，这样，在水文预报中出现相似洪水特征时，就可以事先作出预判，适当降低减压控制水位甚至不开展中小洪水调度，尽早转入防洪调度，确保水库大坝防洪安全和长江中下游防洪安全，并在分蓄洪区的配合下，来防止荆江地区发生干堤溃决的毁灭性灾害，减少城陵矶附近分蓄洪区的分洪概率和分洪量。

2）对于上游型洪水、中下游型洪水或者其他类型洪水，如果三峡水库减压控制水位选取得过高，最终的调洪高水位也将超过对城陵矶防洪补偿控制水位。为此，在实际调度过程中需总结经验、分类评价，在调度过程中实时滚动预报，尽量提高预报精度，并逐步修正预报误差对调度带来的影响。此外，可以针对不同水情、区间来水情势和控制站水位情况，适当调整减压控制水位，以使面对不同类型洪水时三峡水库对城陵矶防洪作用具有更好的容错性和操作性。

（2）洪水预报误差。先进的水文预报技术是水库优化调度利用洪水资源的基础，预报精度与预见期直接影响调度成果。目前提高预报精度的途径主要有：①加强中长期水文气象和气候变化规律的研究，把握发生异常洪水的水文气象条件；②开展流域产汇流规律的研究，提高水情预报方案的精度；③开展定量降水预报研究，提高降水预报精度；④加强水文气象耦合应用，延长水情预报的有效预见期；⑤加强水情信息采集与共享，掌握上游水库的水情、水库调度以及开展联合调度研究；⑥加强洪水调度和水库管理部门的会商决策，随着水情的变化，及时决策和应对。

（3）三峡水库运行态势。

1）三峡水库对城陵矶防洪补偿调度的减压控制水位主要是针对上游型洪水或其他类型洪水，对中下游型洪水可相机应用，但全流域型大洪水不具备实施按超警调度的条件。在实际调度过程中结合洪水典型认知，关注上游来水情势、区间来水过程和中下游水位过程，对防洪形势进行审时度势。当预报沙市或城陵矶水位高于警戒水位时，或三峡水库水位即将超过设定的减压控制水位时，要相机加泄水量降低水位，在大洪水来临之前相机预泄，避免对防洪产生影响。

2）针对158m以上防洪库容空间运用的细化方式，对于1954年、1998年类似流域型大洪水，可在充分利用上游水库群拦蓄能力的基础上减少中下游分洪量，但也面临库区回水淹没和中下游防洪安全的抉择问题。如果三峡水库库区回水淹没呈上涨趋势，且人口、土地易损性超过断面承受能力时，也需要进行科学筹谋，在库区和下游两者之间进行科学的谋划，不能顾此失彼。同时，如果在调洪过程中遇到类似三峡水库坝址100年一遇洪水，也须尽早将三峡水库降至对城陵矶防洪补偿控制水位以下，以免对荆江防洪标准造成影响。

（4）上游水库运行态势。

1）针对上游型洪水、中下游型洪水或其他类型洪水，三峡水库减压控制水位的选取既与三峡水库运行情况有关，又与上游水库运行情况态势密切相关：

a. 当上游水库所在河流来水较大、需要水库群拦洪错峰以减轻防洪压力时，或者水库群可投入的防洪库容不够时，抑或是由于航运、生态、应急等情况而降低下泄流量、减少拦蓄能力时，应适当降低三峡水库减压控制水位到一定的值，不致出现确保三峡水库上游防洪安全而忽视长江中下游防洪安全的矛盾局面。

b. 当上游来水较为平缓或者上游防洪需求不大时，可通过上游水库群加大拦蓄来减少三峡入库洪水，此时上游水库群可用于配合三峡水库的防洪库容较多，有较大的安全裕度。

2）针对上中游型大洪水或者流域型大洪水，应尽早配合三峡水库群从汛限水位

145m 开始对城陵矶防洪补偿调度。

a. 一般来看，针对上中型大洪水，开展上游水库群配合三峡水库联合调度，可在对城陵矶防洪补偿库容以内完成本次防洪调度过程，遇 1968 年和 1999 年洪水的三峡调洪高水位分别为 153.43m 和 156.28m。当然，由于上中游型洪水类型样本有限，在实际调度过程中还是应该结合来水情势进行相机调度，如果防洪形势更为严峻而此时继续实施对城陵矶防洪补偿调度的条件允许，可与全流域型洪水类型的调度策略类似，三峡水库对城陵矶防洪补偿控制水位以上，继续实施对城陵矶防洪补偿调度。

b. 针对全流域型洪水，在三峡水库 158m 以上继续实施对城陵矶防洪补偿调度，前提条件是上游水库尚有剩余库容可配合运用，这是对抬高三峡库水位的有力保障。当上游水库所在河流来水较大、需要水库群拦洪错峰以减轻防洪压力时，或者水库群可投入的防洪库容不够时，应当视上游水库运行态势相机作出决策和取舍，以在三峡水库库区防洪安全和下游防洪安全中作出科学有效的调度谋划。

(5) 中下游防洪形势分析。

1) 在实际调度过程中针对上游型洪水、中下游型洪水或者其他类型洪水，要结合中下游水位过程、区间来水情况进行调度方式调整，在下游水位将超警戒水位时适时加大上游水库拦蓄，按不超保证水位进行控制，以进一步降低中下游水位，实现减压的目的。

2) 在实际调度过程中针对上中游型洪水或全流域型洪水，要结合中下游水位过程、区间来水情况，尽早转入防洪调度。必要时，密切关注清江梯级水库、洞庭湖水系水库的调度运行情况，特别是纳入联合调度范围的清江水布垭、隔河岩水库，洞庭湖水系柘溪、凤滩、五强溪、江垭、皂市等水库，在确保水库上下游安全的前提下，考虑荆江地区、城陵矶附近地区的防洪要求，适当控制泄水过程，配合运用，减轻长江中下游防洪压力。

总之，应充分考虑来水的不确定性、水库的调度方式、中下游防洪需求对水库运行调度带来的风险影响，根据实际库水位、来水预测以及中下游防洪形势，协调城陵矶地区防洪的控制条件、控制要求，协调防洪、洪水资源利用的关系，在防汛、电网以及水库运行等多部门的统筹协调下，充分利用流域水雨情自动测报、预报系统，密切监视长江流域汛情及长江上游水库群调度运行动态，精心分析、准确预报、科学调度，保障长江中下游防洪安全，尽可能提高水库群综合效益。

6.8 水库群联合防洪实时补偿调度系统设计及示范

电子沙盘系统（图 6.31）是一套完整的三维空间数据交互式可视化解决方案平台，洪水调度推演以电子沙盘系统作为展示平台，将相关水利要素通过交互方式布设在平台中，结合地理信息技术，在三维场景下可视化展示地形、地貌、水系分布、控制性水库群分布、重要关注站点分布，以及随洪水发展过程的洪水地区组成变化情况，上游水库群洪水拦蓄情况，水流在河道、湖区演进形态、库区淹没范围、灾情损失等具体指标的变化情况。

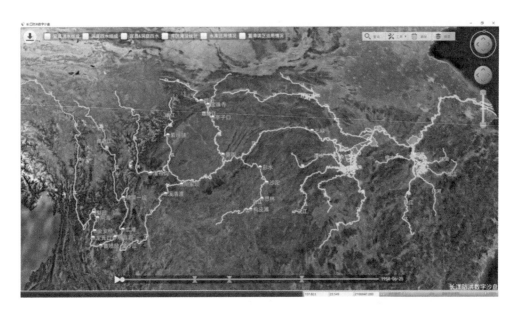

图 6.31 洪水调度推演演示初始界面示意图

选择地图上的流域面，查询显示当前时刻下所选流域梯级水库群的对洪水的拦蓄情况及剩余防洪库容（图 6.32），可快速了解流域梯级对洪水的拦蓄作用和剩余防洪能力。

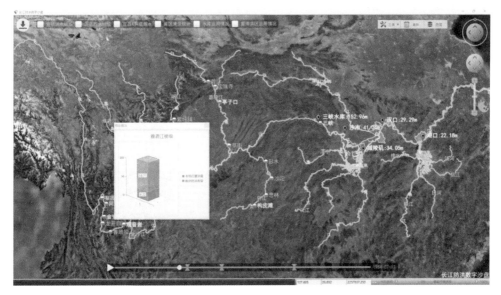

图 6.32 流域梯级水库洪水拦蓄情况查询示意图

选择地图上的水库，查询显示当前时刻及之前的水情过程（图 6.33），提供对水库工程的调度运用和水情走势情况的直观展示。地图放大水库，可进一步查看水库及库区的三维实景模型（图6.34），对水库库区回水淹没情况有更清晰的认识。

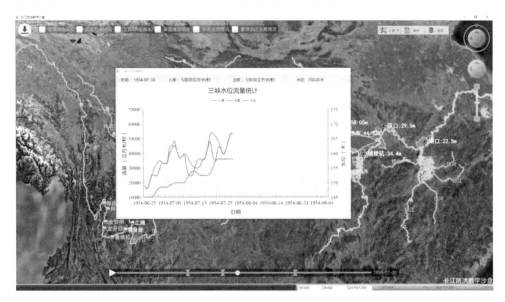

图6.33　流域水库洪水调度过程查询示意图

图6.34　流域水库三维实景模型展示示意图

选择"洪水地区组成"，通过对各流域当前时刻前15日的洪量统计，查询显示某一控制站洪水组成情况（图6.35），了解形成该控制站洪水的主要来源。

选择"水库运用情况"，通过对各流域各梯级水库洪水拦蓄量和防洪库容使用情况分析，显示当前时刻下针对典型洪水的流域梯级水库群调度运用状态统计（图6.36）。

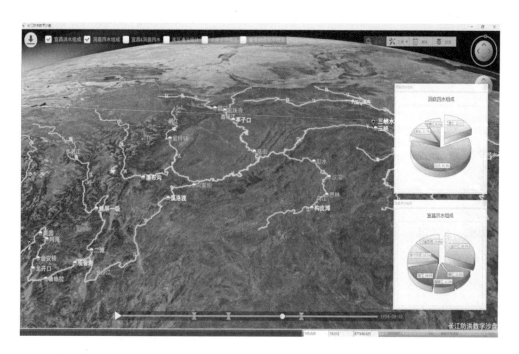

图 6.35　洪水地区组成情况查询示意图

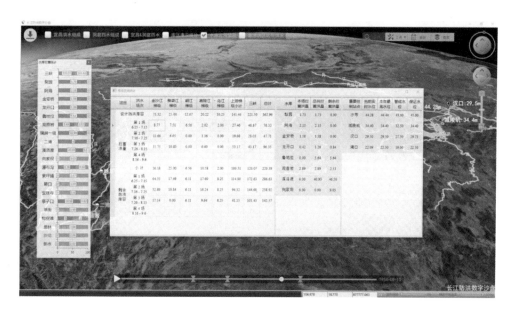

图 6.36　流域水库群洪水拦蓄情况统计示意图

选择"蓄滞洪区运用情况"，通过对蓄滞洪区蓄洪量的统计分析，在二维概化地图上直观显示针对典型洪水的蓄滞洪区启用状态及各蓄滞洪区当前时刻的蓄洪量（图 6.37）。

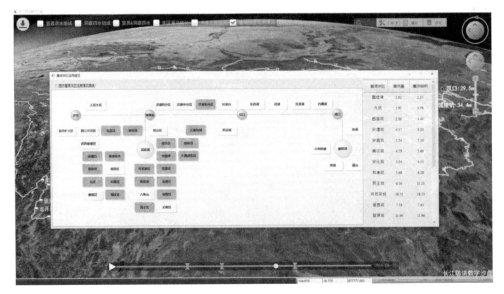

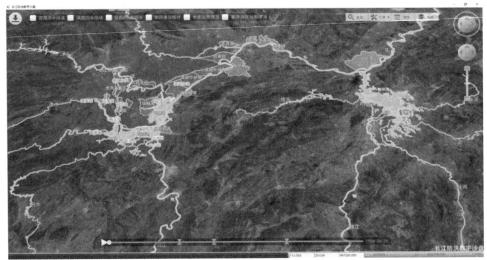

图 6.37　蓄滞洪区运用情况查询示意图

6.9　本章小结

考虑全流域型、上游型、上中游型、中下游型等不同洪水类型，分别开展了不同洪水类型下上游水库配合三峡水库实时防洪补偿调度的策略优化研究，分析了联合调度效益，并提出了有效的风险应对措施。具体包括：

（1）在上游水库群配合作用下，三峡水库对城陵矶防洪补偿控制水位可由155m抬高至158m。本次在对城陵矶防洪补偿控制水位内，对城陵矶防洪补偿调度方式进行细化研究，提出了减压控制水位，为三峡水库对城陵矶防洪补偿调度分别按不超警戒水位和不超保证水位进行控制的防洪库容协调控制水位。即：在减压控制水位以下，按中下游不超警戒水位进行控制；当库水位达到减压控制水位后，按中下游不超保证水位进行控制。

（2）对于上游型洪水，在上游水库群配合作用下，三峡水库对城陵矶防洪补偿调度的减压控制水位为157m。即：当面临上游型洪水时，三峡库水位在157m以下时，按中下游沙市站、城陵矶站不超警戒水位进行控制；当库水位达到157m后，按中下游沙市站、城陵矶站不超保证水位进行控制，可保证对城陵矶防洪补偿调洪高水位不超过158m。

（3）对于中下游型洪水，在上游水库群配合作用下，采用加大拦蓄方式，三峡对城陵矶防洪补偿控制水位为161m，此时三峡水库对城陵矶防洪补偿调度从按不超警戒到按不超保证的减压控制水位为154m。即：当面临中下游型洪水时，三峡库水位在154m以下时，按中下游沙市站、城陵矶站不超警戒水位进行控制；当库水位达到154m后，按中下游沙市站、城陵矶站不超保证水位进行控制，可保证对城陵矶防洪补偿调洪高水位不超过161m。

（4）对于上中游型洪水，在上游水库群配合作用下，结合来水情势和控制站水位过程，应尽早从汛限水位145m转入对城陵矶防洪补偿调度，确保大坝防洪安全和中下游防洪安全，可保证对城陵矶防洪补偿调洪高水位不超过158m。

（5）对于全流域型洪水，在上游水库剩余防洪库容较多且结合预报后期不会发生大洪水时，综合考虑三峡库区回水淹没和中下游防洪安全控制条件，提出了水库群联合防洪补偿调度的优化策略，包括继续对城陵矶防洪补偿的策略、优化对荆江防洪补偿的调度策略、考虑库区回水淹没影响的调度策略，这些策略均可进一步减少中下游超额洪量，均达到10%以上。

（6）对于其他类型洪水，在上游水库群配合作用下，可直接按中下游不超警进行控制，可保证对城陵矶防洪补偿调洪高水位不超过158m，对于中下游减压是十分有利的。

（7）水库群联合防洪补偿调度风险对策措施，须综合考虑洪水典型认知、洪水预报误差、三峡水库运行态势、上游水库运行态势、中下游防洪形势分析等方面，为减压控制水位运用提供科学合理的条件，为面临不同洪水类型时合理调配长江上中游水库群防洪库容，科学调度，运筹帷幄，进而达到防洪风险可控。

第 7 章

水库群联合防洪补偿调度风险效益评估

在复杂系统科学思维和方法论的指导下，综合运用流域水文学、计算水动力学等理论，采用理论分析、原型调查、资料分析、数学模拟相结合的手段，对长江中下游河道、湖泊的蓄泄能力、分洪量及其防洪布局进行系统深入的研究。

7.1　长江中下游整体模拟模型

7.1.1　计算范围

长江中下游整体模拟模型计算的范围见图 7.1，上始宜昌，下至大通，包括洞庭湖区、汉江中下游、鄱阳湖区和注入长江干流的重要支流。模型周边控制断面选取如下：

（1）长江干流段。上控制断面为宜昌，下断面为大通，汇入长江的主要支流有清江、沮漳河、陆水、汉江、江北十水等，以有水文站的断面为控制断面。

（2）洞庭湖区。以荆江四口及洞庭湖四水尾闾监测断面为控制断面。湘水以湘潭为入流断面，资水取桃江断面，沅江为桃源断面，澧水用津市断面。

（3）汉江中下游。汉江沙洋以下至河口河段。

（4）鄱阳湖区。以五河尾闾监测断面和湖口为控制断面，包括五河尾闾河段及鄱阳湖湖泊。其中，修水以虬津、万家埠为入流断面，赣江取外洲断面，抚河以李家渡为入流断面，信江用梅港断面，饶河以渡峰坑和石镇街为入流断面。

（5）考虑主要的分蓄洪区。主要包括荆江分蓄洪区、人民大垸、洪湖分蓄洪区、洞庭湖 24 垸、武汉附近分蓄洪区、鄱阳湖珠湖、康山、黄湖、方洲斜塘分蓄洪区和华阳分蓄洪区等。

7.1.2　模型构架

模型包括长江干流宜昌至螺山、螺山至大通、松虎河系、藕池河系、洞庭湖湖泊、洞庭湖四水尾闾、汉江中下游、鄱阳湖区、鄱阳湖区五河尾闾九大模块。模块之间采用显式连接形成整体模型。这种模型构架基于如下考虑：①方便对不同子模块采用不同的数值计算方法，有助于提高整体模型模拟精度，并使模型更符合实际水流特征；②针对荆江三口可单独建立分流分沙模式，精确控制分流分沙量，保证区域乃至全局水量沙量平衡；③模型分块，使之相对独立，便于规划方案修改及组织数据；④经过划分，可形成阶数较小的求解矩阵；⑤模型结构清晰，层次分明，提高模型运算效率；⑥增强适应不同空间尺度和各种复杂边界条件的模拟能力。

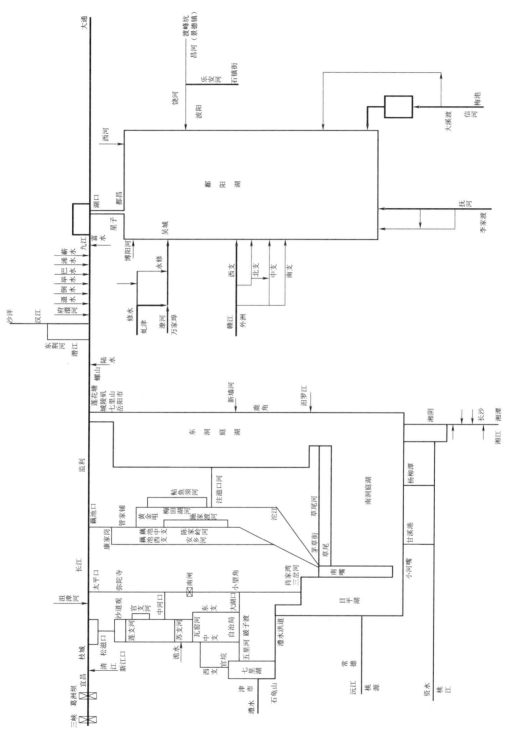

图 7.1 长江中下游整体模拟模型概化图

7.1.3　模型算法

模型算法包括水文学法和水力学法。水文学法采用水量平衡和堰流公式进行蓄滞洪区吐纳洪水演算。水力学法采用河道一维显隐结合的分块三级河网水流算法和二维有限控制体积高性能算法。水文学方法通过水量平衡方程和水力学计算公式，进行蓄滞洪区纳蓄水量演算，计算简便。河网水流算法采用一维非恒定流四点隐格式差分求解，其特点在于隐式差分稳定性好，求解速度快，能准确实现汊点流量按各分汊河道的过流能力自动分流，且能适应双向流特征的复杂河网计算。二维湖泊有限控制体积高性能水流差分算法，物理意义明确，具有准确的积分守恒性。

7.1.3.1　一维河网算法

描述研究区域洪水演进行为，采用的基本方程为

水流连续方程：
$$B\frac{\partial Z}{\partial t}+\frac{\partial Q}{\partial x}=q \tag{7.1}$$

水流运动方程：
$$\frac{\partial Q}{\partial t}+\frac{\partial}{\partial x}\left(\beta\frac{Q^2}{A}\right)+gA\left(\frac{\partial Z}{\partial x}+S_f\right)=0 \tag{7.2}$$

式中：Z、Q、A、B分别为水位、流量、过水面积、水面宽度；β为动量修正系数；S_f为摩阻坡降，采用曼宁公式计算；q为旁侧入流。

上述方程中，水位、流速是断面平均值，当水流漫滩时，平均流速与实况有差异，为了使水流漫滩后计算断面过水能力逼近实际过水能力，需引进动量修正系数β，β的数值由下式给出：

$$\beta=\frac{A}{K^2}\sum_i\frac{K_i^2}{A_i}$$

式中：A_i为断面第i部分面积；A为断面过水面积，$A=A_1+A_2+\cdots+A_M$；K_i为第i部分的流量模数，$K_i=\frac{1}{n}A_iR_i^{2/3}$，$n$为曼宁系数，$K=K_1+K_2+\cdots+K_M$；$M$为断面总数。

河网算法采用四点Preissmann隐格式，将圣维南方程在相邻断面间离散成微段方程（断面之间的局部河段为微段）。对微段方程通过变量替换方法，可以形成只包含河段首断面水位、流量和末断面水位、流量的关系式，称为河段方程（相邻两节点之间的单一河道定义为河段）。将河段方程组进行一次自相消元，就可以得到一对以水位或流量为隐函数的方程组。再将此方程组代入相应的汊点连接方程和边界方程，消去其中的水位或者流量，形成汊点矩阵方程，此法被称为河网三级算法。

7.1.3.2　二维湖泊算法

考虑到洞庭湖、鄱阳湖流态的数值模拟是系统模型水流计算的重要组成部分，为了确保湖泊水量平衡，采用任意三角形、四边形单元划分计算水域，用有限体积法（FVM）求解积分形式的二维浅水方程组。即对计算时段$\Delta t=t_{n+1}-t_n$和单元面积显式积分，再把时段初空间导数项的面积分用格林公式化作沿单元周边的围线积分。面积分和围线积分中的被积函数设为常值分布，取单元形心处的值，建立每一单元FVM方程组，进行逐单

元水量和动量平衡计算。其中，单元间界面流量通量、动量通量采用具有特征逆风性的高性能 Osher 格式计算。

为了保证格式的守恒性，以及适用于含间断或陡梯度的流动，采用二维不恒定浅水方程组的守恒形式：

$$\frac{\partial \boldsymbol{W}}{\partial t} + \frac{\partial \boldsymbol{F}(\boldsymbol{W})}{\partial x} + \frac{\partial \boldsymbol{G}(\boldsymbol{W})}{\partial y} = \boldsymbol{D}(\boldsymbol{W}) \tag{7.3}$$

其中守恒物理量 $\boldsymbol{W}$、x 向通量向量 $\boldsymbol{F}$，y 向通量向量 $\boldsymbol{G}$，以及源项向量 $\boldsymbol{D}$ 分别为

$$\boldsymbol{W} = \begin{bmatrix} h \\ hu \\ hv \end{bmatrix} \quad \boldsymbol{F} = \begin{bmatrix} hu \\ hu^2 + \dfrac{gh^2}{2} \\ huv \end{bmatrix}$$

$$\boldsymbol{G} = \begin{bmatrix} hu \\ huv \\ hv^2 + \dfrac{gh^2}{2} \end{bmatrix} \quad \boldsymbol{D} = \begin{bmatrix} q \\ gh(S_0^x - S_f^x) \\ gh(S_0^y - S_f^y) \end{bmatrix}$$

式中：h 为水深；u 和 v 分别是 x 和 y 方向垂线平均的水平流速分量；g 为重力加速度；S_0^x 和 S_0^y 分别为 x 和 y 方向的水底底坡，定义为

$$(S_0^x, S_0^y) = \left(-\frac{\partial Z_b}{\partial x}, -\frac{\partial Z_b}{\partial y} \right) \tag{7.4}$$

Z_b 为水底高程；摩阻坡度定义为

$$(S_f^x, S_f^y) = \frac{n^2 \cdot \sqrt{u^2 + v^2}}{h^{4/3}} (u, v) \tag{7.5}$$

式中：n 为曼宁糙率系数；q 为湖泊单元旁侧入流，先确定湖泊总的逐日旁侧入流过程，再按单元面积平均分配。

采用有限体积法进行水沙的数值模拟，其实质是逐单元进行水量、动量和沙量平衡，物理意义清晰，准确满足积分形式的守恒律，成果无守恒误差，能处理含间断或陡梯度的流动。

对单元 i，以单元平均的守恒物理量构成状态向量 $\boldsymbol{W}_i = (h_i, h_i u_i, h_i v_i)^T$。在时间 t_n，通过其第 k 边沿法向输出的通量记为 $F_{Nij}(\boldsymbol{W}_i, \boldsymbol{W}_j)$，$F_{Nij}$ 的三个分量分别表示沿该边外法向 N 输出的流量、N 方向动量和 T 方向动量，N 与 T 构成右手坐标系。采用网元中心格式，控制体与单元本身重合，即将流动变量定义在单元形心，在每一单元内水位、水深和流速均为常数分布，水底高程也采用单元内的平均底高。记 Ω_i 为单元的域，$\partial \Omega_i$ 为其边界。利用格林公式，可得方程组的有限体积近似：

$$A_i \frac{\mathrm{d} \boldsymbol{W}_i}{\mathrm{d} t} + \int_{\partial \Omega_i} (F \cdot \cos\varphi + G \cdot \sin\varphi) \mathrm{d} l = A_i \cdot \overline{D_i} \tag{7.6}$$

式中：A_i 为单元 Ω_i 的面积；$(\cos\varphi, \sin\varphi)$ 为 $\partial \Omega_i$ 的外法向单位向量；$\mathrm{d} l$ 为线积分微元，$\overline{D_i}$ 为非齐次项在单元 Ω_i 上的某种平均。如上所述，记 $F_N = F \cdot \cos\varphi + G \cdot \sin\varphi$ 为跨单元界面的法向数值通量，时间积分采用显式前向差分格式，那么，式（7.6）可离散化为

$$A_i \frac{W_i^{n+1} - W_i^n}{\Delta t} + \sum_j F_{Nij} \cdot l_{ij} = A_i \cdot \overline{D}_i \tag{7.7}$$

式中：j 为单元 i 的相邻单元的编号；l_{ij} 为单元 i 和 j 界面边长。算法的核心是如何计算法向数值通量 F_N，采用 Osher 格式计算。

7.1.4　计算模式

在采用上述一、二维水力学计算算法和水文学计算算法的基础上，对实际河湖中水量运动的若干环节还需建立相应的计算模式，以保证数值模型建模的成功。

7.1.4.1　河湖水量交换处理模式

一维河网模块与二维湖泊模块之间，采用河道断面与湖泊单元的共用边的状态量交换衔接，包括水量和动量守恒连接。对于一维模块，需要的控制节点水位值，取用与节点断面相邻的二维湖泊单元水位值；边界处的流量和动量由圣维南方程组计算得到。二维湖泊的入流边界水流通量取用与此单元相邻的一维河网断面流量。具体模式如下：

（1）在二维网格剖分时，使二维单元的边界单元的边与相邻河道断面的流向垂直。

（2）与二维网格单元相邻的一维河道断面的流量作为入流条件。

（3）当给定单元 R 的水位 Z_R 时，即水深 h_R 已知，可用公式 $U_R = \varphi_L - 2\sqrt{gh_R}$ 直接求得 U_R，φ_L 为黎曼变量，U_R 为单元 R 的法向流速，若要考虑底坡 S_0 和摩阻项 S_{fL}、S_{fR} 的影响，则有

$$U_R + 2\sqrt{gh_R} = \varphi_L + g \cdot \Delta t \left(S_0 - \frac{S_{fL} + S_{fR}}{2} \right) \tag{7.8}$$

式中：S_0，φ_L，S_{fL}，h_R 均为已知，唯一的未知量 U_R 可用预测改正法求解。当给定单宽流量 q_R 时，h_R 和 U_R 由联解 $q_R = h_R U_R$ 及特征关系 $\varphi_L = U_R + 2\sqrt{gh_R}$ 求得。此外，还有跨单元 L 和 R 的切向流速，$V_R = V_L$。

这样的边界条件处理具有以下特点：符合特征理论，保证边界条件个数正确，无需引入冗余的数值边界条件；内部单元与边界单元所用格式一致，且能保证跨边界的数值通量等于该处的物理通量，自然保证了边界处的水量、动量的守恒性。

7.1.4.2　河道湖泊抽引水计算模式

在河道湖泊水流演进计算的基础上，嵌入河道及湖泊引水模块，实现江湖抽引水调度计算。对于一维河道计算，抽引水量作为源汇项以旁侧出流加入，根据 $\frac{\partial Q}{\partial x} + \frac{\partial A}{\partial t} = q_l$，采用侧向单位长度流量从河段中抽取。对于二维湖泊计算，抽引水量作为源汇项从单元中抽取，根据 $\frac{\partial h}{\partial t} + \frac{\partial hu}{\partial x} + \frac{\partial hv}{\partial y} = q$，将抽引水量转换为单元对应水深并从相邻湖泊单元中抽取。

7.1.4.3　河网内动边界的计算模式

荆江三口洪道以及洞庭湖河网区的某些河道，在枯水期河道河底高程或河道中的沙坎高程高于水面，河道不过流；洪水期水位高于河底高程或沙坎，河道过流。当计算域内存在随水位起落的河床动边界时，要求模型算法具有良好的模拟河床边界变动时空变化的功能。对于一维河道而言，若要通过调整河网布置和改变河网河段类型来模拟动边界，则计

算逻辑十分复杂，且模拟效果欠佳。为了解决这一问题，我们在维持河网结构不变的前提下，通过模型数值算法来自动模拟河网区内的动边界。具体算法实现概述如下：即当水位低于河道某断面河底高程时河道不过流，假设在干河床存在一个极薄的水层（一般可取0.01m），再在河网方程组中增加一组流量为零的河段方程，将该组河段方程嵌入到河网节点方程组中参与河网联解计算，这样就可将一个动边界问题转化为固定边界问题来处理。当河道水位高于河底高程时，河段过流量不为零，自动回复到河道过流的正常算法，模型就能模拟河网内动边界问题。

1. 基于圣维南方程组的河网河道流量方程

（1）首断面流量表示的首、末断面水位关系式：

$$Q_i = \alpha_i + \beta_i Z_i + \xi_i Z_n \tag{7.9}$$

其中 $\alpha_i = \dfrac{Y_1(\Psi_i - G_i \alpha_{i+1}) - Y_2(D_i - \alpha_{i+1})}{Y_1 E_i + Y_2}$；$\beta_i = \dfrac{Y_2 C_i + Y_1 F_i}{Y_1 E_i + Y_2}$；$\xi_i = \dfrac{\xi_{i+1}(Y_2 - Y_1 G_i)}{Y_1 E_i + Y_2}$

$$Y_1 = C_i + \beta_{i+1} \quad Y_2 = F_i + G_i \beta_{i+1} \quad (i = n-1, n-2, \cdots, 1)$$

（2）末断面流量表示的首、末断面的水位关系式：

$$Q_i = \theta_{i-1} + \eta_{i-1} Z_i + \gamma_{i-1} Z_1 \tag{7.10}$$

其中 $\theta_i = \dfrac{Y_2(D_i + \theta_{i-1}) - Y_1(\Psi_i - E_i \theta_{i-1})}{Y_2 - Y_1 G_i}$；$\eta_i = \dfrac{Y_1 F_i - Y_2 C_i}{Y_2 - Y_1 G_i}$；$\gamma_i = \dfrac{(Y_2 + Y_1 E_i)\gamma_{i-1}}{Y_2 - Y_1 G_i}$

$$Y_1 = C_i - \eta_{i-1} \quad Y_2 = E_i \eta_{i-1} - F_i \quad (i = 2, 3, \cdots, n)$$

（3）流量为零的河段方程：

$$\left. \begin{array}{l} \alpha_i + \beta_i Z_i + \xi_i Z_n = 0 \\ \theta_{i-1} + \eta_{i-1} Z_i + \gamma_{i-1} Z_1 = 0 \end{array} \right\} \tag{7.11}$$

其中：$\alpha_i = 0 \quad \beta_i = 0 \quad \xi_i = 0 \quad \theta_i = 0 \quad \eta_i = 0 \quad \gamma_i = 0$

2. 流量的河段方程与河网河段方程的集成

当河底高程或河道中的沙坎高程高于水面，河道不过流，则该河段选择零流量方程组即式（7.11）；当洪水期水位高于河底高程或沙坎，河道过流，则河段方程选用河网河段方程即式（7.9）和式（7.8）。

由此可知，河网动边界计算模式的核心是在圣维南方程组中增加形式与圣维南动量方程形式相同的零流量方程，且采用与河网水流一致的计算格式。在模型中只需增加一个判别河道过流与否的开关，若河道过流时采用非零的河段方程，若河道断流时采用零流量的河段方程。该模式的主要功能：①增强了原河网水沙模拟能力，扩大了河网水沙模拟应用范围，适应感潮河网区、北方干湿河床等水沙数值模拟；②减少数学建模的工作量，大大减少了模型重复形成数据集的工作量，从方程出发解决了水沙数学模拟的长历时模拟的连续性和模拟精度的提高；③实现了工程控制条件下水沙数学模拟的完整性，即克服了工程控制条件下，因某河段断流而不能进行数值模拟问题。

7.1.4.4　蓄洪堤垸调蓄计算模式

在洪水演进模型的基础上，嵌入各区段的分蓄洪堤垸的分洪模块，形成江河湖泊调度模型，实现在各种调度方案下的洪水调度仿真。洪水预报调度模型主要包括洪水预报模型、河道湖泊洪水演进和分蓄洪区垸调蓄洪水计算模型。

蓄洪堤垸吐纳洪水的过程是河道水位与堤垸内水位交替变化的过程：外河道水位高于堤垸内水位，堤垸纳洪；当外河道洪水回落，即堤垸内水位高于外河道水位时，堤垸吐洪。

堤垸洪水吐纳计算采用水文学调蓄方法，即由出入垸流量转换为水量，再由堤垸容积曲线确定堤垸内水位。堤垸自溃或人工爆破口门的流量采用堰闸自由或淹没出流公式计算：当水流条件为自由出流时，堤垸与河道交换流量为 $Q = mB \sqrt{2g} H_0^{3/2}$（$m$ 为流量系数，B 为口门宽度，H_0 为有效水头）；当水流条件为淹没出流时，堤垸与河道交换流量为 $Q = \sigma mB \sqrt{2g} H_0^{3/2}$（$\sigma$ 为淹没系数，其余符号意义同上）。水流方向由河道与堤垸内的水位差确定。

值得注意的是，由于溃堤口门扩展是一个动态过程，对此过程作某种假设，如瞬时溃决或线性扩展，都将影响到溃口流量的计算。因此需特别重视溃决方式和决口参数的选择。若由于溃决方式和决口参数选择不当，使溃口流量计算偏大，就可能造成计算失稳；反之，若溃口流量计算过小，则分洪量会偏小，难以达到预期的分洪效果。

7.2 模型参数率定与模型验证

利用 1981—2000 年 20 年实测水沙资料，在 1984 年长江干流地形和 1995 年湖泊湖盆地形对模型进行了率定，并在率定后的模型参数的基础上，结合 2006 年长江干流和湖盆地形，利用 2001—2012 年水沙资料对模型进行了验证计算。率定与验证计算结果表明模型算法健全，所选参数准确，若干环节技术处理合理。

7.2.1 干流一维河网模型率定结果

采用 1991 年 1 月 1 日至 2002 年 12 月 31 日共 12 年水沙资料率定干流一维河网和二维湖泊非恒定流水沙模型。由图 7.2～图 7.5 水位流量率定结果可知，模型算法基本适应长江干流丰、平、枯不同时期的流动特征和水面比降；与主要控制站螺山、九江、大通的实测水位流量过程相比，水位流量的计算结果较好反映了各站点的水位流量关系，峰谷对应、涨落一致、洪峰水位较好吻合；水位率定误差范围在 0.3m 以内，且计算水位误差在 0.20m 以内的站点数占测验站总数的 81％；流量相对误差在 15％以内，其中有约占总数98％的站点流量相对误差在 10％以内。

7.2.2 干流一维河网模型验证结果

采用 2003 年 1 月 1 日至 2014 年 12 月 31 日主要站的水沙资料，对干流一维河网和二维湖泊非恒定流模型算法进行验证计算。由图 7.6～图 7.9 水位流量验证结果可知，模型算法基本适应长江干流丰、平、枯不同时期的流动特征和水面比降；与长江干流主要控制站的实测水位流量过程相比，水位流量的计算结果较好反映了各站点的水位流量关系，峰谷对应、涨落一致、洪峰水位较好吻合；水位验证误差范围在 0.3m 以内。这流量相对误差在 15％以内。这说明所建模型和所选参数较好地模拟了长江中下游水流运动情况，若干环节技术处理合理，具有较高的准确性。

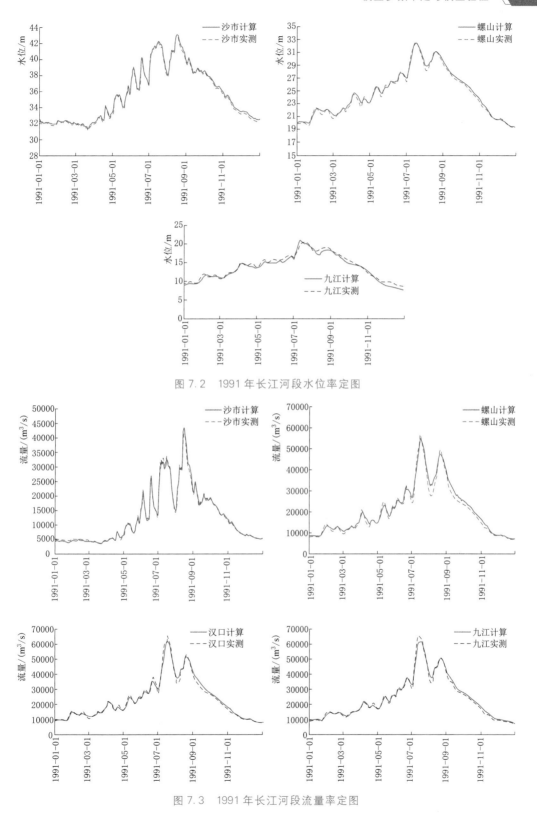

图 7.2　1991 年长江河段水位率定图

图 7.3　1991 年长江河段流量率定图

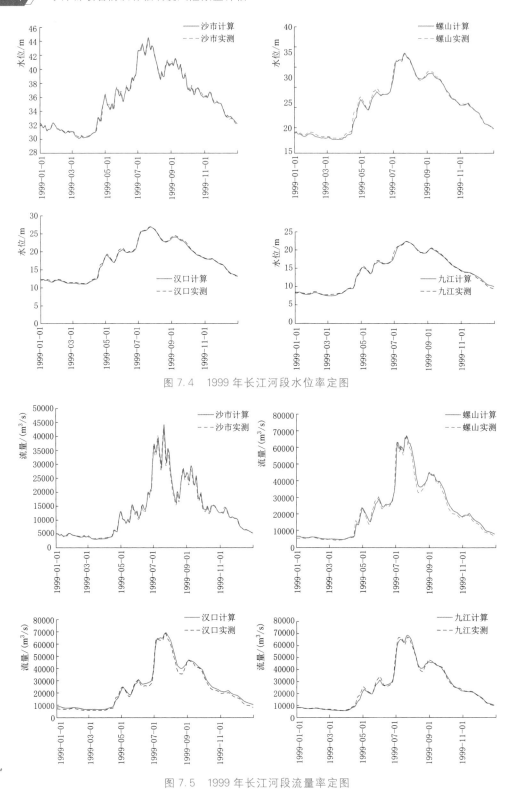

图 7.4　1999 年长江河段水位率定图

图 7.5　1999 年长江河段流量率定图

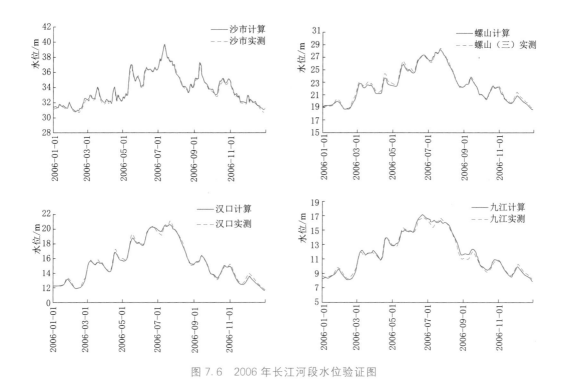

图 7.6　2006 年长江河段水位验证图

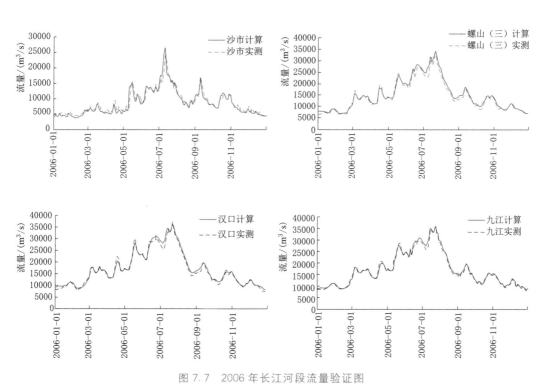

图 7.7　2006 年长江河段流量验证图

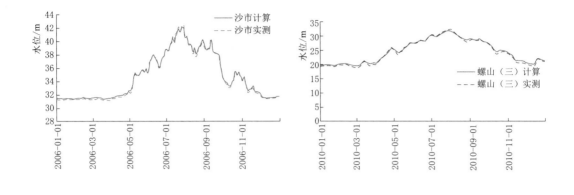

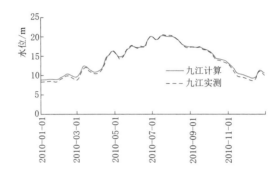

图 7.8　2010 年长江河段水位验证图

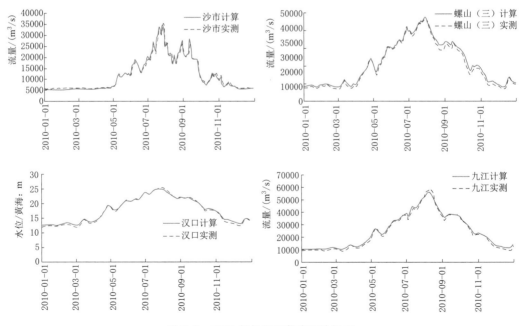

图 7.9　2010 年长江河段流量验证图

7.2.3　湖泊二维模型率定结果

　　与一维河网模型计算同步，采用 1991 年 1 月 1 日至 2002 年 12 月 31 日主要站的水文实测资料对二维湖泊非恒定流水沙模型参数进行率定。

　　由图 7.10 的水位率定结果可知，与洞庭湖主要控制站七里山、鹿角、杨柳潭、小河嘴、南支及鄱阳湖主要控制站湖口、星子、都昌、棠荫、康山实测水位过程相比，模拟结果较好反映了各站点的水位变化过程，峰谷对应、涨落一致、洪峰水位较好吻合；水位计

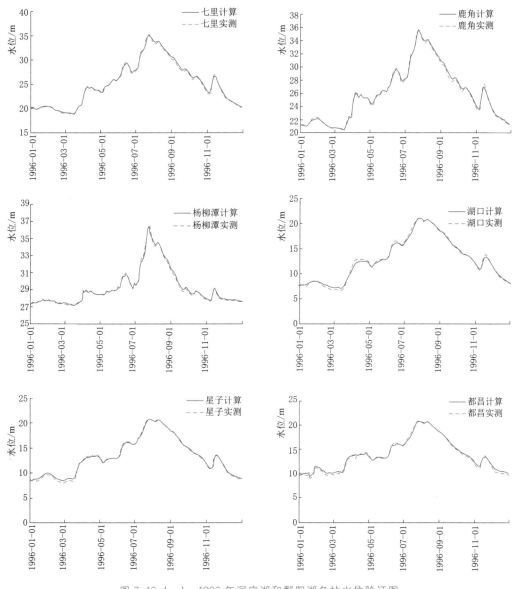

图 7.10（一）　1996 年洞庭湖和鄱阳湖各站水位验证图

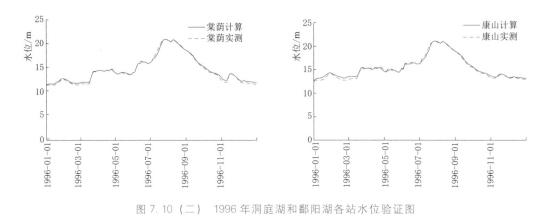

图 7.10（二） 1996 年洞庭湖和鄱阳湖各站水位验证图

算误差范围在 0.3m 以内，且水位误差在 0.2m 以内占测验站总数 76%，具有较高的计算精度。这说明湖泊二维模型基本适应洞庭湖和鄱阳湖水流运动特征和水面比降情况。

7.2.4 湖泊二维模型验证结果

采用 2003 年 1 月 1 日至 2014 年 12 月 31 日主要站的水文资料，对二维湖泊非恒定流水沙模型算法进行验证计算。由图 7.11～图 7.12 水位计算结果可看出，模型二维水沙算

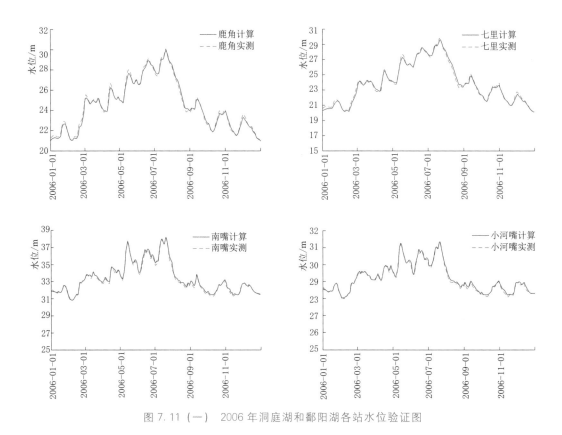

图 7.11（一） 2006 年洞庭湖和鄱阳湖各站水位验证图

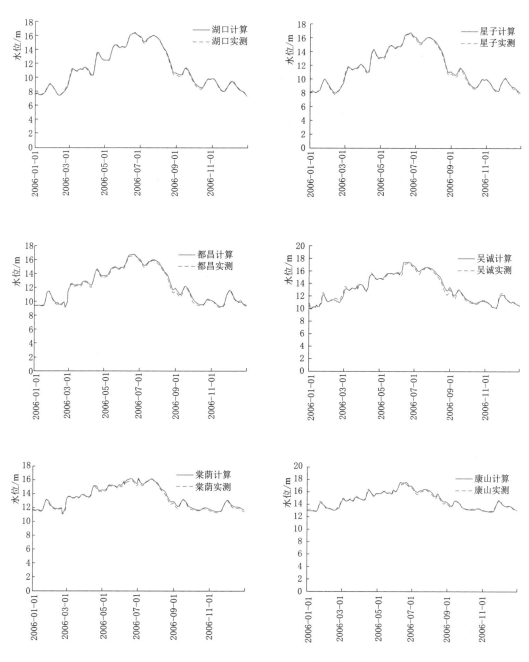

图 7.11（二）　2006 年洞庭湖和鄱阳湖各站水位验证图

法基本适应洞庭湖和鄱阳湖丰、平、枯不同时期的流动特征和水面比降；与主要控制站七里山、鹿角、杨柳潭、小河嘴、南嘴及湖口、星子、都昌、棠荫、康山的实测水位过程相比，水位计算结果较好反映了各站点水位变化过程，峰谷对应、涨落一致、洪峰水位吻合较好，得到与二维模型率定精度相当的验证精度，满足进一步分析计算要求。

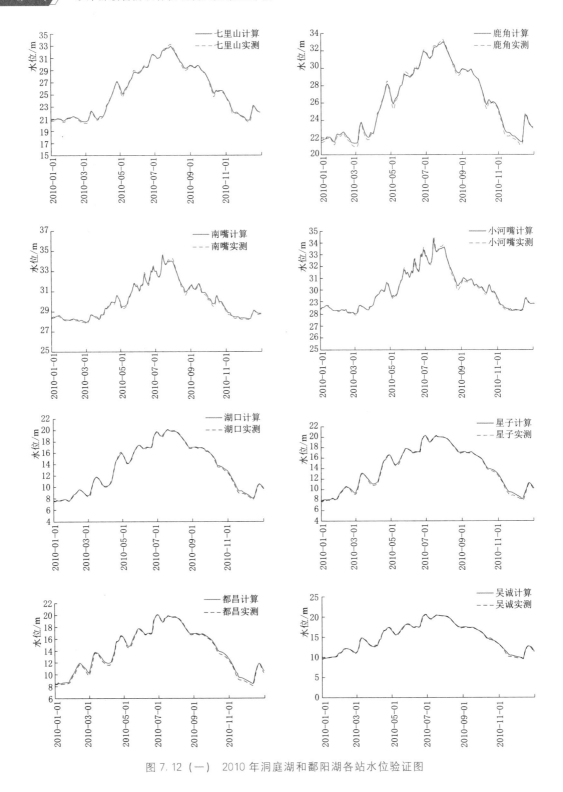

图 7.12（一） 2010 年洞庭湖和鄱阳湖各站水位验证图

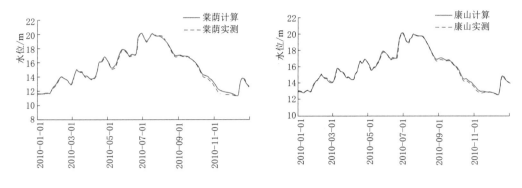

图 7.12（二） 2010 年洞庭湖和鄱阳湖各站水位验证图

7.3 长江中下游分洪量计算

　　根据 1998 年螺山站 30d 洪量还原值与 30d 总入流洪量各频率设计值的比值，将长江中游地区所有实测入流洪水及区间洪水同倍比缩放，缩放为 3.33％、0.5％、1％、2％ 的频率洪水。长江上游来流为在缩放的基础上经过三峡、溪洛渡、向家坝等 17 座干支流控制性水库联合调度后的三峡出流，作为宜昌站的入流过程；利用长江中下游洪水调度模型，按照长江中游各主要站分洪运用控制水位（沙市 45.0m、城陵矶 34.4m、汉口 29.5m、湖口 25.5m）进行分洪调度计算，计算分析不同频率洪水下长江中下游分洪量时空分布特点；根据不同调度方案防洪保护目标，开展不同防洪补偿调度方案对长江中下游重点区域洪灾风险对比分析，分析蓄滞洪区运用风险及其损失。

7.3.1 长江中游分洪量

7.3.1.1 300 年一遇洪水

　　表 7.1 列出了 1998 年洪水按照 0.33％ 频率缩放后，宜昌来流经过长江上游 17 座干支流控制性水库调度，利用所建长江中下游一、二维混合水流数学模型，计算出的水库运用 2006 年地形长江中游各个蓄滞洪区分洪量。荆江分洪区分洪量为 2.75 亿 m³，城陵矶附近区分洪量为 366.44 亿 m³，武汉附近区分洪 2.05 亿 m³，湖口附近区无分洪量。

7.3.1.2 200 年一遇洪水

　　表 7.2 列出了 1998 年洪水按照 1％ 频率缩放后，宜昌来流经过长江上游 17 座干支流控制性水库调度，利用所建长江中下游一、二维混合水流数学模型，计算出的水库运用 2006 年地形长江中游各个蓄滞洪区分洪量。荆江分洪区分洪量为 10.76 亿 m³，城陵矶附近区分洪量为 280.43 亿 m³，武汉附近区分洪量 1.53 亿 m³，湖口附近区无分洪量。

表 7.1　　　　　　　2006 年地形下 17 座水库联合运用后长江中游超额洪量

(1998 年洪水，$P = 0.33\%$)

编号	蓄滞洪区	蓄水容量 /亿 m³	蓄洪量 /亿 m³	分洪分区	超额洪量 /亿 m³
1	荆江分洪区	54.00	2.75	荆江分洪区	2.75
2	围堤湖	2.37	2.04		
3	六角山	0.55	0.64		
4	九垸	3.79	3.05		
5	西官垸	4.44	3.63		
6	安澧垸	9.20	9.52		
7	澧南垸	2.00	0.77		
8	安昌、安宏垸	7.10	8.41		
9	南汉垸	5.66	4.21		
10	安化垸	4.51	1.45		
11	南顶垸	2.57	3.08		
12	和康垸	6.28	6.38		
13	民主垸	11.21	7.24	洞庭湖 24 垸	162.59
14	共双茶	18.51	19.22		
15	城西垸	7.61	7.58		
16	屈原农场	11.96	14.35		
17	义合垸	1.21	0.91		
18	北湖垸	2.59	1.39		
19	集成、安合垸	6.83	8.20		
20	钱粮湖	22.20	26.65		
21	建设垸	4.94	5.93		
22	建新垸	1.96	2.36		
23	君山农场	4.80	5.76		
24	隆西、同兴垸	11.20	9.45		
25	江南、陆城	10.41	10.37		
26	洪湖东分块	61.86	61.86		
27	洪湖中分块	66.83	66.83	洪湖分洪区	203.85
28	洪湖西分块	52.25	75.16		
29	西凉湖	42.30	37.02		
30	武湖	18.10	0		
31	涨渡湖	10.00	0	武汉附近区	2.05
32	白潭湖	8.80	0		
33	杜家台分洪区	22.90	2.05		
34	华阳河蓄洪区	25.00	0	湖口附近区	0
35	鄱阳湖区蓄洪区	26.20	0		

表 7.2   2006 年地形下 17 座水库联合运用后长江中游超额洪量（1998 年洪水，$P=0.5\%$）

编号	蓄滞洪区	蓄水容量 /亿 m³	蓄洪量 /亿 m³	分洪分区	超额洪量 /亿 m³
1	荆江分洪区	54.00	10.76	荆江分洪区	10.76
2	围堤湖	2.37	1.99	洞庭湖 24 垸	153.53
3	六角山	0.55	0.55		
4	九垸	3.79	3.16		
5	西官垸	4.44	3.67		
6	安澧垸	9.20	8.87		
7	澧南垸	2.00	0.90		
8	安昌、安宏垸	7.10	7.10		
9	南汉垸	5.66	4.31		
10	安化垸	4.51	3.35		
11	南顶垸	2.57	2.57		
12	和康垸	6.28	5.60		
13	民主垸	11.21	11.04		
14	共双茶	18.51	18.51		
15	城西垸	7.61	7.17		
16	屈原农场	11.96	11.96		
17	义合垸	1.21	0.78		
18	北湖垸	2.59	2.47		
19	集成、安合垸	6.83	6.83		
20	钱粮湖	22.20	22.20		
21	建设垸	4.94	4.94		
22	建新垸	1.96	1.97		
23	君山农场	4.80	4.81		
24	隆西、同兴垸	11.20	11.20		
25	江南、陆城	10.41	10.30		
26	洪湖东分块	61.86	61.86	洪湖分洪区	126.90
27	洪湖中分块	66.83	65.04		
28	洪湖西分块	52.25	0		
29	西凉湖	42.30	0	武汉附近区	1.53
30	武湖	18.10	0		
31	涨渡湖	10.00	0		
32	白潭湖	8.80	0		
33	杜家台分洪区	22.90	1.53		
34	华阳河蓄洪区	25.00	0	湖口附近区	0
35	鄱阳湖区蓄洪区	26.20	0		

7.3.1.3   100 年一遇洪水

表 7.3 列出了 1998 年洪水按照 1‰ 频率缩放后，宜昌来流经过长江上游 17 座干支流控制性水库调度，利用所建长江中下游一、二维混合水流数学模型，计算出的水库运用

2006 年地形长江中游各个蓄滞洪区分洪量。荆江分洪区无分洪量，城陵矶附近区分洪量为 144.57 亿 m³，武汉附近区无分洪量，湖口附近区无分洪量。

表 7.3 　　　　　　2006 年地形下 17 座水库联合运用后长江中游超额洪量

（1998 年洪水，$P = 1\%$）

编号	蓄滞洪区	蓄水容量 /亿 m³	蓄洪量 /亿 m³	分洪分区	超额洪量 /亿 m³
1	荆江分洪区	54.00	0	荆江分洪区	0
2	围堤湖	2.37	1.68	洞庭湖 24 垸	71.35
3	六角山	0.55	0.53		
4	九垸	3.79	2.49		
5	西官垸	4.44	3.13		
6	安澧垸	9.20	0		
7	澧南垸	2.00	0		
8	安昌、安宏垸	7.10	0		
9	南汉垸	5.66	0		
10	安化垸	4.51	0		
11	南顶垸	2.57	0		
12	和康垸	6.28	0		
13	民主垸	11.21	0		
14	共双茶	18.51	18.19		
15	城西垸	7.61	6.26		
16	屈原农场	11.96	0		
17	义合垸	1.21	0.76		
18	北湖垸	2.59	0		
19	集成、安合垸	6.83	0		
20	钱粮湖	22.20	22.21		
21	建设垸	4.94	4.94		
22	建新垸	1.96	0		
23	君山农场	4.80	0		
24	隆西、同兴垸	11.20	11.16		
25	江南、陆城	10.41	0		
26	洪湖东分块	61.86	61.86	洪湖分洪区	73.22
27	洪湖中分块	66.83	11.36		
28	洪湖西分块	52.25	0		
29	西凉湖	42.30	0	武汉附近区	0
30	武湖	18.10	0		
31	涨渡湖	10.00	0		
32	白潭湖	8.80	0		
33	杜家台分洪区	22.90	0		
34	华阳河蓄洪区	25.00	0	湖口附近区	0
35	鄱阳湖区蓄洪区	26.20	0		

7.3.1.4 50 年一遇洪水

表 7.4 列出了 1998 年洪水按照 2％频率缩放后,宜昌来流经过长江上游 17 座干支流控制性水库调度,利用所建长江中下游一、二维混合水流数学模型,计算出的水库运用 2006 年地形长江中游各个蓄滞洪区分洪量。荆江分洪区无分洪量,城陵矶附近区分洪量为 62.02 亿 m^3,武汉附近区无分洪量,湖口附近区无分洪量。

表 7.4　　　　　2006 年地形下 17 座水库联合运用后长江中游超额洪量

(1998 年洪水,$P=2\%$)

编号	蓄滞洪区	蓄水容量 /亿 m^3	蓄洪量 /亿 m^3	分洪分区	超额洪量 /亿 m^3
1	荆江分洪区	54.00	0	荆江分洪区	0
2	围堤湖	2.37	1.92		
3	六角山	0.55	0.19		
4	九垸	3.79	0		
5	西官垸	4.44	0		
6	安澧垸	9.20	0		
7	澧南垸	2.00	0		
8	安昌、安宏垸	7.10	0		
9	南汉垸	5.66	0		
10	安化垸	4.51	0		
11	南顶垸	2.57	0		
12	和康垸	6.28	0		
13	民主垸	11.21	0	洞庭湖 24 垸	2.12
14	共双茶	18.51	0		
15	城西垸	7.61	0		
16	屈原农场	11.96	0		
17	义合垸	1.21	0		
18	北湖垸	2.59	0		
19	集成、安合垸	6.83	0		
20	钱粮湖	22.20	0		
21	建设垸	4.94	0		
22	建新垸	1.96	0		
23	君山农场	4.80	0		
24	隆西、同兴垸	11.20	0		
25	江南、陆城	10.41	0		
26	洪湖东分块	61.86	59.90		
27	洪湖西分块	66.83	0	洪湖分洪区	59.90
28	洪湖中分块	52.25	0		

续表

编号	蓄滞洪区	蓄水容量/亿 m³	蓄洪量/亿 m³	分洪分区	超额洪量/亿 m³
29	西凉湖	42.30	0	武汉附近区	0
30	武湖	18.10	0		
31	涨渡湖	10.00	0		
32	白潭湖	8.80	0		
33	杜家台分洪区	22.90	0		
34	华阳河蓄洪区	25.00	0	湖口附近区	0
35	鄱阳湖区蓄洪区	26.20	0		

7.3.2 蓄洪垸运用分洪损失

7.3.2.1 300 年一遇洪水

表 7.5 列出了 1998 年洪水 0.33% 频率洪水情形下，洞庭湖 24 垸中各个蓄洪垸分洪运用中的损失情况，其中：洞庭湖 24 垸受淹总面积为 2803.08km²，受淹耕地面积为 217.41 万亩，受淹人口为 159.60 万人，工农业产值损失 319.98 亿元，固定资产损失 598.02 亿元。

表 7.5　　　2006 年地形下蓄洪堤垸分洪运用后洞庭湖 24 垸受灾损失表

(1998 年洪水，$P = 0.33\%$)

序号	蓄滞洪区	蓄水容量/亿 m³	蓄洪量/亿 m³	淹没水位/m	淹没总面积/km²	最大淹没水深/m	受淹耕地面积/万亩	受淹人口/万人	工农业产值损失/亿元	固定资产损失/亿元
1	围堤湖	2.37	2.37	35.67	33.54	8.67	2.56	2.56	0.69	1.83
2	六角山	0.55	0.55	31.04	11.55	8.04	0.42	0.79	0.11	0.44
3	九垸	3.79	3.79	38.98	44.94	10.48	2.03	1.73	1.40	2.43
4	西官垸	4.44	4.44	38.30	67.60	7.30	5.34	1.75	2.35	5.05
5	安澧垸	9.20	9.20	37.39	122.73	9.39	9.20	7.37	4.55	14.00
6	澧南垸	2.00	2.00	41.84	29.75	8.84	2.02	2.51	0.70	4.94
7	安昌、安宏垸	7.10	7.10	35.97	115.81	7.97	7.68	6.82	5.47	22.14
8	南汉垸	5.66	5.66	35.40	97.16	6.70	7.80	6.71	5.03	11.66
9	安化垸	4.51	4.51	35.59	78.48	7.59	5.14	4.23	4.25	12.55
10	南顶垸	2.57	2.57	35.30	46.56	6.70	3.46	2.61	1.82	9.80
11	和康垸	6.28	6.28	35.27	96.82	7.77	7.79	5.66	1.77	11.30
12	民主垸	11.21	11.21	32.75	201.50	7.75	14.38	10.28	4.36	21.82
13	共双茶	18.51	18.51	33.37	276.21	8.37	22.29	15.51	8.78	39.59
14	城西垸	7.61	7.61	33.07	105.50	8.07	8.79	7.01	2.57	18.79
15	屈原农场	11.96	11.96	32.63	175.06	8.63	18.36	11.37	27.64	62.83

序号	蓄滞洪区	蓄水容量 /亿 m³	蓄洪量 /亿 m³	淹没水位 /m	淹没 总面积 /km²	最大淹没 水深/m	受淹耕地 面积 /万亩	受淹人口 /万人	工农业产值 损失 /亿元	固定资产 损失 /亿元
16	义合垸	1.21	1.21	34.00	11.50	9.00	0.86	0.95	0.59	2.60
17	北湖垸	2.59	2.59	32.45	46.77	7.45	2.84	2.60	1.31	5.42
18	集成、安合垸	6.83	6.83	34.50	127.43	7.00	9.16	7.37	9.20	19.32
19	钱粮湖	22.20	22.20	32.32	454.06	7.32	40.26	22.73	33.48	39.60
20	建设垸	4.94	4.94	32.17	104.61	4.30	8.70	6.55	8.34	11.28
21	建新垸	1.96	1.96	32.38	40.16	6.38	2.87	0.81	1.46	2.25
22	君山农场	4.80	4.80	32.10	88.95	7.10	7.52	7.08	6.61	35.96
23	隆西、同兴垸	11.20	11.20	33.08	230.14	5.11	15.23	14.13	13.67	27.56
24	江南、陆城	10.41	10.41	30.81	196.26	7.81	12.73	10.46	173.84	214.86
	总计	163.90	163.90		2803.08		217.41	159.60	319.98	598.02

7.3.2.2 200 年一遇洪水

表 7.6 列出了 1998 年洪水 0.5% 频率洪水情形下，洞庭湖 24 垸在分洪运用中的损失情况，其中：洞庭湖 24 垸受淹总面积为 2573.01km²，受淹耕地面积为 201.63 万亩，受淹人口为 146.27 万人，工农业产值损失 305.13 亿元，固定资产损失 564.31 亿元。

表 7.6　　　2006 年地形下蓄洪堤垸分洪运用后洞庭湖 24 垸受灾损失表

（1998 年洪水，$P=0.5\%$）

序号	蓄滞洪区	蓄水容量 /亿 m³	蓄洪量 /亿 m³	淹没水位 /m	淹没 总面积 /km²	最大淹没 水深 /m）	受淹耕地 面积 /万亩	受淹人口 /万人	工农业产值 损失 /亿元	固定资产 损失 /亿元
1	围堤湖	2.37	2.37	35.67	33.54	8.67	2.56	2.56	0.69	1.83
2	六角山	0.55	0.54	30.95	11.43	7.95	0.42	0.78	0.11	0.44
3	九垸	3.79	3.79	38.98	44.94	10.48	2.03	1.73	1.40	2.43
4	西官垸	4.44	3.21	36.48	67.60	5.48	5.34	1.75	2.35	5.05
5	安澧垸	9.20	7.73	36.26	103.12	8.26	7.73	6.19	3.82	11.76
6	澧南垸	2.00	2.00	41.84	29.75	8.84	2.02	2.51	0.70	4.94
7	安昌、安宏垸	7.10	5.20	34.33	113.99	6.33	7.56	6.71	5.39	21.79
8	南汉垸	5.66	3.03	32.37	97.16	3.67	7.80	6.71	5.03	11.66
9	安化垸	4.51	0.95	30.91	53.21	2.91	3.48	2.86	2.88	8.51
10	南顶垸	2.57	2.18	34.24	39.49	5.64	2.93	2.21	1.54	8.31
11	和康垸	6.28	4.85	33.79	96.82	6.29	7.79	5.66	1.77	11.30
12	民主垸	11.21	4.70	29.14	163.63	4.14	11.67	8.35	3.54	17.72
13	共双茶	18.51	13.82	32.39	275.62	7.39	22.24	15.47	8.76	39.51
14	城西垸	7.61	4.95	30.54	103.33	5.54	8.61	6.86	2.52	18.40

续表

序号	蓄滞洪区	蓄水容量 /亿 m³	蓄洪量 /亿 m³	淹没水位 /m	淹没总面积 /km²	最大淹没水深 /m)	受淹耕地面积 /万亩	受淹人口 /万人	工农业产值损失 /亿元	固定资产损失 /亿元
15	屈原农场	11.96	10.22	31.66	172.09	7.66	18.05	11.18	27.17	61.76
16	义合垸	1.21	1.21	34.00	11.50	9.00	0.86	0.95	0.59	2.60
17	北湖垸	2.59	0.87	28.15	30.92	3.15	1.87	1.72	0.86	3.58
18	集成、安合垸	6.83	6.83	34.50	127.43	7.00	9.16	7.37	9.20	19.32
19	钱粮湖	22.20	22.03	32.28	450.58	7.28	39.95	22.56	33.22	39.30
20	建设垸	4.94	4.94	32.17	104.61	4.30	8.70	6.55	8.34	11.28
21	建新垸	1.96	1.96	32.38	40.16	6.38	2.87	0.81	1.46	2.25
22	君山农场	4.80	4.80	32.10	88.95	7.10	7.52	7.08	6.61	35.96
23	隆西、同兴垸	11.20	5.90	31.53	121.23	3.56	8.02	7.44	7.20	14.52
24	江南、陆城	10.41	9.72	30.28	191.89	7.28	12.44	10.23	169.98	210.08
	总计	163.90	127.80		2573.01		201.63	146.27	305.13	564.31

7.3.2.3　100 年一遇洪水

表 7.7 列出了 1998 年洪水 1%频率洪水情形下，洞庭湖 24 垸在分洪运用中的损失情况，其中：洞庭湖 24 垸受淹总面积为 2363.77km²，受淹耕地面积为 185.14 万亩，受淹人口为 134.55 万人，工农业产值损失 281.67 亿元，固定资产损失 522.06 亿元。

表 7.7　　　　　2006 年地形下蓄洪堤垸分洪运用后洞庭湖 24 垸受灾损失表
（1998 年洪水，$P = 1\%$）

序号	蓄滞洪区	蓄水容量 /亿 m³	蓄洪量 /亿 m³	淹没水位 /m	淹没总面积 /km²	最大淹没水深 /m	受淹耕地面积 /万亩	受淹人口 /万人	工农业产值损失 /亿元	固定资产损失 /亿元
1	围堤湖	2.37	2.33	35.55	33.54	8.55	2.56	2.56	0.69	1.83
2	六角山	0.55	0.53	30.86	11.31	7.86	0.41	0.77	0.11	0.43
3	九垸	3.79	3.79	38.98	44.94	10.48	2.03	1.73	1.40	2.43
4	西官垸	4.44	2.47	35.38	67.60	4.38	5.34	1.75	2.35	5.05
5	安澧垸	9.20	4.66	33.86	62.17	5.86	4.66	3.73	2.30	7.09
6	澧南垸	2.00	1.96	41.70	29.62	8.70	2.01	2.50	0.70	4.92
7	安昌、安宏垸	7.10	2.97	32.32	106.13	4.32	7.04	6.25	5.02	20.29
8	南汉垸	5.66	2.32	31.59	96.66	2.89	7.76	6.68	5.00	11.60
9	安化垸	4.51	0.71	30.48	43.39	2.48	2.84	2.34	2.35	6.94
10	南顶垸	2.57	0.88	31.16	15.94	2.56	1.18	0.89	0.62	3.36
11	和康垸	6.28	3.14	32.02	96.82	4.52	7.79	5.66	1.77	11.30
12	民主垸	11.21	3.88	28.63	155.10	3.63	11.07	7.92	3.36	16.79
13	共双茶	18.51	11.04	31.08	275.53	6.08	22.23	15.47	8.75	39.50
14	城西垸	7.61	4.06	29.65	100.63	4.65	8.38	6.68	2.45	17.92
15	屈原农场	11.96	6.81	29.57	156.16	5.57	16.38	10.15	24.65	56.05

序号	蓄滞洪区	蓄水容量/亿 m³	蓄洪量/亿 m³	淹没水位/m	淹没总面积/km²	最大淹没水深/m	受淹耕地面积/万亩	受淹人口/万人	工农业产值损失/亿元	固定资产损失/亿元
16	义合垸	1.21	1.21	34.00	11.50	9.00	0.86	0.95	0.59	2.60
17	北湖垸	2.59	0.65	27.39	27.67	2.39	1.68	1.54	0.77	3.21
18	集成、安合垸	6.83	6.83	34.50	127.43	7.00	9.16	7.37	9.20	19.32
19	钱粮湖	22.20	18.94	31.46	387.38	6.46	34.35	19.39	28.56	33.78
20	建设垸	4.94	4.93	32.16	104.39	4.29	8.68	6.54	8.32	11.26
21	建新垸	1.96	1.96	32.38	40.16	6.38	2.87	0.81	1.46	2.25
22	君山农场	4.80	4.80	32.10	88.95	7.10	7.52	7.08	6.61	35.96
23	隆西、同兴垸	11.20	4.95	31.37	101.71	3.40	6.73	6.24	6.04	12.18
24	江南、陆城	10.41	7.96	29.24	179.04	6.24	11.61	9.54	158.59	196.01
	总计	163.90	103.78		2363.77		185.14	134.55	281.67	522.06

7.3.2.4 50 年一遇洪水

表 7.8 列出了 1998 年洪水 2‰ 频率洪水情形下，洞庭湖 24 垸在分洪运用中的损失情况，其中：洞庭湖 24 垸受淹总面积为 749.34km²，受淹耕地面积为 54.10 万亩，受淹人口为 39.39 万人，工农业产值损失 193.39 亿元，固定资产损失 275.00 亿元。

表 7.8　　　2006 年地形下蓄洪堤垸分洪运用后洞庭湖 24 垸受灾损失表

(1998 年洪水，$P = 2\%$)

序号	蓄滞洪区	蓄水容量/亿 m³	蓄洪量/亿 m³	淹没水位/m	淹没总面积/km²	最大淹没水深/m	受淹耕地面积/万亩	受淹人口/万人	工农业产值损失/亿元	固定资产损失/亿元
1	围堤湖	2.37	0.73	30.70	30.14	3.70	2.30	2.30	0.62	1.64
2	六角山	0.55	0.37	29.31	9.39	6.31	0.34	0.64	0.09	0.36
3	九垸	3.79	3.51	38.36	44.94	9.86	2.03	1.73	1.40	2.43
4	西官垸	4.44	0.59	32.23	43.30	1.23	3.42	1.12	1.51	3.24
5	安澧垸	9.20	0.00	0.00	0.00	0.00	0.00	0.00	0.00	0.00
6	澧南垸	2.00	1.68	40.76	28.74	7.76	1.95	2.43	0.68	4.77
7	安昌、安宏垸	7.10	0.00	0.00	0.00	0.00	0.00	0.00	0.00	0.00
8	南汉垸	5.66	0.00	0.00	0.00	0.00	0.00	0.00	0.00	0.00
9	安化垸	4.51	0.00	0.00	0.00	0.00	0.00	0.00	0.00	0.00
10	南顶垸	2.57	0.00	0.00	0.00	0.00	0.00	0.00	0.00	0.00
11	和康垸	6.28	0.00	0.00	0.00	0.00	0.00	0.00	0.00	0.00
12	民主垸	11.21	0.55	25.82	68.22	0.82	4.87	3.48	1.48	7.39
13	共双茶	18.51	1.50	26.65	158.91	1.65	12.82	8.92	5.05	22.78
14	城西垸	7.61	0.58	25.16	37.32	0.16	3.11	2.48	0.91	6.65
15	屈原农场	11.96	0.00	0.00	0.00	0.00	0.00	0.00	0.00	0.00

序号	蓄滞洪区	蓄水容量 /亿 m³	蓄洪量 /亿 m³	淹没水位 /m	淹没总面积 /km²	最大淹没水深 /m	受淹耕地面积 /万亩	受淹人口 /万人	工农业产值损失 /亿元	固定资产损失 /亿元
16	义合垸	1.21	0.00	0.00	0.00	0.00	0.00	0.00	0.00	0.00
17	北湖垸	2.59	0.00	0.00	0.00	0.00	0.00	0.00	0.00	0.00
18	集成、安合垸	6.83	0.00	0.00	0.00	0.00	0.00	0.00	0.00	0.00
19	钱粮湖	22.20	2.81	26.40	57.47	1.40	5.10	2.88	4.24	5.01
20	建设垸	4.94	0.78	28.21	16.52	0.34	1.37	1.03	1.32	1.78
21	建新垸	1.96	1.51	31.27	40.16	5.27	2.87	0.81	1.46	2.25
22	君山农场	4.80	0.00	0.00	0.00	0.00	0.00	0.00	0.00	0.00
23	隆西、同兴垸	11.20	0.89	28.88	18.29	0.91	1.21	1.12	1.09	2.19
24	江南、陆城	10.41	10.36	30.77	195.94	7.77	12.71	10.45	173.56	214.52
	总计	163.90	25.86		749.34		54.10	39.39	193.39	275.00

7.4 防洪风险分析与评估

7.4.1 防洪补偿调度方案评价指标体系

对潜在可行的水库群联合防洪补偿调度方案进行客观的风险评估和效益评价是科学制定调度方案的前提。构建的防洪补偿调度方案评价指标体系（图 7.13）涉及风险评估和效益评价两个方面：风险评估包括水库群防洪库容余留比、下游河道超警戒水位的高度和时间、蓄滞洪区分洪总量、运用蓄洪垸类型、蓄滞洪区淹没损失等方面；效益评估涵盖改善供水和增加发电两个方面内容。

7.4.1.1 水库群防洪库容余留比

在针对单场洪水的补偿调度后，若下一场洪水出现时间间隔较长，水库群则有足够的时间将水库腾空、拦蓄第二场洪水；而对于时间间隔较短的情形，水库群完全依赖各水库的余留防洪库容进行下一场洪水的调蓄，此时评估水库群防洪库容余留比这一指标具有重要意义。

水库群防洪库容余留比的定义为

$$R_{sys} = \frac{\sum\limits_{i=1}^{m} v_i}{\sum\limits_{i=1}^{m} V_i} \tag{7.12}$$

式中：R_{sys} 为水库群防洪库容余留比；v_i 为第 i 个水库的防洪库容余留量；V_i 为第 i 个水库的防洪库容；m 为水库群内水库总数。

本次计算分析三峡出流包括了其上游 17 座干支流水库参与防洪调度，各个水库基本情况见表 7.9。17 座水库总计防洪库容 351.53 亿 m³。

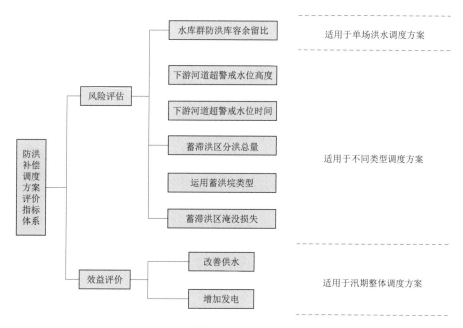

图 7.13　防洪补偿调度方案评价指标体系

表 7.9　　　　　　　　　　　长江上游干支流水库参数表

水系名称	水库名称	正常蓄水位/m	兴利库容/亿 m³	防洪库容/亿 m³	装机容量/MW
长江	三峡	175	165	221.5	22500
	阿海	1504	2.38	2.15	2000
	金安桥	1418	3.46	1.58	2400
	龙开口	1298	1.13	1.26	1800
	鲁地拉	1223	3.76	5.64	2160
	溪洛渡	600	64.62	46.51	13800
	向家坝	380	9.03	9.03	6400
雅砻江	锦屏一级	1880	49.11	16	3600
	二滩	1200	33.7	9	3300
岷江	紫坪铺	877	7.74	1.67	760
	瀑布沟	850	38.94	11	3600
乌江	构皮滩	630	29.02	4	3000
	思林	440	3.17	1.84	1050
	彭水	293	5.18	2.32	1750
嘉陵江	碧口	704	1.46	0.83	300
	宝珠寺	588	13.4	2.8	700
	亭子口	458	17.32	14.4	1100

7.4.1.2　下游河道超警戒水位高度

警戒水位是指在河道、湖泊水位上涨到可能发生险情的水位。警戒水位是洪水普遍漫滩或重要堤段水浸堤脚的水位，是堤防险情可能逐渐增多时的水位，是我国防汛部门规定的各江河堤防需要处于防守戒备状态的水位。到达该水位时，堤防防汛进入重要时期，这时，防汛部门要加强戒备，密切注意水情、工情、险情发展变化，防汛队伍上堤参加巡堤防汛，做好防洪抢险人力、物力的准备，并要做好可能出现更高水位的准备工作。水位超过警戒水位越高，堤防风险越大，所需付出的巡堤防汛人力成本越高。长江中下游干流河道主要控制站警戒水位分别为：宜昌 53.00m（吴淞高程，下同），沙市 43.00m，监利 35.00m，城陵矶 32.50m，螺山 32.00m，汉口 27.30m，九江 20.00m，湖口 19.50m，大通 14.50m。本次研究选取防洪控制站沙市、城陵矶、汉口、湖北四站进行分析。

7.4.1.3　下游河道超警戒水位天数

由于长江大部分河道堤防为土坝，若汛期河道水位长期超警戒水位，河堤长时间受高水位浸泡，易产生渗漏，甚至发生管涌和局部溃决。河道水位超警戒水位天数越多，堤防风险越大。

7.4.1.4　蓄滞洪区分洪总量

为保证荆江河段、城陵矶地区、武汉地区等区域不发生毁灭性的洪水灾害，除制定合理的水库群联合防洪补偿调度方案外，还需要在必要情形下启用蓄滞洪区容纳超额洪量。蓄滞洪区启用的经济和社会影响较为突出，拟定防洪补偿调度方案对应的蓄滞洪区分洪总量以较小为宜。

蓄滞洪区分洪总量定义为

$$W = \sum_{i=1}^{n} w_i \tag{7.13}$$

式中：W 为蓄滞洪区分洪总量；w_i 为各蓄滞洪区分洪量；n 为流域内蓄滞洪区总数。

7.4.1.5　蓄滞洪区淹没损失

蓄滞洪区淹没损失具体包括受影响人口、受淹耕地面积、受影响 GDP 三个方面指标。

受影响人口指标计算方式为

$$P_e = \sum_{i=1}^{p} \sum_{j=1}^{q} A_{i,j} d_{i,j} \tag{7.14}$$

式中：$A_{i,j}$、$d_{i,j}$ 分别为第 i 个行政单元第 j 块居民地受淹面积和人口密度；p、q 分别为行政单元总数和居民地块数。

受淹耕地面积的获取基于 GIS 叠加分析功能，即通过叠加淹没图层和耕地图层得到拟定防洪补偿调度方案对应的受淹耕地面积。

受影响 GDP 的计算采取概算的方法，假设 GDP 均匀分布在行政区域内，按照受淹面积占行政区总面积的百分比计算出各方案下受影响的 GDP。

7.4.1.6　改善供水

汛期防洪补偿调度结束时，各水库水位高低与汛后蓄水量有直接关系。水库水位较低（如处于防洪限制水位）意味着洪水资源没有得到充分利用，遭遇汛后来水偏枯情况时水库群有一定的概率无法蓄满。在保证水库群工程安全和下游重点防护对象安全的前提下，较高的汛末水位有助于保障水库群实现较高的蓄水量，进而增加水库群的供水和发电效益。

改善供水效益，通过计算拟定调度方案汛末水位相较防洪限制水位在多年平均蓄水量方面的增加幅度得出。值得注意的是，对于汛后来水较多的年份，即使汛末水库水位较低也能完成蓄水任务，此类年份实质上不参与改善供水效益的计算。

7.4.1.7 增加发电

汛末较高的水库水位有利于蓄水量的提升，而蓄水量提升将直接增加水库群的发电效益。基于长序列汛后及枯水期来水资料，计算指定调度方案汛末水位相较防洪限制水位在多年平均发电量方面的增加幅度，可得出增加发电效益。水库群发电量计算方法为

$$E = \sum_{i=1}^{m} \sum_{t=1}^{T} N_{i,t} \Delta t \tag{7.15}$$

$$N_{i,t} = K_i Q_{i,t} (H_{i,t}^u - H_{i,t}^d - H_{i,t}^l) \tag{7.16}$$

式中：E 为水库群发电量；$N_{i,t}$ 为第 i 个水库在时段 t 内的发电出力；Δt 为时间步长；T 为调度时段数；K_i 为第 i 个水库的综合出力系数；$Q_{i,t}$ 为 t 时段通过第 i 个水库水轮机进行发电的水流流量；$H_{i,t}^u$、$H_{i,t}^d$ 和 $H_{i,t}^l$ 分别为第 i 个水库在时段 t 内的平均坝前水位、尾水位以及平均水头损失。

7.4.2 典型洪水防洪补偿调度效益评估

利用 1998 年典型不同频率（0.5%、1%、2%）洪水，采用上述评价指标，对各场不同频率洪水进行评估。

7.4.2.1 200 年一遇洪水

1998 年典型 200 年一遇（0.5%）洪水长江中下游防洪因子评价指标见表 7.10。

表 7.10   长江中下游防洪调度风险评价指标（1998 年洪水，$P=0.5\%$）

水文站	沙市	城陵矶	汉口	湖口
超警高度/m	1.86	1.90	1.88	3.00
超警天数/d	53	79	71	95
分洪量/亿 m³	荆江附近区	城陵矶附近区	汉口附近区	湖口附近区
	11	280	2	0
蓄洪垸启用个数	总计	重点垸	一般垸	保留垸
	26	12	4	10

7.4.2.2 100 年一遇洪水

1998 年典型 100 年一遇（1%）洪水长江中下游评价防洪因子评价指标见表 7.11。

表7.11　　　长江中下游防洪调度风险评价指标（1998年洪水，$P=1\%$）

水文站	沙市	城陵矶	汉口	湖口
超警高度/m	1.22	1.90	1.45	2.95
超警天数/d	48	79	69	95
	荆江附近区	城陵矶附近区	汉口附近区	湖口附近区
分洪量/亿 m³	0	147	0	0
	总计	重点垸	一般垸	保留垸
蓄洪垸启用个数	9	8	1	0

7.4.2.3　50年一遇洪水

1998年典型50年一遇（2%）洪水长江中下游评价防洪因子评价指标见表7.12。

表7.12　　　长江中下游防洪调度风险评价指标（1998年洪水，$P=2\%$）

水文站	沙市	城陵矶	汉口	湖口
超警高度/m	1.27	1.90	1.33	2.79
超警天数/d	41	75	61	92
	荆江附近区	城陵矶附近区	汉口附近区	湖口附近区
分洪量/亿 m³	0	62	0	0
	总计	重点垸	一般垸	保留垸
蓄洪垸启用个数	2	2	0	0

7.5　本章小结

结合1954年、1998年典型不同频率洪水的长江上游干支流水库群联合防洪调度成果，采用长江中下游防洪调度模型进行洪水演进计算，分析了长江上游干支流水库群调度后长江中下游重点地区洪灾风险、对比了不同洪水频率下洪灾风险变化，提出了防洪调度效益评估方法，并利用防洪补偿调度方案评价指标体系对典型频率洪水进行了分析。研究成果如下：

（1）采用风险因子分析方法，根据上下游水量变化，建立了防洪补偿调度方案评价指标体系。提出了以下评估指标：①水库群防洪库容余留比；②下游河道超警戒水位高度；③下游河道超警戒水位天数；④蓄滞洪区分洪总量；⑤蓄滞洪区淹没损失；⑥改善供水水量。

（2）提出了水库群防洪调度效益评估方法，分析了长江上游干支流30座水库防洪调度下典型频率洪水的风险和效益。

第 8 章

长江上游水库群联合防洪调度方案

在以上各章所述的水库群防洪库容动态预留分配、多区域协同防洪补偿调度、适应不同类型洪水实时调度、水库群防洪调度风险效益评估等研究的基础上，编制了长江上游水库群联合防洪调度方案，包括联合防洪调度的原则与目标、水库群联合防洪调度方案等。

长江上游水库群联合防洪调度方案，旨在统筹各水库所在河流防洪调度与长江中下游防洪调度关系，在流域遭遇大洪水时，充分发挥水库群对长江流域的整体防洪作用。本次防洪调度方案纳入研究范围的承担防洪任务的大型控制性水库 30 座，重点包括已建成的溪洛渡、向家坝、锦屏一级、二滩、瀑布沟、亭子口、构皮滩、思林、沙沱、彭水和三峡等水库，以及在建拟建的乌东德、白鹤滩、两河口、双江口水库。

8.1 水库群联合防洪调度方案编制流程

在水库群多区域协同防洪调度研究的基础上，科学调配长江流域水库群防洪库容，解决水库防洪库容应用不明确、大尺度流域空间多水系、多防洪对象需求下的水库群多区域协同防洪调度等问题，进而提高流域整体防洪能力。长江上游水库群联合防洪调度方案的编制流程如下：

（1）防洪调度需求分析。在长江上游干支流水系开展基本资料收集、整理分析工作，包括重要沿江城镇防洪现状、防洪标准及历史洪灾损失资料，收集防洪控制断面防洪安全泄量及水位流量关系资料，选取防洪对象的主要控制站进行洪水地区分析和洪水遭遇分析，开展设计洪水计算和典型洪水选取，量化联合防洪调度的控制目标，比如削减洪峰、提高防洪标准等。

（2）多区域防洪库容分配。分析各水库投入时机和启动方式，建立水库群多区域协同防洪调度模型：下层在已分配防洪库容总量的基础上，开展区域防洪调度研究，包括川渝河段、岷江、嘉陵江、乌江等区域的防洪调度研究；上层在各区域防洪调度效益综合评估的基础上，统筹考虑长江上游水库群防洪库容总量在各区域的科学调配，探索多区域协同防洪的长江上游水库群防洪库容分配优化组合，进行不同的方案比选，提出上游水库群配合三峡水库对长江中下游防洪调度方式。

（3）形成面向多区域防洪的水库群联合防洪调度方案。根据防洪对象的相关性和差异性，对防洪对象进行防洪调度调洪计算，考虑川渝河段、岷江、嘉陵江、乌江、长江中下游等区域的防洪需求，确定不同水库针对不同防洪对象的防洪调度方式，划分水库群多区域协同防洪库容，最终提出长江上游水库群联合防洪调度方案。

8.2 水库群联合防洪调度原则与目标

8.2.1 调度原则

（1）正确处理水库群防洪与兴利，局部与整体，汛期与非汛期，单个水库与多个水库等重大关系。通过水库群联合调度，实现流域上下游统筹、左右岸协调、干支流兼顾，保障流域防洪安全，充分发挥水工程综合效益。

（2）坚持局部服从全局、兴利服从防洪、电调（航调）服从水调、常规调度服从应急调度的原则。

（3）水库群联合调度实行水利部统一管理，水利部、长江水利委员会、地方水行政主管部门、水库管理单位等按权限分级调度。

（4）防洪调度，应遵循"蓄泄兼筹，以泄为主"，首先确保水库枢纽工程自身安全，在满足所在河流防洪要求的前提条件下，根据需要承担长江中下游防洪任务。防洪调度应兼顾综合利用要求，结合水文气象预报，在确保防洪安全的前提下，合理利用水资源。

8.2.2 调度目标

应确保水库自身安全，通过河道湖泊运用、水库群拦蓄、蓄滞洪区运用、排涝泵站限排，实现流域防洪目标并提高整体防洪效益，流域洪水防御达到《长江流域综合规划（2012—2030年）》确定的防洪标准。其中：长江上游干流防洪标准达到 20 年一遇～50 年一遇，各主要支流达到 10 年一遇～20 年一遇；长江中下游总体达到防御新中国成立以来发生的最大洪水（即 1954 年洪水）；荆江河段防洪标准达到 100 年一遇，同时对遭遇1000 年一遇或类似 1870 年洪水，保证荆江两岸干堤防洪安全，防止发生毁灭性灾害。

8.3 长江上游水库群联合防洪调度方案

8.3.1 川渝河段防洪调度方案

川渝河段的防洪任务是提高宜宾、泸州主城区的防洪标准至 50 年一遇，提高重庆主城区的防洪标准至 100 年一遇，主要由溪洛渡、向家坝水库承担；必要时，梨园、阿海、金安桥、龙开口、鲁地拉、观音岩、锦屏一级、二滩、紫坪铺、瀑布沟、亭子口等水库配合溪洛渡、向家坝水库对川渝河段洪水实施拦洪错峰。

（1）对宜宾、泸州主城区的防洪调度方式。溪洛渡、向家坝水库预留专用防洪库容 14.6 亿 m³，对宜宾、泸州进行防洪补偿调度。当预报李庄（宜宾防洪控制站）洪峰流量超过 51000m³/s，或朱沱（泸州防洪控制站）洪峰流量超过 52600m³/s 时，通过补偿调度，控制李庄、朱沱两站洪峰流量分别不超过 51000m³/s、52600m³/s。若遭遇以岷江来水为主的洪水类型时，视水情和防洪形势的需要，瀑布沟、紫坪铺等水库适时配合调度。

（2）对重庆主城区的防洪调度方式。溪洛渡、向家坝水库预留防洪库容 29.6 亿 m³，对重庆主城区进行防洪补偿调度。当预报寸滩（重庆防洪控制站）洪峰流量大于 83100m³/s，利用溪洛渡、向家坝水库对重庆进行防洪补偿调度，控制寸滩洪峰流量不超过 83100m³/s。当岷江大渡河、嘉陵江上游来水较大时，运用瀑布沟、亭子口、草街水库拦洪错峰，减轻重庆主城区防洪压力。通过上述水库群联合调度，使重庆主城区防洪标准基本达到 100 年一遇。

（3）溪洛渡、向家坝水库联合防洪调度时，先运用溪洛渡水库拦蓄洪水，当溪洛渡水库水位上升至 573.1m 后，若溪洛渡入库流量超过 28000m³/s 并呈上涨趋势，可继续动用溪洛渡水库拦蓄洪水；若溪洛渡入库流量低于 28000m³/s，溪洛渡水库维持出入库平衡，向家坝水库开始拦蓄洪水；当向家坝水库拦蓄至水位接近 378m 时，溪洛渡和向家坝水库继续拦蓄；当溪洛渡水库水位达到 600m、向家坝水库水位达到 380m 后，实施保枢纽安全的防洪调度方式。

（4）在溪洛渡、向家坝开始拦蓄洪水时，视水情和防洪形势的需要，雅砻江、金沙江、岷江、嘉陵江等梯级水库适时配合调度。

8.3.2 嘉陵江中下游防洪调度方案

嘉陵江中下游的防洪任务为提高嘉陵江中下游苍溪、阆中、南充等城镇的防洪标准，减轻合川、重庆主城区的防洪压力，主要由亭子口水库承担，碧口、宝珠寺、草街等水库适时配合调度。

当嘉陵江中下游发生大洪水时，亭子口水库适时拦洪削峰；碧口、宝珠寺等水库在保证枢纽安全和本河段防洪安全的前提下，适时减少亭子口水库的入库洪量。

8.3.3 乌江中下游防洪调度方案

乌江中下游的防洪任务主要是提高思南县城防洪标准，减轻沿河、彭水、武隆等城市（镇）的防洪压力，主要由构皮滩、思林、沙沱、彭水等水库承担，其他水库配合运用。

（1）对思南的防洪调度方式。构皮滩、思林水库联合承担思南县城的防洪任务。当预报思南水文站水位将超过 374m 时，堤防建设未达标的低洼地区采取临时堵口或人员转移等应急抢险措施，必要且条件允许时思林水库实施错峰调度，以减轻灾害损失；当预报思南水文站水位将超过 376.4m 时，思林水库对思南县城进行补偿调度，控制思南水文站水位不超过 376.4m。当思林水库对思南县城实施防洪调度（思南县城发生 20 年一遇及以下洪水）时，构皮滩水库适时拦洪，减少进入思林水库洪量。遭遇 20 年一遇以上洪水时，构皮滩、思林水库在确保枢纽安全的前提下发挥最大拦洪作用，减轻下游的防洪压力。当水库调度仍不足以保障下游防洪安全时，应及时采取预报预警、人员撤离等非工程措施，保障人民群众生命安全，最大限度减小洪灾损失。

（2）对沿河的防洪调度方式。构皮滩、思林、沙沱水库联合承担沿河县城的防洪任务。当预报沿河水文站水位将超过 309m 时，堤防建设未达标的低洼地区采取临时堵口或人员转移等应急抢险措施，减轻灾害损失。发生 20 年一遇及以下洪水时，构皮滩、思林水库在满足对思南县防洪任务的基础上，适时拦洪，减少进入沙沱水库的洪量。沙沱水库对沿河县城进行补偿调度，彭水水库一般情况下水位按不超过 288.85m 控制，控制沿河水文站水位不超过 312m。遭遇 20 年一遇以上洪水时，构皮滩、思林、沙沱水库在确保枢纽安全的前提下发挥最大拦洪作用，减轻下游的防洪压力。当水库调度仍不足以保障下游防洪安全时，应及时采取预报预警、人员撤离等非工程措施，保障人民群众生命安全，最大限度减小洪灾损失。

（3）对彭水的防洪调度方式。构皮滩、思林、沙沱、彭水水库联合调度承担彭水县城的防洪任务。当预报彭水滨江路水位将超过 235m 时，堤防建设未达标的低洼地区采取临时堵口或人员转移等应急抢险措施，减轻灾害损失。发生 20 年一遇及以下洪水时，构皮滩、思林、沙沱水库在满足对思南县、沿河县防洪任务的基础上，适时拦洪，减少进入彭水水库的洪量，彭水水库适时削峰错峰，对彭水县城进行控泄调度，控制水库下泄流量不超过 19900m³/s。遭遇 20 年一遇以上洪水时，构皮滩、思林、沙沱、彭水水库在确保枢纽安全的前提下发挥最大拦洪作用，减轻下游的防洪压力。当水库调度仍不足以保障下游防洪安全时，应及时采取预报预警、人员撤离等非工程措施，保障人民群众生命安全，最大限度减小洪灾损失。

（4）对武隆的防洪调度方式。构皮滩、思林、沙沱、彭水水库联合调度，在满足对思南县、沿河县、彭水县防洪任务的基础上，可进一步减少彭水水库的下泄流量，支流芙蓉江江口等水库配合适时削峰错峰，减轻武隆县城的防洪压力，尽量保障防洪安全。当水库调度仍不足以保障下游防洪安全时，应及时采取预报预警、人员撤离等非工程措施，保障人民群众生命安全，最大限度减小洪灾损失。

8.3.4　长江中下游防洪调度方案

当长江中下游发生大洪水时，三峡水库根据长江中下游防洪控制站沙市、城陵矶等站水位控制目标，实施补偿调度。当三峡水库拦蓄洪水时，上游水库群配合三峡水库拦蓄洪水，减少三峡水库的入库洪量。

（1）可使用三峡以上水库配合三峡水库对长江中下游防洪调度。对仅配合三峡水库对长江中下游防洪的水库，可考虑投入全部防洪库容，如雅砻江的锦屏一级、二滩等水库，金沙江中游的梨园、阿海、金安桥、龙开口、鲁地拉等水库，乌江的构皮滩水库等。对具有双重防洪任务的水库，即既要考虑本河流防洪又要配合三峡水库对长江中下游防洪的水库，需留足为本河流防洪的库容，如观音岩需预留 2.53 亿 m³ 库容供攀枝花市防洪使用，溪洛渡、向家坝水库需预留 14.6 亿 m³ 库容供川渝河段宜宾、泸州市防洪使用，瀑布沟需预留 7.3 亿 m³ 供瀑布沟以下沿江城镇、乐山市以及成昆铁路沙坪段防洪使用，亭子口水库需预留 10.6 亿 m³ 库容供嘉陵江中下游沿江城市防洪使用；但是，考虑到长江中下游的大水年份与长江上游各河段的大水年份并不相同，且当所在河流来水量不大、预报短期内不会发生大洪水时，可考虑投入全部防洪库容、减少水库下泄流量以降低长江干流洪峰流量，减少三峡水库入库洪量。

（2）长江上游水库群一般采用等蓄量拦蓄方式、与三峡水库同步蓄水，对长江中下游防洪，拦洪流量兼顾发电兴利需求，并根据预报情况及时调整。溪洛渡、向家坝等水库要及时削减寸滩洪峰，以有利于降低库区回水高程。

（3）上游水库群参与长江中下游防洪的启动时机为：雅砻江梯级、金沙江中游梯级、乌东德白鹤滩梯级水库、岷江瀑布沟水库、乌江构皮滩水库在三峡水库进行防洪补偿调度、水位即将超过145m时启用；溪洛渡、向家坝梯级水库一般在三峡水库进行防洪补偿调度、水位即将超过158m时启用；嘉陵江亭子口水库结合本流域防洪，在三峡水库不同防洪调度阶段动态投入一定防洪库容。

（4）上游水库群参与长江中下游防洪的使用次序可根据当时的雨情水情确定，一般先用雅砻江、乌江诸水库，再用金沙江中游、乌东德白鹤滩梯级水库、岷江诸水库，溪洛渡、向家坝、亭子口水库留在最后使用。

（5）三峡水库根据长江中下游防洪控制站沙市、城陵矶等站水位控制目标，实施对荆江河段进行防洪补偿调度方式，或实施兼顾对城陵矶地区的防洪补偿调度方式。

8.4 水库群联合防洪调度实践

编制的长江上游水库群联合防洪调度方案在长江流域防汛工作中起到了重要的指导作用，产生了巨大的防洪作用和社会效益。

8.4.1 2018年防洪调度实践

自2018年7月2日起，长江流域自西向东发生一次大暴雨的降雨过程，受其影响，长江上游、汉江上游来水显著增加，"长江2018年第1号洪水"在上游形成。7月5日14时，三峡水库入库流量涨至53000m³/s，出库流量40000m³/s。长江防总向丹江口水库下发调度令，要求7月4日18时开启1个深孔，加大下泄流量。三峡水库维持40000m³/s流量下泄。7月6日8时，三峡水库入库流量已减至47000m³/s，并持续减退，三峡水库维持40000m³/s出库流量，长江2018年第1号洪水已平稳通过三峡库区。通过三峡水库的拦蓄，确保了荆江河段不超过警戒水位，有效减轻了中下游防洪压力。

7月8日起，受新一轮强降雨影响，长江上游大渡河、岷江、沱江、嘉陵江等流域出现较大洪水，7月11日8时至12日8时，长江流域共有7个站超历史最高水位，14个站超保证水位，22个站超警戒水位。岷江高场站12日13时出现洪峰流量16900m³/s，沱江富顺站13日12时出现洪峰流量9320m³/s，嘉陵江北碚（三）站13日14时出现洪峰流量32000m³/s。受上述来水影响，长江上游干流来水迅速增加。7月13日4时，长江干流寸滩站流量涨至50400m³/s，"长江2018年第2号洪水"已在长江上游形成。7月14日2时，三峡水库入库洪峰流量将达61000m³/s。长江防总于7月11日晚20时调度三峡水库，下泄流量按42000m³/s控制，积极应对。同时，联合调度金沙江中游梯级、金沙江下游溪洛渡、向家坝和雅砻江锦屏一级、二滩等控制性水库拦蓄洪水，减少下泄流量，最大限度减轻川渝河段防洪压力，减小三峡水库入库洪量；指导四川、重庆两省防指调度宝珠寺、亭子口、紫坪铺、瀑布沟、草街等水库提前预泄。通过这些综合措施，此次洪水过程中，长江上游主要水库群总拦蓄洪量约111亿m³，降低四川境内嘉陵江中下游干流洪峰水位2~4m，降低长江干流寸滩河段洪峰水位2.5~3.5m，并有效防止了荆江河段出现超警戒水位，大大减轻了相关区域的防洪压力。

8.4.2 2019 年防洪调度实践

6 月 22 日前后，乌江下游支流芙蓉江、郁江发生较大洪水，乌江武隆站流量突破 10000m³/s，水位突破 190m，且强降雨过程仍在持续。综合考虑乌江中下游防洪形势和重庆防洪需求，长江委组织实施乌江构皮滩、思林、沙沱与彭水水库的联合调度，在控制构皮滩、思林、沙沱梯级水库下泄流量的基础上，调度彭水水库出库流量减至 4680m³/s，削峰率 19.3%，错峰 12h，保证了武隆站水位不超警戒，有效减轻了重庆市彭水和武隆县城防洪压力。

7 月，受两湖水系及鄱阳湖湖区强降雨影响，长江中下游干流水位快速上涨，7 月 13 日"长江 2019 年第 1 号洪水"在中下游形成。为缓解洞庭湖水位上涨速度，改善湘江、资水、沅江高洪宣泄条件，缩短超警时间，缓解湘江、资水、沅江和洞庭湖区堤防防守压力。应湖南省请求，长江委在保障三峡水库防洪风险可控的情况下，经水利部同意，调度三峡水库将下泄流量由 24000m³/s 逐步调整至 17000m³/s，确保了干流莲花塘站水位未超警戒水位，有效缓解了洞庭湖水位上涨，改善了湘江、资水高洪宣泄条件，缩短了堤防超警时间，减轻了防洪压力，防洪效益显著。

7 月下旬，超警中下游干流仍然长时间超警，为了缩短超警时间，减小中下游防洪压力，长江委连续下发 5 道调度令精细调度三峡水库和金沙江梯级水库群拦蓄洪水，指导四川省水利厅调度岷江紫坪铺、大渡河瀑布沟和嘉陵江亭子口等控制性水库应对暴雨洪水，水库群共拦蓄洪水 65 亿 m³。

8 月上旬，受强降雨影响，三峡水库出现明显涨水过程，8 月 9 日前后三峡水库入库流量涨至 45000m³/s。鉴于当时中下游干流各站水位均已退至警戒水位以下，为了避免中下游各站再次超警戒水位，长江委调度三峡水库出库流量按照 32000m³/s 控制，削峰 29%，避免了中下游干流各站再次超警戒水位。

9 月，长江嘉陵江上游、汉江上游发生明显秋汛，嘉陵江北碚站出现年内最大洪峰流量 21800m³/s，丹江口水库出现年最大入库流量 16000m³/s。在水利部的统一领导下，长江委统筹丹江口、亭子口等水库防洪、供水、蓄水及汉江中下游用水需求，科学精细调度丹江口水库等防洪、供水、蓄水及汉江中下游用水需求，科学精细调度丹江口水库，将丹江口水库入库洪峰流量 16000m³/s 削减至 6900m³/s，削峰 52%，拦蓄洪水 27 亿 m³，有效保障了汉江中下游防洪安全。

8.4.3 2020 年防洪调度实践

2020 年长江流域发生多次强降雨过程，7—8 月长江连续发生 5 次编号洪水，长江干流及主要支流多站水位超警戒、超保证甚至超历史，尤其是三峡水库发生成库以来最大入库洪峰 75000m³/s。

2020 年 7 月 2 日 10 时，三峡水库入库流量达 50000m³/s，"长江 2020 年第 1 号洪水"在长江上游形成。防御长江 1 号洪水过程中，长江委调度三峡水库拦洪削峰，7 月 6 日起将出库流量自 35000m³/s 逐步压减至 19000m³/s，削峰率约 34%。上中游控制性水库配合三峡水库拦蓄洪量约 73 亿 m³（三峡水库拦蓄洪水约 25 亿 m³）；同时，指导江西省运用湖口附近的洲滩民垸及时行蓄洪水，其中鄱阳湖区 185 座单退圩全部运用，蓄洪容积总计约 24 亿 m³；统一调度和合理限制城陵矶、湖口附近河段农田涝片排涝泵站对江对湖排涝，将莲花塘、汉口、湖口站最高水位分别控制在 34.34m、28.77m、22.49m（均未超保证水位）。另外，精细调度陆水水库逐步加大出库流量并加强工程巡查防守，应对陆水 7 月 7 日洪水，实现出库流量不大于 2500m³/s、库水位不超防洪高水位的调度目标，保障了枢纽工程和水库下游的防洪安全；调度乌江梯级水库联合拦蓄洪量约 1.35 亿 m³，降低乌江彭水—武隆河段洪峰水位约 1～1.5m；调度江垭、皂市水库拦洪削峰，削减洪峰流量约 55%，降低了洪峰水位约 3.7m，避免了澧水石门河段水位超保证。

7 月 17 日 10 时，三峡水库入库流量达到 50000m³/s，"长江 2020 年第 2 号洪水"再次在长江上游形成。防御长江 2 号洪水过程中，统筹上下游防洪需求，联合调度金沙江、雅砻江、乌江和大渡河、嘉陵江等水系梯级水库群配合三峡水库进一步安排拦蓄洪水约 35 亿 m³，全力减小进入三峡水库的洪量。同时，兼顾后期可能发生的洪水，精细调度三峡水库，滚动优化调整出库流量，降低三峡水库水位至 158m 左右，并成功与洞庭湖洪水错峰。2 号洪水期间（7 月 12—21 日），通过上中游水库群拦蓄洪水约 173 亿 m³，其中，三峡水库拦蓄洪水约 88 亿 m³，上中游其他控制性水库拦蓄洪水约 50 亿 m³，将三峡水库入库洪峰流量从 70000m³/s 削减至 61000m³/s。通过长江上中游水库群联合调度，降低沙市段洪峰水位约 1.5m，降低监利段洪峰水位约 1.6m，降低城陵矶段洪峰水位约 1.7m，降低汉口段洪峰水位约 1.0m。结合城陵矶段农田片区限制排涝、洲滩民垸相机运用等措施，实现了莲花塘水位不超 34.4m、汉口站水位不超 29.0m，避免了城陵矶附近蓄滞洪区运用，极大减轻了长江中下游尤其是洞庭湖区防洪压力。同时，长江委指导安徽、江苏省按洪水调度方案做好滁河水工程调度，安徽及时运用荒草三圩、荒草二圩分蓄洪，有效保障了滁河防洪安全。

7 月 26 日 14 时，受长江上游强降雨影响，三峡水库入库流量达 50000m³/s，迎来"长江 2020 年第 3 号洪水"。防御长江 3 号洪水过程中，调度金沙江、雅砻江和嘉陵江等水系水库群进一步拦蓄洪水约 8 亿 m³，减小进入三峡水库的洪量。7 月 27 日 14 时三峡水库入库洪峰流量达到 60000m³/s，出库流量 38000m³/s，削峰 36%。同时精细协调三峡水库和洞庭湖、清江水系水库调度，有效避免长江上游及洞庭湖来水遭遇。错峰减压调度后，为留足库容应对后期可能出现的大洪水，同时保持中游莲花塘站水位出现峰转退后的退水态势，滚动调整三峡水库出库流量，逐步降低三峡水库库水位至 158m 以下。3 号洪水期间（7 月 25—28 日），通过上中游水库群拦蓄洪水约 56 亿 m³，其中三峡水库拦蓄洪水约 33 亿 m³，上游其他控制性水库共拦蓄约 15.5 亿 m³，洞庭湖主要水库、清江梯级等中游水库共拦蓄 7.5 亿 m³；同时采取城陵矶附近河段农田涝片限制排涝、洲滩民垸行蓄洪运用以及适当抬高城陵矶河段行洪水位，莲花塘、汉口站最高水位分别为 34.59m、28.50m。

8 月 14 日 5 时，长江上游干支流发生洪水，长江干流寸滩水文站流量涨至 50900m³/s，为"长江 2020 年第 4 号洪水"。受持续强降雨影响，长江上游干流寸滩水文站水势止落回涨，8 月 17 日 14 时流量涨至 50400m³/s，"长江 2020 年第 5 号洪水"形成。防御长江第 4、第 5 号复式洪水过程中，调度三峡及上游水库群，在前期已运用较多防洪库容的基础上，再拦蓄洪水约 190 亿 m³，其中三峡水库拦蓄洪水约 108 亿 m³，其他水库拦蓄约 82 亿 m³；将寸滩站洪峰流量由 87500m³/s 削减为 74600m³/s，将宜昌站洪峰流量由 78400m³/s 削减为 51500m³/s，将高场、北碚、寸滩站最高水位分别控制在 291.08m、200.23m、191.62m，避免了上游金沙江、岷江、沱江、嘉陵江洪峰叠加形成超 100 年一遇的大洪水。

8.5 本章小结

在金沙江中游梯级水库多区域协同防洪调度、金沙江下游梯级水库多区域协同防洪调度、岷江梯级水库多区域协同防洪调度、嘉陵江中下游梯级水库多区域协同防洪调度、乌江中下游梯级水库多区域协同防洪调度以及长江上游梯级水库配合三峡水库对中下游防洪调度研究的基础上，提出了长江上游水库群联合防洪调度方案，在历年长江流域防汛工作中起到了重要的指导作用，产生了巨大的防洪作用和社会效益。

第 9 章

结 论 与 展 望

9.1 主要研究结论

本书围绕面向多区域防洪的长江上游水库群协同调度策略，深入研究水库群防洪库容动态预留分配、多区域协同防洪补偿调度、适应不同类型洪水实时调度、水库群防洪调度风险效益评估等内容，编制了长江上游水库群联合防洪调度方案。

1. 研究的水库范围及防洪对象

本次研究的水库范围包括 30 座水库，其中承担有防洪任务的大型控制性水库 25 座，重点是已建成的溪洛渡、向家坝、锦屏一级、二滩、瀑布沟、亭子口、构皮滩、思林、沙沱、彭水和三峡等 11 座水库，以及在建拟建的乌东德、白鹤滩、两河口、双江口等 4 座水库。

本次研究的重点防洪对象为川渝河段、荆江河段、城陵矶地区和武汉地区。

2. 研究区域概况

从防洪形势、防洪体系、气候特征、地形地貌、社会经济、干支流水系、控制性水库、水文站点等方面，梳理了长江流域概况；针对长江川渝河段、荆江河段、城陵矶地区、武汉地区等重点区域，开展了新形势下长江流域防洪需求分析研究。

3. 洪水遭遇分析

金沙江与岷江、嘉陵江、乌江 3d 洪量遭遇概率较低；7d 洪量遭遇概率较高。除个别年份以外，一般遭遇洪水量级较小。

长江上游干流与洞庭湖、汉江的遭遇概率较高，但遭遇洪水的量级不大，或者说一江发生较大洪水，而另一江为一般性洪水。

长江中下游干流与洞庭湖最大洪峰出现时间无明显相应性，最大洪峰不同步。6月中旬前宜昌与洞庭湖洪峰基本不重叠；6月下旬开始洪峰重叠逐渐增多；8月中下旬以后，宜昌与洞庭湖区洪峰遭遇概率很小。

长江中下游的大水年份与长江上游各河段的大水年份并不相同，说明长江上游的水库群既可在某些年份为上游相应河段防洪服务，也可在另一些年份为长江中下游防洪服务，两者并无矛盾。

4. 防洪对象的防洪目标

长江上游水库群联合防洪调度的关键是协调好所在河流防洪与长江中下游防洪的关系，实现多区域协同防洪，既实现各水库防洪目标，又提高流域整体防洪效益。

川渝河段的宜宾市、泸州市防洪标准为 50 年一遇，重庆市主城区防洪标准为 100 年一遇以上；上游岷江、嘉陵江及乌江等支流防护对象，地级城市防洪标准为 50 年一遇，县级城镇防洪标准为 20 年一遇；荆江河段防洪标准为 100 年一遇，遇 1000 年一遇洪水或类似 1870 年洪水时，配合使用蓄滞洪区，保证荆江地区不发生毁灭性洪水灾害；城陵矶至湖口河段的防洪目标主要为尽量减少该地区的分洪量以及蓄滞洪区的使用概率。

5. 面向多区域防洪的水库群防洪库容优化分配

面向多区域防洪任务的水库群，开展了上游干支流水库对所在河流防洪，配合对川渝河段防洪，以及配合三峡水库对中下游防洪的防洪调度方式研究；据此分别划分了金沙江中游梯级、金沙江下游梯级、岷江大渡河梯级、嘉陵江梯级和乌江梯级对本流域预留防洪库容安排和配合三峡水库对中下游防洪，实现了面向多区域防洪的水库群防洪库容优化分配。

6. 面向多区域防洪的长江上游水库群协同调度策略

首先，梳理了固定泄量调度、等蓄量调度、补偿调度、错峰调度、涨率调度等防洪调度方式，明晰了最大削峰策略、最大剩余防洪库容策略、最短成灾历时策略等优化调度策略，是本次面向多区域防洪的长江上游水库群协同调度策略的基础理论。

其次，针对不同的防洪需求，提出了剩余防洪库容最大策略、变权重剩余防洪库容最大策略、同步拦蓄策略、系统线性安全度最大策略和系统非线性安全度最大策略等多种水库群防洪库容优化分配策略，建立了相应的水库群防洪库容优化分配模型。

再次，定义了水库群防洪效果系数，对金沙江中游梯级、雅砻江梯级、金沙江下游梯级、岷江梯级、嘉陵江梯级和乌江梯级水库的防洪效果进行了比较，分析了防洪效果系数的差异性。其中，金沙江下游梯级防洪效果系数最高；金沙江下游梯级和雅砻江梯级防洪效果次之；岷江梯级、嘉陵江梯级防洪效果系数受洪水地区组成影响较大；乌江梯级水库距离三峡水库较近，防洪效果系数较高，但因其预留防洪库容小，拦蓄作用有限。

最后，探讨了面向多区域、大范围、长距离、多目标的水库群协同防洪调度方式，并有机耦合固定泄量调度方式、等蓄量调度方式、补偿调度方式、错峰调度方式以及同步蓄水策略，提出了面向多区域防洪的长江上游水库群协同调度策略，包括调度节点、角色定位、拓扑关系、层级划分、功能结构等，为建立兼顾主要支流、川渝河段和长江中下游的水库群多区域协同防洪调度模型奠定了基础。

7. 水库群多区域协同防洪调度模型

根据水库群防洪调度库容分配方式和重要防洪对象多区域分布属性，可将 30 座水库分为核心水库、骨干水库、5 个群组水库，提出了兼顾"时-空-量-序-效"多维度属性的模型功能结构，构建了长江上游水库群多区域协同防洪调度模型，达到实现"科学合理利用防洪库容，确保多区域协同防洪安全，兼顾兴利效益，实现长江流域水资源高效利用"的整体防洪目标。

8. 面向不同洪水类型的水库群联合防洪补偿调度方式

为有效应对复杂防汛局势，进一步减轻长江中下游的防洪压力，建立了面向不同洪水类型的长江上游 30 座水库群实时防洪补偿调度模型，提出了优化水库群联合防洪补偿调度方式的减压控制水位，即三峡库水位不超过减压控制水位时，按中下游不超警戒水位控制；当库水位达到减压控制水位后，按中下游不超保证水位控制。

在上游水库群配合作用下，对于上游型洪水，三峡水库对城陵矶防洪补偿调度的减压控制水位为157m；对于中下型洪水，三峡水库对城陵矶防洪补偿调度的减压控制水位为154m；对于上中游型洪水和全流域型洪水，应直接实施防洪调度，库水位超过158m后综合考虑防洪风险，可继续实施对城陵矶防洪补偿调度；对于其他类型洪水，可按不超警进行控制。

重点针对1954年、1998年流域型洪水开展了水库群联合防洪补偿调度效果分析。对于1998年洪水，可确保中下游不分洪；对于1954年洪水，综合考虑三峡库区回水淹没和中下游防洪安全控制条件，提出了水库群联合防洪补偿调度的优化策略，包括继续对城陵矶防洪补偿的策略、优化对荆江防洪补偿的调度策略、考虑库区回水淹没影响的调度策略，均可进一步减少中下游超额洪量，减少量均达到10%以上。

9. 水库群联合防洪补偿调度效益评估方法

基于水动力学原理和系统集成理论，搭建了长江中下游整体模拟模型，并就模型的计算范围、模型构架、模型算法、模型率定进行了相关研究，计算了不同频率洪水时长江中下游分洪量。

探究了水库群防洪调度效益评估与风险分析方法，提出了灰色斜率关联分析和主成分分析法。

10. 水库群联合防洪调度方案

在金沙江中游梯级水库多区域协同防洪调度、金沙江下游梯级水库多区域协同防洪调度、岷江梯级水库多区域协同防洪调度、嘉陵江中下游梯级水库多区域协同防洪调度、乌江中下游梯级水库多区域协同防洪调度，以及长江上游梯级水库配合三峡水库对中下游防洪调度的基础上，提出了长江上游水库群联合防洪调度方案，为2017年度和2018年度长江上中游水库群联合调度方案、2019年和2020年长江流域水工程联合调度运用计划的编制提供了重要技术支撑，在长江流域防汛工作中起到了重要的指导作用，产生了巨大的防洪作用和社会效益。

9.2　未来研究展望

1. 加强上游大型水库群建成后对中下游防洪调度方式的深化研究

在本次对三峡水库防洪调度方式优化研究过程中，主要考虑了上中游已建水库群，后续随着乌东德、白鹤滩、两河口、双江口等大型控制性水库的建成投运，在上游水库群配合运用下，长江流域防洪调度格局将产生新的变化。因此，三峡水库防洪调度方式能否进一步优化，三峡水库对不同洪水类型的防洪控制能力是否进一步提升等问题，值得重点研究。

2. 加强梯级水库群常遇洪水资源利用调度研究

本次研究主要针对标准洪水开展防洪调度方式，当考虑上游水库联合调度时，由于各区域洪水遭遇组合差异、洪水发生时间各有不同，使得洪水资源利用条件和时机存在诸多不确定性，影响因素、控制指标更为复杂。因此，如何科学、合理地将常遇洪水资源利用的理念和方式落实到梯级水库调度工作中，是未来梯级水库运行管理中需要重点突破的技术问题。

3. 加强长江上游水库群联合防洪调度实践研究

长江上游水库群联合防洪调度方案随着流域防洪形势、工程防洪运用条件、长江防洪体系建设进展等变化而与时俱进、优化完善。通过吸取多年研究成果和工作经验，不断地进行调整、改进、优化和完善，并在调度实践中加以应用和推广，并分析水库群联合调度方案的成效，因地制宜地深化细化相关技术方案。

参 考 文 献

［1］ 水利部长江水利委员会. 长江流域综合规划（2012—2030年）［R］. 武汉：水利部长江水利委员会，2012.

［2］ 长江水利委员会. 1954年长江的洪水［M］. 武汉：长江出版社，2004.

［3］ 水利部长江水利委员会. 以三峡水库为核心的长江干支流控制性水库群综合调度研究［R］. 武汉：水利部长江水利委员会，2011.

［4］ 水利部长江水利委员会. 长江上游控制性水库优化调度方案编制总报告［R］. 武汉：水利部长江水利委员会，2016.

［5］ 魏山忠. 长江水库群防洪兴利综合调度关键技术研究及应用［M］. 北京：中国水利水电出版社，2016.

［6］ 魏山忠. 积极推进水库群联合调度 充分发挥水利工程综合效益［J］. 中国防汛抗旱，2015，25（1）：18，35.

［7］ 马建华. 长江流域控制性水库统一调度管理若干问题思考［J］. 人民长江，2012，43（9）：1-7.

［8］ 金兴平. 长江上游水库群2016年洪水联合防洪调度研究［J］. 人民长江，2017，48（4）：22-27.

［9］ 陈敏. 长江流域水库群联合调度实践的分析与思考［J］. 中国防汛抗旱，2017（1）：40-44.

［10］ 陈桂亚. 长江流域水库群联合调度关键技术研究［J］. 中国水利，2017（14）：11-13.

［11］ 丁胜祥，陈桂亚，宁磊. 长江流域控制性水库联合调度管理研究［J］. 人民长江，2014，45（23）：6-10，17.

［12］ 丁毅，李安强，何小聪. 以三峡水库为核心的长江干支流控制性水库群综合调度研究［J］. 中国水利，2013（13）：12-16.

［13］ ZHOU J，ZHANG Y，ZHANG R，et al. Integrated optimization of hydroelectric energy in the upper and middle Yangtze River［J］. Renewable and Sustainable Energy Reviews，2015，45：481-512.

［14］ 仲志余. 长江三峡工程防洪规划与防洪作用［J］. 人民长江，2003，（8）：37-39，65.

［15］ 仲志余，胡维忠. 长江流域规划与维护健康湖泊［J］. 人民长江，2009，40（14）：12-15，92.

［16］ 胡向阳. 新一轮长江流域综合规划的编制思路与特点［J］. 人民长江，2013，44（10）：10-14.

［17］ 胡向阳，丁毅，邹强，等. 面向多区域防洪的长江上游水库群协同调度模型［J］. 人民长江，2020，51（1）：56-63，79.

［18］ 宁磊. 长江中下游防洪形势变化历程分析［J］. 长江科学院院报，2018，35（6）：1-5，18.

［19］ 胡向阳，邹强，周曼. 三峡水库洪水资源利用综合研究Ⅰ：调度方式和效益分析［J］. 人民长江，2018，49（3）：15-22.

［20］ 国家防汛抗旱总指挥部. 关于2017年度长江上中游水库群联合调度方案的批复［R］，2017.

［21］ 国家防汛抗旱总指挥部. 关于2018年度长江上中游水库群联合调度方案的批复［R］，2017.

［22］ 水利部. 关于2019年长江流域水工程联合调度运用计划的批复［R］，2019.

［23］ 水利部. 关于2020年长江流域水工程联合调度运用计划的批复［R］，2020.

［24］ LITTLE J D C. The use of storage water in a hydroelectric system［J］. Journal of the Operations Research Society of America，1955，3（2）：187-197.

［25］ BELLMAN R E. Dynamic Programming［M］. New york. Dover Publications，2003.

［26］ 张勇传，付昭阳，许丽华，等. 对策论在水库优化问题中的应用［J］. 水电能源科学，1983（1）：59-63.

［27］ 张勇传，邴凤山，熊斯毅. 模糊集理论与水库优化问题［J］. 水电能源科学，1984（1）：27－37.

［28］ 周晓阳，张勇传. 洪水的分类预测及优化调度［J］. 水科学进展，1997（2）：27－33.

［29］ 张勇传，邴凤山，刘鑫卿，等. 水库群优化调度理论的研究—SEPOA 方法［J］. 水电能源科学，1987（3）：234－244.

［30］ 张勇传，李福生，姚华明，等. 水库群随机优化调度新算法-RBSI 法［J］. 水电能源科学，1990（1）：1－7.

［31］ 张勇传，刘鑫卿，王麦力，等. 水库群优化调度函数［J］. 水电能源科学，1988（1）：69－79.

［32］ 张勇传，刘鑫卿，王麦力，等. 水库群优化调度 RBSI 算法的收敛性与最优性［J］. 水电能源科学，1990（1）：8－12.

［33］ 王本德，周惠成，程春田. 梯级水库群防洪系统的多目标洪水调度决策的模糊优选［J］. 水利学报，1994（2）：31－39，45.

［34］ 王本德，程春田，周惠成. 水库调度模糊优化方法理论与实践［J］. 人民长江，1999（增1）：16－18，21.

［35］ 王本德，梁国华，程春田. 防洪实时风险调度模型及应用［J］. 水文，2000（6）：4－8.

［36］ 陈守煜，祝雪萍，薛志春，等. 基于可变集辩证法数学定理的库群防洪优化调度方法［J］. 水力发电学报，2014，33（6）：46－52，77.

［37］ 陈守煜. 多目标决策模糊集理论与模型［J］. 系统工程理论与实践，1992（1）：7－13.

［38］ 陈守煜. 防洪调度多目标决策理论与模型［J］. 中国工程科学，2000（2）：49－54.

［39］ 陈守煜，袁晶瑄，郭瑜. 可变模糊决策理论及其在水库防洪调度决策中应用［J］. 大连理工大学学报，2008（2）：259－262.

［40］ 陈守煜. 防洪调度系统半结构性决策理论与方法［J］. 水利学报，2001（11）：26－33.

［41］ 侯召成，陈守煜. 水库防洪调度多目标模糊群决策方法［J］. 水利学报，2004（12）：106－111，119.

［42］ 张勇传，李福生，熊斯毅，等. 水电站水库群优化调度方法的研究［J］. 水力发电，1981（11）：48－52.

［43］ 郭生练，陈炯宏，刘攀，等. 水库群联合优化调度研究进展与展望［J］. 水科学进展，2010，21（4）：496－503.

［44］ 陈进. 长江大型水库群联合调度问题探讨［J］. 长江科学院院报，2011，28（10）：31－36.

［45］ 王本德，周惠成，卢迪. 我国水库（群）调度理论方法研究应用现状与展望［J］. 水利学报，2016，47（3）：337－345.

［46］ 陈进. 长江流域水资源调控与水库群调度［J］. 水利学报，2018，49（1）：2－8.

［47］ 王浩，王旭，雷晓辉，等. 梯级水库群联合调度关键技术发展历程与展望［J］. 水利学报，2019，50（1）：25－37.

［48］ 任明磊，丁留谦，何晓燕. 流域水工程防洪调度的认识与思考［J］. 中国防汛抗旱，2020，30（3）：37－40.

［49］ 纪昌明，吴月秋，张验科. 混沌粒子群优化算法在水库防洪优化调度中的应用［J］. 华北电力大学学报（自然科学版），2008（6）：103－107.

［50］ 贾本有，钟平安，朱非林. 水库防洪优化调度自适应拟态物理学算法［J］. 水力发电学报，2016，35（8）：32－41.

［51］ 罗成鑫，周建中，袁柳. 流域水库群联合防洪优化调度通用模型研究［J］. 水力发电学报，2018，37（10）：39－47.

［52］ 陈森林，李丹，陶湘明，等. 水库防洪补偿调节线性规划模型及应用［J］. 水科学进展，2017，28（4）：507－514.

［53］ 陈森林，孙亚婷，黄宇昊. 水库防洪等蓄量优化调度模型及应用［J］. 水科学进展，2018，

29（3）：374－382.

[54] 钟平安，李兴学，张初旺，等. 并联水库群防洪联合调度库容分配模型研究与应用 [J]. 长江科学院院报，2003，20（6）：51－54.

[55] 陈炯宏，郭生练，丁毅. 梯级水库防洪库容分配策略研究 [J]. 水资源研究，2012，1（4）：262－266.

[56] 何小聪，丁毅，李书飞. 基于等比例蓄水的长江中上游三座水库群联合防洪调度策略 [J]. 水电能源科学，2013（4）：38－41.

[57] 欧阳硕，周建中，张睿，等. 金沙江下游梯级与三峡梯级多目标联合防洪优化调度研究 [J]. 水力发电学报，2013，32（6）：43－49，56.

[58] 李安强，张建云，仲志余，等. 长江流域上游控制性水库群联合防洪调度研究 [J]. 水利学报，2013，44（1）：59－66.

[59] FU X，LI A，WANG H. Allocation of Flood Control Capacity for a Multireservoir System Located at the Yangtze River Basin [J]. Water Resources Management，2014，28（13）：4823－4834.

[60] 邹强，王学敏，李安强，等. 基于并行混沌量子粒子群算法的梯级水库群防洪优化调度研究 [J]. 水利学报，2016，47（8）：967－976.

[61] 胡挺，陈国庆，汪芸，等. 长江干流梯级水库群联合调度 [J]. 中国科学：技术科学，2017，47（8）：882－890.

[62] 邹强，胡向阳，张利升，等. 长江上游水库群联合调度对武汉地区防洪作用研究 [J]. 人民长江，2018，49（13）：15－21.

[63] 顿晓晗，周建中，张勇传，等. 水库实时防洪风险计算及库群防洪库容分配互用性分析 [J]. 水利学报，2019，50（2）：209－217，224.

[64] 周建中，顿晓晗，张勇传. 基于库容风险频率曲线的水库群联合防洪调度研究 [J]. 水利学报，2019，50（11）：1318－1325.

[65] 康玲，周丽伟，李争和，等. 长江上游水库群非线性安全度防洪调度策略 [J]. 水利水电科技进展，2019，39（3）：1－5.

[66] 贾本有，钟平安，陈娟，等. 复杂防洪系统联合优化调度模型 [J]. 水科学进展，2015，26（4）：560－571.

[67] 朱迪，梅亚东，许新发，等. 复杂防洪系统优化调度的三层并行逐步优化算法 [J]. 水利学报，2020，51（10）：1199－1211.

[68] 喻杉，游中琼，李安强. 长江上游防洪体系对 1954 年洪水的防洪作用研究 [J]. 人民长江，2018，49（13）：9－14，26.

[69] 陈敏. 长江流域防汛抗旱减灾体系建设与成就 [J]. 中国防汛抗旱，2019，29（10）：36－42.

[70] 尚全民，李荣波，褚明华，等. 长江流域水工程防灾联合调度思考 [J]. 中国水利，2020（13）：1－3.

[71] 邹强，丁毅，何小聪，等. 基于随机模拟和并行计算的水库防洪调度风险分析 [J]. 人民长江，2018，49（13）：84－89.

[72] 尹家波，郭生练，吴旭树，等. 两变量设计洪水估计的不确定性及其对水库防洪安全的影响 [J]. 水利学报，2018，49（6）：715－724.

[73] 郭生练，钟逸轩，吴旭树，刘章君. 水库洪水概率预报和汛期运行水位动态控制 [J]. 中国防汛抗旱，2019，29（6）：1－4.

[74] 胡四一. 防洪决策支持系统的开发和应用 [J]. 水利水电科技进展，1997（6）：4－9，66.

[75] 康玲，姜铁兵，黄思平. 新型防洪决策支持系统仿真研究 [J]. 计算机仿真，2005（1）：244－246，261－265.

[76] 施勇，栾震宇，陈炼钢，等. 长江中下游江湖蓄泄关系实时评估数值模拟 [J]. 水科学进展，2010，21（6）：840－846.

[77] 张建云. 信息技术在防汛抗旱工作中应用的几点思考 [J]. 中国防汛抗旱，2017，27（3）：1－

3，10.

［78］ 魏山忠. 长江水利委员会信息化顶层设计探讨［J］. 人民长江，2015，46（4）：1-5.

［79］ 金兴平. 对长江流域水工程联合调度与信息化实现的思考［J］. 中国防汛抗旱，2019，29（5）：12-17.

［80］ 张海荣，鲍正风，汤正阳，等. 流域梯级水资源管理决策支持系统关键技术研究——以金沙江下游—三峡梯级水电站为例［J］. 中国水利，2020（11）：47-50.